U0392850

水权改革与水利法治之思

THE THOUGHT OF REFORM OF WATER CONSERVANCY AND WATER CONSERVANCY LEGAL

水利部发展研究中心 组织编写
陈金木 吴强 主编

图书在版编目(CIP)数据

水权改革与水利法治之思/陈金木,吴强主编;水利部发展研究中心组织编写.—北京:北京大学出版社,2017.7

ISBN 978-7-301-28238-0

Ⅰ.①水… Ⅱ.①陈… ②吴… ③水… Ⅲ.①水资源管理—研究—中国 ②水利建设—法制管理—研究—中国 Ⅳ.①TV213.4 ②D922.664

中国版本图书馆CIP数据核字(2017)第075256号

书　　名 水权改革与水利法治之思
SHUIQUAN GAIGE YU SHUILI FAZHI ZHI SI

著作责任者 陈金木　吴　强　主编

责任编辑 陆建华　王丽环

标准书号 ISBN 978-7-301-28238-0

出版发行 北京大学出版社

地　　址 北京市海淀区成府路205号　100871

网　　址 http://www.pup.cn　http://www.yandayuanzhao.com

电子信箱 yandayuanzhao@163.com

新浪微博 @北京大学出版社　@北大出版社燕大元照法律图书

电　　话 邮购部62752015　发行部62750672　编辑部62117788

印 刷 者 北京大学印刷厂

经 销 者 新华书店

965毫米×1300毫米　16开本　23.5印张　397千字
2017年7月第1版　2017年7月第1次印刷

定　　价 59.00元

编 委 会

前　言

(一)

我们有幸生活在一个美好的时代,中华民族正在全面复兴,全面深化改革、全面推进法治建设、推进国家治理体系和治理能力现代化成为国家发展的主轴。治水兴国。在国力兴盛期,水利也迎来了史无前例的发展。一方面,民生水利建设高潮迭起,防洪、供水等水利工程体系更加完善;另一方面,水利改革不断深化,水利法治建设得到提速,水利治理能力不断得到提升。

作为水利政策研究者,我们是幸运的。我们不仅见证了最近十余年来水利的快速发展和改革的逐步深化,更重要的是,我们亲身参与了水利改革发展的很多关键节点,特别是对于其中一些重要的顶层设计文件,我们参与了研究和起草。这使我们能够学以致用,在学习中提高,在应用中进步。

仅就本书的作者们而言,曾经参与过的重要水利改革发展事项包括但不限于:

第一,水权改革。在开展水利部重大课题"国家水权水市场建设现状、问题及对策研究"等项目的基础上,围绕确权登记、水权交易、水市场培育等进行理论构建,提出了"三类确权、四种交易、两级市场"的水权改革顶层设计方案,撰写了《我国水权之路如何走》等供水利部领导参阅的系列报告。在此基础上,支撑编制《水流产权确权试点方案》,经国务院同意,已经由水利部和国土资源部印发实施;配合编制《国务院关于全民所有自然资源资产有偿使用制度改革的指导意见》,已经由国务院印发实施。支撑开展全国水权试点工作,起草水权试点工作方案,主笔编制了内蒙古、河南、甘肃、江西等4省(自治区)的水权试点方案并均由水利部和相关省(自治区)人民政府联合批复后实施;参与制定水利部《水权交易管理暂行办法》《关于加强水资源用途管制的指导意见》等。受有关省(自治区)水利厅委托,配合制定《内蒙古自治区水权交易管理办法》《河南省南水北调水量交易管理办法(试行)》等。主笔撰写《中国大百科全书》第三版水利学科"水权与水市场"分支的有关词条。

第二,水利立法。在专题研究基础上,参与制定《南水北调工程供用水管理条例》,已经由国务院颁布实施。参与制定《水法规体系总体规划(2016—2020)》《水利部关于全面加强依法治水管水的实施意见》《水功能区监督管理办法》等,已经由水利部印发实施。参与制定出台《山西省抗旱条例》,正在配合制定《内蒙古自治区水资源管理条例》《广东省河道管理条例》等。围绕河道管理、取水许可、农村饮用水管理、水量调度等开展一系列立法前期研究,形成了一批立法研究成果。正在配合开展《长江保护法》立法前期研究,为落实习近平总书记提出的长江经济带"共抓大保护,不搞大开发"战略、推进长江保护法制化提供支撑。

第三,水利改革。落实党的十八届三中全会精神,开展《我国水利改革的总体框架研究》,提出了深化水利改革的总体构想;在此基础上,配合起草《水利部关于深化水利改革的指导意见》,已经由水利部印发实施。支撑水利部在湖南、浙江、重庆、甘肃四省市开展加快水利改革试点,围绕水利投融资机制改革、水利工程建设与管理体制改革、水资源管理体制改革、水价改革和基层水利服务体系建设等2011年中央一号文件提出的重点领域改革,指导督促试点地区开展试点工作,完成试点调查总结、第三方评估等工作。配合起草《关于进一步加强农村饮水安全工程运行管护工作的指导意见》《关于进一步加强农村饮水安全工作的通知》等,已经由水利部等部委印发实施。完成水利部重大课题《水利改革30年回顾与展望》《重大涉水突发事件应急管理机制与对策研究》等项目,对相关领域深化水利改革提供了技术支撑。承担绍兴市水利局委托的《绍兴市水利现代化规划(2011—2020)》等项目,为地方水利改革发展提供了支撑。在系列研究的基础上,参与起草中国加入WTO《政府采购协定》(GPA)第一轮至第七轮出价清单和谈判预案,相关成果在国家GPA出价和对外谈判中多次直接得到应用;多次派员随中国政府代表团赴瑞士日内瓦参加中国加入GPA谈判。

(二)

在诸多水利改革事项中,水权改革是比较复杂的,也比较具有争议,因而是水利政策研究的重头戏之一。

一方面,中央多次对水权改革提出明确要求,已经把水权改革作为生态文明体制改革的重要内容。2005年,国务院将国家水权制度建设作为深化经济体制改革的重点内容,之后多次列入年度深化经济体制改革工作意见中。《中共中央国务院关于加快水利改革发展的决定》(中发〔2011〕1号)提出“建立和完善国家水权制度，充分运用市场机制优化配置水资源”。《国务院关于实行最严格水资源管理制度的意见》（国发〔2012〕3 号）提出“建立健全水权制度，积极培育水市场，鼓励开展水权交易，运用市场机制合理配置水资源”。《国家农业节水纲要（2012—2020 年）》提出“有条件的地区要逐步建立节约水量交易机制，构建交易平台，保障农民在水权转让中的合法权益”。党的十八大报告提出积极开展水权交易试点。党的十八届三中全会《决定》明确提出“健全自然资源资产产权制度和用途管制制度”，要求对水流等“自然生态空间进行统一确权登记”，推行“水权交易制度”。2014 年 3 月 14 日，习近平总书记在关于水安全的重要讲话中强调，要推动建立水权制度，明确水权归属，培育水权交易市场，但也要防止农业、生态和居民生活用水被挤占。2015 年，中共中央、国务院《生态文明体制改革总体方案》提出开展水流产权确权试点，要求“探索建立水权制度，开展水域、岸线等水生态空间确权试点，遵循水生态系统性、整体性原则，分清水资源所有权、使用权及使用量”。“推行水权交易制度。结合水生态补偿机制的建立健全，合理界定和分配水权，探索地区间、流域间、流域上下游、行业间、用水户间等水权交易方式。”党的十八届五中全会要求建立健全用水权初始分配制度。

另一方面，各地虽然对水权改革进行积极探索，但到目前为止实践进展还是比较缓慢的。近年来，水利部选取内蒙古、江西、河南、湖北、广东、甘肃、宁夏等 7 个省（自治区），开展了以水资源使用权确权登记、水权交易、水权制度建设等为重点内容的全国水权试点，水利部和有关部委开展的 80 个农业水价综合改革试点将农业水权确权作为重要内容，一些地区也从各自实际出发探索开展了水权确权和交易试点。2016 年，水利部和国土资源部选取江苏、湖北、陕西、甘肃、宁夏等 5 个省（自治区）和丹江口水库开展水流产权确权试点。然而，总体上看，目前水权水市场的实践探索还比较缓慢，在水资源确权、水资源资产产权制度建设等方面缺乏实质性突破，水权交易市场尚不活跃。要实现党的十八届三中全会《决定》《生态文明体制改革总体方案》《水利部关于深化水利改革的指导意见》等文件中提出的到 2020 年在重要领域和关键环节改革上取得决定性成果的目标，难度很大。

水权改革进展之所以比较缓慢，原因是多方面的。归纳起来，至少有以下几个方面：

第一，基本概念多，认识不一致。目前我国宪法和法律有水流、水资源、水资源所有权、取水权四个概念，中央文件使用了水权、水流产权、水资源使用权、用水权、用水权初始分配等多个概念，在实践中还使用水资源确权、区域水权、区域水量、工程水权等概念。对于这些重要概念,不同的部门和单位、不同的人有不同的理解,对于研究和推进水权改革工作带来了很多的障碍。

第二,受水资源特性所决定,开展水权改革本身非常复杂。水资源具有流动性、随机性、多功能性、利害双重性等特征,开展水权改革不仅需要统筹流域上下游、左右岸不同地区之间的关系,还要协调供水、发电、航运、渔业、养殖等不同资产用途的关系,更要适应水资源年际年内变化进行防洪抗旱和调度协调,涉及多种利益主体之间的利益关系调整,非常复杂,难度很大。

第三,水资源资产管理基础比较薄弱,水资源管理转型难度大。水权改革意味着需要在水资源管理中引入资产管理理念,然而,当前对水资源总体上是按照资源管理而不是按照资产管理的理念进行制度设计的,水资源的资产管理基础比较薄弱,水资源管理转型难度比较大。水资源资产管理是相对传统的水资源管理而言的,是遵循水资源的特性和自然规律,按照水资源生产的实际,从水资源开发利用到生产和再生产,按照经济规律进行的一种投入产出管理模式。二者存在以下区别:一是资源管理以实物管理为核心,资产管理以价值管理为核心;二是资源管理揭示水资源的使用价值,资产管理揭示水资源的经济价值;三是资源管理强调资源的安全、可持续利用和公共利益的保障,而资产管理的目标除了安全和可持续利用外,还关注资产的保值增值和所有权人权益的实现;四是资源管理侧重于直接管理,主要运用行政手段,而资产管理侧重于间接管理,须同时运用行政和市场两种手段。当前的水资源管理的理念和模式基本是按照资源管理设计的,由此导致在具体的管理工作中,偏重实物管理,忽视价值管理;偏重使用权的监管,忽视所有权的实现;偏重行政权力的行使,忽视权利人权利的保护;偏重行政手段,忽视市场手段。

第四,各地水权改革的需求千差万别,增加了水权改革的复杂性。水权改革需要以需求为导向,但各地的区情水情不同,水权确权需求和交易需求存在很大差异。兹举几例进行说明:其一,西北内陆河地区和华北平原地下水严重超采区,如甘肃省武威市、新疆维吾尔自治区昌吉回族自治州和河北省地下水超采区。为了严格保护脆弱的生态,这些地区需要在水权确权过程中大幅度削减现状农业用水总量,这就要求将水权确权到农户,进而强化对用水户的终端管理。而在确权到农户之后,农户之间客观上存在着一定的水权交易需求。本书调研组曾经到甘肃省武威市和新疆维吾尔自治区昌吉回族自治州进行水权调研,发现这些地区的农户间和农民用水户协会间的水权交易是比较活跃的,特别是对于那些没有水权的土地,农户有着购买水权的意愿,而那些通过设施农业等方式节约用水的农户则有临时转让水权的意愿。但是在这些地区,当地一般把解决工业用水作为企业招商引资的前提,因而农业向工业的跨行业水权交易基本上没有市场。其二,在黄河流域,如内蒙古自治区的沿黄地区和宁夏回族自治区。当地水行政主管部门却普遍反映,水权确权到农户成本过高,意义不大,难以操作,因而水权通常只能确权到农民用水户协会或农村集体经济组织。同时,在这些地方,由于大量的能源化工企业缺乏用水指标,因而开展农业向工业的跨行业水权交易需求比较旺盛,其做法一般是由工业企业向灌区投资节水,灌区节约的用水指标转让给企业。其三,在南方丰水地区,如浙江、江西、湖北等。在这些地区,无论是农户间的水权交易,还是跨行业水权交易,都几乎没有市场需求。然而,东阳-义乌、余姚-慈溪、绍兴-慈溪之间的水权交易以及江西山口岩水库的水权交易等案例却表明,在南方丰水地区,由于区域间水资源分配不均,加上部分地区存在着季节性缺水,区域间有着一定的水权交易需求。同时,湖北省宜都市、江西省高安市、浙江省杭州市等地方水权改革实践还表明,南方存在着大量的农村山塘水库,为了加强水资源管理,对这些山塘水库的水资源使用权进行确权也有着一定的实践需求。这些事实和案例表明,想在地域辽阔、区情水情差异极大的全国各地搞水权改革"一刀切"是不现实的,当务之急还是要进一步扩大水权试点,鼓励和引导有条件的省区结合本地实际,深入探索不同地区和不同类型水权改革的路径和方式。

第五,水权作为物权的法律依据不充分,制约了水权改革的深入推进。按照物权法一般原理,水权属于物权,需要遵守"物权的种类和内容由法律规定"的物权法定原则。然而,从目前的法律看,水权作为物权的法律依据并不充分。首先,从水权的权利体系上看,目前《物权法》和《水法》仅规定了水资源所有权和取水权两种权利,但没有"水资源使用权""用水权""区域水权"等其他权利的提法和表述,这使得开展水资源使用权确权登记、用水权初始分配、区域水权交易等工作的法律依据不充分。其次,从取水权上看,虽然《物权法》明确了取水权是一种用益物权,依法取得的取水权受法律保护,但《水法》是以取水许可制度为基础设置取水权的,而取水许可制度将公共供水单位和自备水源的企业都纳入管辖范围,这就使得取水许可与水权之间的关系存在着争议和困惑。例如,水库工程管理单位、自来水公司等公共供水单位虽然申领了取水许可证,但其是否享有物权性质的取水权?其节约的水资源能否开展水权交易?其与使用公共供水的用水户之间属于供用水合同关系,还是属于水权交易关系？这些问题都令人困惑。更为重要的是,对于取水权而言,目前的取水许可制度仅是在使用环节征收水资源费,而在取得环节是不需要交费的,这就类似于土地划拨,在性质上可以概括为“无偿取得、有偿使用”。根据本书作者提出的权利内容与权利取得条件的关系原理(参见《实行工业企业取水权有偿取得势在必行》一文),无偿取得的取水权,其权利必然要受到很多限制,如不能开展抵押,对于不属于节约的水资源是不能交易的,这也给取水权的物权性带来了很大限制。最后,从用水权上看,开展用水权初始分配还缺乏法律依据。党的十八届五中全会明确要求建立用水权初始分配制度,《国务院办公厅关于农业水价综合改革的意见》(国办发〔2016〕2 号)要求明确灌区内农业用水户的水权。目前水权试点地区也在以用水户协会或农户为单元对灌区内农业用水户开展水权确权,并将农业用水户水权交易作为一种交易类型。然而,用水权是一种什么权利？哪些主体拥有用水权？用水权人有哪些权利义务？谁可以进行用水权确权？灌区内农业用水户的用水权与灌区管理单位的取水权是什么关系？用水权能否交易,特别是能否与工业企业交易？诸如这些问题,目前法律上也是没有规定的。事实上,现阶段的用水权初始分配更多的是在用水总量控制条件下进行的逐级“分水”,亦即按照《国务院办公厅关于农业水价综合改革的意见》的要求,“以县级行政区域用水总量控制指标为基础,按照灌溉用水定额,逐步把指标细化分解到农村集体经济组织、农民用水合作组织、农户等用水主体,落实到具体水源,明确水权,实行总量控制”,进而形成用水总量控制“从区域到用水户”的闭合体系。至于灌区内农业用水户与灌区管理单位之间的法律关系,目前总体上还属于供用水合同的关系,属于债权范畴。要将灌区内农业用水户的水权从债权上升为物权,就像 20 世纪 80 年代将土地承包经营权从原先的债权逐步转变为物权、并最终通过《农村土地承包法》和《物权法》予以确认一样,客观上需要比较漫长的过程,而在现阶段显然还不完全具备条件。

上述这些情况表明,水权改革是有阶段性、区域性、复杂性的,只能积极稳妥地加以推进。在这种情况下,水权改革的政策研究,特别是以推动实践为使命的顶层设计型政策研究,就面临着如何适应水权改革的阶段性、区域性、复杂性开展研究,进而使研究成果既具有前瞻性又具有可操作性的问题。

本书第一部分“水权改革”的各篇文章,就是基于上述背景,试图对水权改革中的一些重要问题进行研究的。其中,《我国水权之路如何走?》上、中、下三篇,发表于党的十八届三中全会之后,试图按照产权制度的要求,对水权制度进行再认识,进而分析水权制度建设的现状及面临的问题,提出水权制度建设的总体思路与措施。这些文章后来在水利部开展的水权试点工作中得到了一些应用。《健全水资源资产产权制度的思考》一文发表于《生态文明体制改革总体方案》出台之后,该文在以往研究的基础上,较为系统地提出了水资源资产产权制度建设的思路和框架。

《水权确权的实践需求及主要类型分析》《可交易水权分析与水权交易风险防范》《完善水权水市场建设法制保障探讨》《实行工业企业取水权有偿取得势在必行》《探索新形势下的水权水价改革》《关于培育水权交易市场的思考和建议》《论我国水资源用途管制制度体系构建》等七篇文章属于一个序列,分别针对水权确权、水权交易、水权法制建设、取水权有偿取得、水权交易市场培育、水资源用途管制等水权改革中的核心问题开展研究,其中的一些成果在后来制定的《水权确权工作方案》《水权交易管理暂行办法》《水利部关于加强水资源用途管制的指导意见》等文件中得到了应用。其中,《探索新形势下的水权水价改革》还对水权改革应注重区域性进行了初步探讨。

《从物权法立法争议看水权制度建设》《〈物权法〉缘何规定取水权而未规定水权》《初始水权分配制度的建设与完善》等三篇文章发表较早,重点对 2006 年《物权法》的制定及其与水权的关系,以及 2007 年水利部《水量分配暂行办法》出台之后初始水权分配制度的建设问题进行研究。《关于完善河湖权属管理制度的思考》则对河湖权属管理制度进行研究,属于水权研究的一种拓展。

本书第三部分“水利改革”还对其他一些水利改革问题作了研究。其中,《地震堰塞湖应急处置后的管理对策》成文于 2008 年汶川大地震之后,重点对地震堰塞湖应急处置后怎么转为常规管理进行分析,该文曾由水利部领导批转给四川省水利厅参阅;《汶川地震与冰冻灾害水利应急管理机制的完善对策》则对汶川地震与冰冻灾害所暴露出的水利应急管理机制问题进行了剖析,并提出了相关完善对策。《绍兴市水利现代化试点建设的难题与对策》《绍兴市实施水生态环境整治的经验与启示》《关于绍兴市水利现代化建设若干问题的思考》等三篇文章属于一个系列,是在绍兴市作为水利部确定的 10 个水利现代化试点城市之后,着眼于对绍兴市水利现代化建设问题的相关思考,力争对水利现代化建设有所裨益。《湖南省加快水利改革试点的经验与启示》《加快水利改革试点的经验与建议》《深化水利改革工作的进展与建议》等三篇文章属于一个系列,侧重于对水利部加快水利改革试点以及深化水利改革工作进行思考和经验总结。《贯彻落实中央一号文件背景下加入 GPA 面临的挑战》是对加入 WTO《政府采购协定》面临的挑战和如何应对进行的思考,该文并在中欧 GPA 论坛上予以发表。

(三)

水利法治,前提是立法,关键是执法。

对于水利立法,很多人都有"现行法律法规多、但好像不够管用"的印象。一方面,现行水法律法规比较多。截至 2016 年年底,现行有效的水法律共有《水法》《防洪法》《水土保持法》《水污染防治法》四部,《防汛条例》《南水北调工程供用水管理条例》等行政法规 21 部,《水量分配暂行办法》《取水许可管理办法》等部门规章 40 余部。相比于土地、矿产、森林、渔业等其他自然资源领域,水利立法的数量的确是比较多的。另一方面,现行水利立法仍存在滞后现象,有不够管用之虞。主要表现在:首先,一些领域还存在着立法空白。仅就水资源管理领域而言,目前,节约用水、地下水管理、非常规水资源利用等一直没有行政法规予以规范,难以有效满足最严格水资源管理制度的立法需求。其次,一些立法内容存在滞后现象。如,现行《水法》是在 2002 年大幅度修改的,至今已逾 15 年,其间虽然在 2009 年和 2016 年进行了个别条文的修改,但 2002 年《水法》的大部分内容沿用至今。十多年间,我国治水思路发生了深刻调整,"节水优先、空间均衡、系统治理、两手发力"的新时期治水思路得到确立并逐步落实;水资源管理改革不断深化,中央正式确立了最严格水资源管理制度、河长制等,要求推进水权改革、建立健全用水权初始分配、水生态补偿、水资源用途管制制度等。为适应水利改革发展形势要求,客观上需要对《水法》进行修改。又如,《河道管理条例》制定于 1988 年,迄今已近 30 年,部分内容已经难以适应河湖管理形势变化,也有修改的必要,但却迟迟得不到修改。第三,一些立法中的法律责任偏软。如一些地方反映,《水法》在法律责任方面对违法行为规定的罚款数额最高只有 10 万元,严重偏低,不能起到震慑违法行为的作用,因违法成本低,盗采河砂、涉水建设项目未批先建等水事违法行为,打击难度很大,影响了《水法》实施的效果。

对于水利执法,很多人则有"水政执法难,执法能力弱"的印象。一方面,水政执法难度大。例如,一些地区和部门的"招商引资""重点工程""首长项目"等重大建设项目,虽然违反水法律法规的规定,但却难以有效纠正。同时,违规开采砂石、非法取水、欠交水资源费、恶意污染水源等一些严重违法行为时有发生,执法任务繁重,执法难题多。另一方面,水政监察能力较弱。目前水政监察队伍的现状与依法行政的要求还不相适应。如全国还有很多执法队伍为自收自支的事业单位,与行政执法机构性质不符;执法人员业务水平、执法能力参差不齐;许多基层执法队伍的执法经费、装备和执法人员人身伤害保险等问题还没有得到解决,不少执法队伍依靠行政规费和罚没款养队伍,执法条件急需改善。

水利法治出现上述现象,原因也是多方面的。其中,以下两个因素尤其值得重视:

第一,水利立法的综合性和部门立法之间存在着抵牾,对水利立法构成了制约。受水资源具有流动性,而且具有防洪、供水、发电、航运、渔业、养殖、水生态等多种功能所决定,水利立法具有很强的综合性,不仅需要统筹中央与地方、流域与区域、区域与区域之间复杂的利益关系,而且需要协调水利、国土、环保、建设、卫生、林业、交通、能源等部门之间复杂的利益关系。然而,在我国主要由部门主导各领域立法的大背景下,水利立法主要由水利部门主导。受部门之间立法高效协调机制尚未建立所制约,其结果,既可能导致水利立法缓慢,也可能导致水利立法内容不够科学。

第二,当前我国水利发展总体上尚处于"重建轻管"阶段,管理和执法尚未成为水利工作的重心,这在很大程度上对水政执法构成了制约。

对于水利政策研究而言,水利法治建设的上述现状和问题,构成了相关研究的基本背景。本书第二部分"水利法治"的各篇文章,就是在这种背景下开展研究的。其中,《水资源法律制度现状》《实行最严格水资源管理制度的立法对策》《推进生态文明建设水资源管理立法亟待先行》属于一个系列,侧重于对水资源法律制度现状进行梳理,提出实行最严格水资源管理制度的相关立法对策。《关于推进流域立法的思考》则基于我国七大江河流域水情各不相同的实际,提出了"一体两翼"的流域立法总体思路,这在后来的《太湖流域管理条例》立法和正在制定的《长江保护法》中得到了印证。《南水北调工程运行管理的立法对策》《南水北调受水区地下水保护刍议》两篇文章,是作者在参与制定《南水北调工程供用水管理条例》过程中的思考,相关成果在《南水北调工程供用水管理条例》的制定中得到了及时应用。《漳河水量调度亟待立法》《洪水资源利用法律制度建设刍议》《城市雨水资源利用法律制度建设刍议》《农村饮水安全立法重点与难点分析》《农村饮水安全立法的地方经验与启示》五篇文章属于一个系列,都是作者在相关立法前期研究中的思考。《地方水利法制建设评估及其指标体系构建》《地方抗旱立法的经验与展望》则属于对地方水利法治的思考。在这些文章基础上,《法律变迁与水利立法完善研究》基于最近几十年的法律变迁,从制度与人、国家与社会、公权与私权、法制与法治等维度总结出当今法律变迁所体现出的时代精神，并根据这种时代精神，分析了近年来水利立法的进步以及目前尚存在的问题，提出了水利立法适应法律变迁的完善建议。

本书第四部分“案例评析”则侧重于水利执法，从个案入手，分析水政监察工作中一些具体案例的法律适用，力争对水政执法有所裨益。

（四）

“路漫漫其修远兮，吾将上下而求索。”受我国特殊的国情水情，特别是治水问题的复杂性所决定，水权改革和水利法治的过程注定是漫长的。就此而言，本书中的各种研究成果也注定是具有阶段性的，其中的很多观点都需要随着实践的发展而进行更新，甚至有些观点还可能存在谬误，需要推倒重来。不过这也正是水利政策研究的魅力所在，也是值得用更多的心血倾注于其中的重要缘由。

本书编委会

2017 年 6 月 6 日

目　录

第一部分　**水权改革**

第二部分　**水利法治**

第三部分　水利改革

第四部分　案例评析

第一部分

水 权 改 革

我国水权之路如何走？（上）

——对水权制度的认识*

党的十八届三中全会《中共中央关于全面深化改革若干重大问题的决定》（以下简称《决定》）作出了全面深化改革的总体部署，将经济体制改革作为全面深化改革的重点，核心是处理好政府和市场的关系，使市场在资源配置中起决定性作用和更好地发挥政府作用；强调要加快生态文明制度建设，健全自然资源资产产权制度和用途管制制度等。在新的形势下推进水权制度建设，需要按照《决定》精神，准确把握水资源资产产权的内涵，深刻理解水资源配置中政府与市场的作用，增强加快推进水权制度建设的紧迫感。

一、关于对水资源资产产权的认识

水资源是基础性的自然资源，按照《决定》的要求，健全自然资源资产产权制度，就需要建立健全水资源资产产权制度。

（一）水资源资产产权的界定

产权是所有制的核心，包括完全产权和有限产权两种。完全产权就是所有权，具有占有、使用、收益、处分等完整的权能。有限产权是一种不完整的产权，主要是指从所有权中分离出来的各种使用权。根据《中华人民共和国物权法》（以下简称《物权法》）第118条"国家所有或者国家所有由集体使用以及法律规定属于集体所有的自然资源，单位、个人依法可以占有、使用和收益"的规定，单位和个人对自然资源可以享有有限产权。

与土地、草原、林地等自然资源同时存在国家所有和集体所有不同，按照《中华人民共和国宪法》（以下简称《宪法》）、《物权法》《中华人民共和国水法》（以下简称《水法》）的规定，我国实行水资源国家所有，由国务院代表国家行使所有权。因此单位和个人所能享有的水资源资产产权，必然是一种有限产权，即水资源使用权。基于此，建立健全水资源资产产权制度，重点是推

---

* 本文作者为杨得瑞、李晶、王晓娟、王建平、陈金木、汪贻飞。原文首次印发在水利部发展研究中心《参阅报告》第325期（2013年12月26日）；公开发表在《水工业市场》2014年第11期。

进以水资源使用权为核心的水权制度建设。

（二）作为产权的水资源使用权应当具备的特性

水资源使用权应当具备产权的所有特性。只有具备这些特性，水资源资产产权制度才能落到实处。

1. 物权性

物权性是产权的首要特征。按照《物权法》的规定，水权在性质上属于用益物权，权利人对水资源使用权依法享有占有、使用和收益等物权权能，但不具有处分权能，因而是一种有限产权。作为一种物权，水权具有独立于所有权存在的特性，在符合用途管制条件下，所有权人不得随意收回或调整，不得妨碍权利人依法行使权利。

2. 稳定性

稳定性是产权的应有之义。我国城镇国有土地的使用权为50—70年、农村耕地承包期为30年、草地的承包期为30—50年，集体林权改革时将林地承包期确定为70年，承包期届满还可继续承包，充分体现了产权所应当具有的稳定性。作为一种产权，水权也应当具有稳定性和长期性，以实现“水定权、人定心”。

3. 流转性

产权流转是经济活动最活跃的表现方式，依法获得的水权能否有效流转，是其是否属于产权的重要标志。权利人应具有完整的收益权利，在符合法律规定情况下可以流转其全部权利。对水权而言，不仅是节约的水资源可以流转，不属于节约的水资源也应当可以依法流转，如企业生产规模尚未达到获得水权预期用水规模时，或因各种原因减少生产规模时，可以依法转让其水权。

4. 资本性

资本性是产权作为生产要素所具有的重要属性。所谓资本性，是指产权可以作为入股、抵押或出资、合作的条件，发挥其在生产过程中的资本功能。作为产权，水权也应当具备资本性，权利人应当能够以水权进行入股、抵押或者出资、合作。

（三）作为产权的水资源使用权，应当进行确权登记

《决定》提出，对水流、森林、山岭、草原、荒地、滩涂等自然生态空间进行统一确权登记，形成归属清晰、权责明确、监管有效的自然资源资产产权制度。对水资源使用权进行确权登记，确立权利人作为水资源使用权人的主体

地位,是完成水资源使用权与所有权分离、将水资源使用权的各项权能落实到使用者的重要步骤,也是健全自然资源资产产权制度形势下水权制度与以往相比的重大突破。

1. 确权登记应当有明确的权利主体

水资源使用权的存在形式是多种多样的,现阶段主要是取用水户的水权以及农村集体经济组织的水塘和修建管理的水库中的水资源使用权(以下简称农村集体水权)。权利必须有明确的主体,确权登记必须“确权到户”,只有将水权确权给能够独立承担民事责任的取用水户,如农民用水合作组织、农村集体经济组织、农户等,水权确权登记才算完成。

2. 确权登记应当发放水资源使用权证

作为一种物权,水权的确权登记,应当具有严肃性和确定性,不能简单地将现行的取水许可证作为水权凭证,而应当发放具有物权性质的水资源使用权证,就像土地使用权证、林权证一样,明确载明权利人的权利期限以及所具有的权利与义务。

二、关于对市场在水资源配置中作用的认识

水资源配置包括宏观配置和微观配置。总量控制、水量分配等宏观配置是政府的职能,不能由市场进行配置。但通过取水许可等方式授予取用水户取水权是水资源的微观配置,可以引入市场机制,使市场在水资源微观配置中起决定性作用。近年来,宁夏回族自治区、内蒙古自治区、浙江省、新疆维吾尔自治区吐鲁番等地的水权交易实践也证明,在水资源微观配置上,凡是市场发挥作用的地方,水资源利用效率和效益都大幅度提高,而且用水总量可以得到有效控制。水资源微观配置发挥市场作用有以下两个环节:一是取水权交易环节;二是申请新增取水权环节,亦即政府配置新增水权环节。

(一) 发挥市场在水权交易环节的决定性作用

水权交易是市场机制发挥作用最直接也是最直观的体现。在用水总量控制体系下,对于新增用水需求,应当首先依靠市场,通过水权交易取得。这样可以在不增加用水总量的情况下,为新增用水需求找到解决方案,使有限的水资源得到重新配置。交易双方通过市场撮合,促成交易,既可以提高水资源利用效率和效益,又可以增加交易双方节水动力,促进节约用水。因此,水权交易在满足新增用水需求中应当优先采用,充分发挥市场对已有水权重新配置的决定性作用。

（二）政府配置新增水权时应引入市场机制

市场对水资源配置起决定性作用不仅体现在已有水权交易环节，而且应当体现新增取水申请环节。当水权交易成为满足工业和服务业等新增用水需求的主要途径时，过去由政府根据取用水户申请无偿分配取水权的制度必须改革，否则将造成一部分取用水户可无偿取得水权，而另一部分取用水户需要有偿取得的不公平现象。因此，政府在配置新增水权时，不应再实行无偿"划拨"，而应采取有偿出让。对于水权需求者而言，就是向政府购买水权，即有偿取得水权。

三、关于对水权制度下政府作用的认识

市场在水资源配置中起决定性作用，并不是起全部作用。在水权制度下，既要充分发挥市场对水资源配置的决定性作用，也要更好地发挥政府作用。

（一）对水资源进行宏观配置

对于用水总量控制指标分解、区域水量分配等水资源宏观配置，由于其涉及区域利益的调整以及水资源监督管理权限的划分，需要由政府起主导作用，而不能依靠市场机制。在宏观配置上，应当对生活、农业（主要是粮食生产）、生态等公益性用水予以优先保障。

（二）对水资源使用实行用途管制

水资源具有多种功能，可以用于灌溉、供水、发电、航运、景观等多种用途。随着人口的增加和经济社会的发展，各种用途之间的用水之争日趋激烈，迫切需要从水资源用途角度加强管制，努力协调各类用水间的用水冲突。水资源具有很强的公益性，也需要政府以社会公共利益代表的身份对水资源使用实行用途管制，保障水资源的合理利用以及经济社会发展与生态环境相协调。应当通过水资源规划、水功能区划、取水许可等，强化水资源使用的用途管制。

（三）培育水市场并加强监管和服务

水权交易具有很强的外部性，在推行水权交易过程中，政府应当加强对水市场的监管和服务，包括对交易主体准入、交易用途、交易价格等实施监管，对水权交易予以登记等，维护市场秩序，弥补市场失灵。此外，我国目前的水市场尚不发育，政府还应当从政策法规、基础设施等方面创造条件，积极培育水市场。

四、关于对水权制度建设重要性和紧迫性的认识

按照《决定》提出的市场化改革方向和“到2020年,在重要领域和关键环节改革上取得决定性成果”的改革时间表,必须加快建立健全水权制度,对水资源微观配置制度进行市场化改革。

(一) 落实《决定》精神的重要举措

水权制度建设是健全自然资源资产产权制度的应有之义。目前我国正在推进对土地、房屋、草原、林地、海域等不动产的统一登记制度,但水资源并未纳入其中。分析原因主要有两方面,一是水资源不属于不动产,相对不动产更具复杂性;二是水权制度建设总体上比较滞后,水资源使用权的确权登记尚未开始。但是,《决定》关于健全自然资源资产产权制度、使市场在资源配置中起决定性作用和更好地发挥政府作用等精神,已经明确地要求现行水资源管理制度必须改革,因此,必须按照健全自然资源资产产权制度的要求,加快推进水权制度建设。

(二) 缓解水资源供需矛盾的迫切需要

在水资源短缺的蒙陕甘宁“能源金三角”地区,目前有总值上万亿元的工业项目等着购买水权,鄂尔多斯市境内的水权转换潜力已经基本挖掘完,正在推动开展盟市之间的水权交易。南水北调东线已经通水,中线一期工程通水在即,受水区省际以及省内地区间都有南水北调分水指标交易的需求。实行最严格水资源管理制度,将全国用水总量层层往下分解并最终落实到取用水户后,今后新增用水需求将主要依靠交易已有水权来满足。必须加快水权制度建设,缓解水资源供需矛盾,支撑经济社会快速发展。

(三) 提高水资源利用效率的内生动力

提高水资源利用效率的动力机制,一是外力驱动,即政府管理;二是内生动力,即用水户的自觉性。最严格水资源管理制度的实施主要依靠划定“三条红线”和考核制度的行政手段加以推进,体现的是外力驱动。水权制度建设强调对水资源使用权进行确权登记,推行水权交易,保障权利人可以依法享有水权收益,这实际上建立了节约用水和水资源保护的激励机制,因为节约出来的水是可以转让并取得收益的,这将真正激发用水户节水护水的热情,由过去的“要我节水”变成“我要节水”。

我国水权之路如何走？（中）

——水权制度建设的现状及面临的问题*

为更好把握新形势下水权制度建设的方向与重点，有必要对改革开放以来我国水权制度发展阶段进行梳理，总结水权制度建设现状和实践进展，并分析新形势下水权制度建设面临的问题。

一、我国水权制度建设的几个阶段

改革开放以来，特别是新世纪以来，我国水权制度建设有了较大进展。大体可分为三个阶段：

（一）开展水量分配阶段

1978 年至 20 世纪 80 年代末，为解决天津用水以及黄河、漳河水事纠纷，国务院先后批复了滦河、黄河、漳河的水量分配方案，确定了相关区域的分水指标或分水比例。这个时期没有提出水权概念，客观上讲，水量分配为以后这些流域和区域开展水权制度建设打下了基础。

（二）实施取水许可，继续推进水量分配阶段

1988 年《水法》颁布实施，1993 年国务院颁布了《取水许可证实施办法》，建立了取水许可制度。同时全国大部分省、自治区、直辖市制定了水资源费征收管理办法，水资源有偿使用制度开始实施。这一时期，洮儿河流域、黑河干流以及福建泉州市晋江下游的水量分配方案相继得到批复，水量分配工作继续稳步推进。这个时期仍然没有提出水权概念，实施取水许可和继续推进水量分配，虽然在客观上为水权制度建设奠定了一定基础，但对水资源的配置基本上是行政手段，亦即是政府在直接配置水资源。

（三）探索水权交易，深化取水权管理，开始实施用水总量控制阶段

2002 年修订的《水法》，从法律上首次确立了取水权，对取水权取得的要

---

* 本文作者为杨得瑞、李晶、王晓娟、王建平、陈金木、汪贻飞。原文首次印发在水利部发展研究中心《参阅报告》第 326 期（2013 年 12 月 26 日）；公开发表在《水工业市场》2014 年第 11 期。

件作出了规定。这一时期,浙江省东阳—义乌、甘肃省张掖市、宁夏回族自治区(以下简称宁夏)、内蒙古自治区(以下简称内蒙古)、福建省泉州市、新疆维吾尔自治区(以下简称新疆)吐鲁番等地开展了水权交易探索并取得积极成效,引起社会广泛关注。水量分配逐步增多,塔里木河流域、石羊河流域、大凌河流域等水量分配方案得到批复;黄河流域率先启动了将流域水量分配方案细化到干支流和地级市的工作。取水权管理进一步深化,2006年国务院颁布了《取水许可和水资源费征收管理条例》。用水总量控制开始实施,2011年中央1号文件提出实行最严格的水资源管理制度,2012年国务院印发《关于实行最严格水资源管理制度的意见》,2013年国务院办公厅印发《实行最严格水资源管理制度考核办法》,明确了各省区2030年用水总量控制指标以及2015年和2020年阶段性管理目标;各省区正在将本省区指标向市县分解。

这个时期水权交易实践探索和取水权的确立,是水权制度建设的重要内容,为水权制度建设进一步创造了必要条件,但水权确权登记、水权交易规则、水市场与中介组织、社会监督机制、政府监管与服务等一系列制度尚未建立,水权流转不顺畅,权利保护不充分,我国水权制度建设之路仍然任重而道远。

二、我国水权制度建设现状分析

从总体看,目前我国水权制度建设尚处于建立健全制度和实践探索阶段。

(一) 初步建立了水资源使用权相关制度

根据现有法律制度,《水法》规定了用水总量控制制度、水资源规划制度、水量分配制度、水量调度制度等,初步建立了保障水资源使用权配置的相关制度。《取水许可和水资源费征收管理条例》《取水许可管理办法》《水资源费征收使用管理办法》等法规、规章对水资源使用权的取得、流转、保护、监管作出了一些规定。明确了取水许可制度和水资源有偿使用制度;明确了取水权人可以依法有偿转让其节约的水资源;明确了水事纠纷调处制度;明确了计划用水、节约用水、退水监督管理、取水许可监督检查等监管制度。

(二) 开展了区域用水指标分解工作

用水总量控制指标分解方面,省级控制指标分解确认工作已经完成,目前正在组织开展市县两级水资源管理控制指标分解工作。在地市级指标分解方面,25个省、自治区、直辖市基本完成省级向地市级的指标分解工作。在县级指标分解方面,辽宁、江苏、江西、广东、河北、贵州6省将2015年控制指标分解到县。另外,分流域、分水源指标分解工作初见成效,河南、海南、甘肃、宁夏4个省和自治区已完成分流域、分水源指标分解。在水量分配方面,目前已经开展水量分配的流域主要集中在北方缺水地区,包括黄河流域(除了省级分水之外,多数省份还将本省分水指标细分到各地、市级行政单位)、海河流域(滦河、漳河、永定河、拒马河)、西北内陆河(塔里木河、黑河、石羊河)以及辽河流域(大凌河、洮儿河);南方福建、广东、江西、安徽等省份也开展了省内部分河流的水量分配。

(三)实施了取水许可制度

从1988年《水法》施行至今,重要取水工程(包括耗水和非耗水工程)基本实施了取水许可制度。截至2011年,全国累计发放取水许可证70余万套,许可取水量超过4 000亿立方米,约占当年全国总用水量6 107.2亿立方米的66%。目前,地表水取水许可管理的形式多样,多数地区由流域管理机构或水行政主管部门直接发证给水库管理单位或取(引)水口门的管理单位,相关用水户(如自来水公司、工业企业、灌区)较少办证。在黄河、漳河等流域,不仅给水库管理单位或取(引)水口门的管理单位发放取水许可证,有些地区还给相关用水户发证。

(四)探索了水权交易

目前,各地开展的水权交易探索种类多样。归纳起来主要有三种:

1. 区域间水权交易

浙江省东阳—义乌、余姚—慈溪、绍兴—慈溪的水权交易是其典型。此种交易体现为某一地区的水库向水资源短缺的另一地区供水,后者向前者交纳水权交易费。

2. 行业间水权交易

宁夏、内蒙古的水权交易是其典型,此种交易体现为“投资节水,转让水权”,即企业向灌区投资节水,灌区节约的水量指标转让给企业。

3. 水票交易

甘肃省张掖市、民勤县,新疆呼图壁县的水权交易是其典型,此种交易体现为灌区内部农户将持有的水票进行交易,前提是灌区农户获得了数额明确的水权证,并按照年度分得的用水额度向灌区购买了相应水票。

另外还有一种情况,新疆吐鲁番利用市场机制实行了政府有偿出让水权,即新增取用水的工业企业需要与政府签订协议,并交纳水权出让金(当地称水权转让费);政府和企业签订协议之后,需要通过组织建设水库、灌区改造、节水工程等方式,解决企业新增用水问题。现有水权交易实践汇总见表1。

表1 水权交易实践汇总

省份	水权交易情况(截至2012年年底)
新疆	呼图壁县2010年起开展水票交易;吐鲁番地区2011年起开展水权交易,签订水权协议20多份
甘肃	2002年起,张掖地区开展水权交易;随后,民勤县也开展了水权交易
宁夏	2003年起,宁夏开展黄河水权转换试点,交易项目9个
内蒙古	2003年起,内蒙古开展黄河水权转换试点,交易项目30个
浙江	2000年前后,东阳—义乌、余姚—慈溪、绍兴——慈禧开展水库水权交易
福建	2008年起,泉州探索开展水权交易
广东	2009年起,深圳、香港和粤港供水公司之间试行水量指标交易

三、我国水权制度建设面临的主要问题

水资源具有流动、随机、多功能等特性,我国水情复杂,经济体制经历了从计划经济向社会主义市场经济的转型,水权制度建设难度大。通过这些年的制度建设和实践探索,虽然取得了一定进展,但还面临着诸多困难和问题。

(一)现有制度与产权制度要求不衔接

目前的取水许可等水资源管理制度始于20世纪90年代,均以行政管理为目标导向,由于这些制度在建立之初没有水权概念,提出水权概念后,直接把过去实行多年的取水许可转化为授予取水权,必然与自然资源资产产权制度要求不衔接。主要表现在:

1. 与确权登记要求不衔接

目前取水许可是一种典型的行政审批,取用水户持有的取水许可证,更多反映的是行政管理的内容,取水权作为资产产权的权能不全面,边界不清晰,不符合水权确权登记要求。同时,农村集体经济组织的水塘和修建管理的水库中的水资源使用权没有确权登记制度。

2. 与权利稳定性要求不衔接

目前取水许可证的5—10年期限不是权利期限,难以满足权利稳定性要求。

3. 与权利流转性要求不衔接

目前将可交易取水权仅限定于节约的水资源,限制了权利流转。通过水权抵押、入股等方式发挥水权资本功能的制度缺失,水权交易制度和水市场监督管理制度基本处于空白。

4. 与权利保护要求不衔接

目前在取水许可管理中,对取水权的保护制度尚不够完善,擅自取水或超额取水的损害赔偿机制缺失,用途管制有待加强。同时,农民用水权益保障制度也不健全。

(二)市场在水资源配置中的作用发挥很不充分

1. 水资源微观配置环节主要依赖行政手段

在水资源微观配置层面上,从开展水资源论证到通过取水许可授予取水权,再到计划用水、节约用水等与取水权行使有关的监督管理,都主要依赖行政手段。

2. 市场在水权交易环节作用发挥不足

已有的水权交易案例都是通过政府(水行政主管部门)作为中介进行交易并完成交割,新增用水需求较少通过水权交易予以满足,市场在水权交易环节的作用尚未有效发挥。

3. 政府在向取用水户配置水资源环节尚未引入市场机制

与土地使用权等在取得环节通过招标、拍卖、挂牌等引入市场机制的做法不同,目前的取水许可制度都是无偿划拨方式,没有引入市场机制。

4. 缺乏水权交易平台

水权交易的委托代理等中介服务基本处于空白,社会监督与公众参与不充分。

（三）基础工作薄弱

1. 水量分配尚未全面推开

目前区域用水指标正在逐级细化，地市级和县级的分解工作还未完成；绝大多数跨省江河和省内跨区河流未完成水量分配，已经开展的水量分配方案多数缺乏相关的落实制度，而且与取水许可管理不够衔接，难以为水权确权登记提供明确的边界条件。

2. 取水许可制度落实尚不到位

南方多数灌区和北方多数取用地下水的农业用水户未办理取水许可证；在不少地区，许可水量普遍偏大；在黄河流域及其他一些地区，存在重复发证现象。

3. 水资源管理能力薄弱

水资源管理信息化程度不高，水资源监测、用水计量等水资源监控能力不足，难以为水权行使提供严格的监控计量支撑。据初步统计，全国约 38% 的工业和 70% 的农业取用水还未进行监测计量，50% 的水功能区没有监测手段，52% 的省界断面未开展水质监测。

我国水权之路如何走？（下）

——水权制度建设思路与措施*

在党的十八届三中全会开启全面深化改革新征程的背景下，加快推行水权制度是现代水资源管理制度变革的必然要求。在前两篇对水权制度的认识、水权制度建设现状及面临的问题分析基础上，提出水权制度建设的思路、措施和工作建议。

一、推进水权制度建设的总体思路

贯彻落实党的十八届三中全会精神，必须立足我国基本国情水情，按照经济社会发展需求和实行最严格水资源管理制度的要求，围绕水权确权登记、水权交易、水权水市场监管，顶层设计与实践探索相结合，整体推进与分类实施相结合，逐步形成归属清晰、权责明确、监管有效的水资源资产产权制度，使市场在水资源配置中起决定性作用和更好地发挥政府作用，全面提高水资源利用效率和综合效益，实现水资源可持续利用，支撑经济社会可持续发展。

水权制度建设的重点是建立"三个体系"：一是在落实区域用水总量控制指标和开展江河水量分配的基础上，通过取用水户水权确权登记，完善水权配置体系；二是通过开展水权交易试点、构建水权交易平台和规范交易行为，建立水权流转体系；三是通过建立健全农民用水权益等保障制度和加强水市场监管，建立水权水市场监管体系。

二、加快推进水权制度建设的主要措施

（一）开展水权确权登记

1．细化区域用水指标

要抓紧进行省级以下区域用水总量控制指标分解确认工作，加快开展重

---

* 本文作者为杨得瑞、李晶、王晓娟、王建平、陈金木、汪贻飞。原文首次印发在水利部发展研究中心《参阅报告》第327期（2013年12月26日）；公开发表在《水工业市场》2014年第11期。

要江河的水量分配工作,分流域、分水源落实用水总量控制指标。区域用水总量控制指标作为管理性的控制指标,为区域内所有用水户水权的总体配置和管理权限,可为下一步对水权进行确权登记奠定扎实的基础。同时要尽快推进用水总量控制制度建设,一方面,由水利部出台用水总量控制的部门规章,规范各级水行政主管部门在用水总量控制指标的确定、调整和监管等方面的具体措施和要求;另一方面,积极鼓励各地开展相关制度建设,在总结各地成效经验的基础上,适时开展相关行政法规的制定起草工作,完善用水总量控制制度。

2. 对取用水户水权进行确权登记

对取用水户的水权进行确权登记,难点和关键点是做好与现行取水许可制度的衔接。近期在现行法律法规框架下,以区域用水总量控制为基础,规范取水许可审批和取水许可制度实施。对于一些地方存在的取水许可证记载的取水量偏大问题,要予以重新核定,科学合理确定其水权;对于重复发证等不规范现象,要理顺管理关系,予以规范;对于没有办理取水许可证的,要尽快办理。下一步应与自然资源资产产权制度改革相适应,修改完善取水许可制度,出台统一的水权确权登记办法,对各种水权予以确权登记,发放水资源使用权证。

3. 对农村集体水权进行确权登记

农村集体水权是水资源资产产权体系的重要组成部分,对其确权登记,不仅关系到农民用水权益的保障,而且关系到水权制度建设的广度和深度。要组织开展农村集体经济组织自有水库水塘的水资源利用情况调查统计,在此基础上出台农村集体水权确权登记办法,对农村集体水权进行确权登记。难点和关键点是做好与土地权、工程权的制度衔接。

4. 探索政府有偿出让水资源使用权制度

对于新增取用水户,尤其是工业、服务业用水户,探索在水资源配置环节引入市场机制,有偿出让水资源使用权。考虑到目前法律法规仅明确水资源有偿使用,而未对水资源使用权有偿取得作出具体规定,应鼓励地方进行探索尝试,并加快完善相关法律制度。

(二) 推动水权交易

1. 鼓励探索各类水权交易

除实践中出现的利用现有水库进行跨区域的水权交易、由农业与工业的行业间水权交易和灌区农民间水票交易外,根据实践需求,鼓励探索开展其他形式的水权交易。在建立用水总量控制体系的流域和区域,可探索总量控制下的区域间用水指标交易；在南水北调受水区可探索地区之间分水指标的交易。在取用水户水权和农村集体水权确权登记后，可通过出让、承包、租赁等形式推动水权流转。通过推行水权交易，建立吸引社会资本投入水资源开发利用和水生态环境保护的市场化机制。积极推动出台相关政策，保障新增用水需求优先通过水权交易方式解决。

2. 推进水权交易的规范化

近期，在总结各地实践基础上，尽快出台取水权转让管理办法，规范取水权交易的程序、价格、审批和监管等行为。下一步需要在立法上有新的突破，对于实践中出现的其他类型交易，如区域间用水指标交易、水权抵押、水权租赁等流转或交易新形式，应当在积极探索基础上，逐步予以规范，扩大可交易水权的内涵和范围，明确可交易水权不仅限于节约的水资源。

3. 构建水权交易平台

参考林权交易所等交易平台的建设经验，根据水权交易类型、市场发育程度和交易规模，积极探索并推动建立流域、区域层面的水权交易平台。开展水市场电子信息系统研发建设，提高水市场信息化水平。

(三) 加强水权水市场监管

1. 建立健全水权保护制度

落实权利人对水资源的占有、使用和收益等权利。在开展水权确权登记的同时，明确权利人对其水权可以依法入股、抵押或出资、合作，发挥水权的资本功能；改进取水许可管理，分类确定取水权的期限，规范续期程序，期满后原则上自动续期，保障水权的稳定性；探索建立水权征收补偿制度，建立水权纠纷调处、利益诉求和损害赔偿机制，保障水权人的合法权益。探索建立灌区取水权共有制度，理顺灌区管理单位和灌区用水户的关系。在农业用水转移中，加强论证和审批，并充分尊重农民用水户的意愿，落实对农民的合理补偿。

2. 强化用途管制

严格落实水资源规划和水功能区划，强化对水资源开发利用和水权交易的用途管制。按照农业、工业、服务业、生活、生态等用水类型，明确水资源使用用途、利用方式和利用程度，保障公益性用水的基本需求。建立水资源用途变更审查制度，对水资源用途的变更进行严格审批。

3. 加强水市场监管

研究建立适应不同类型水权交易的监管模式和制度。研究出台相关政策，建立水市场准入规则，加强对交易方式、交易价格、交易用途等的审批和监管,维护市场良好秩序;培育市场中介服务组织,重视和鼓励公众参与,建立第三方和生态环境影响评估及补偿机制,加强社会监督,保障水权交易的公平公正。

三、推进水权制度建设的工作建议

（一）有计划、有步骤地推进水权制度建设

水权制度建设任务艰巨、影响广泛,需要有计划、有步骤地推进。

1. 把水权制度建设作为水利部深化水利改革领导小组的重要工作内容或专门成立水权制度建设领导小组

由部领导挂帅,有关司局和直属单位参加。领导小组负责全面筹划水权制度建设,协调解决水权制度建设中的重大问题,推动水权相关政策法规修订与出台,加强对流域和地方有关水权实践探索的指导。

2. 尽快组织编制水权制度建设总体方案

从操作层面对水权制度框架、建设目标任务、重点内容、路径和保障措施进行统筹谋划。结合目前各地用水总量指标分解、水量分配方案制订、取水许可管理等工作进展情况,分类确定水权制度建设重点和阶段安排,稳步推进。

（二）分类型、分地区开展水权交易试点

考虑到现有工作基础,建议近期将黄河流域作为试点,在区域内部农业工业之间水权交易、灌区农民间水票交易的基础上,开展跨地区(盟市)水权交易和农村集体水权交易等试点。还可以在开展水量分配的工作中,进一步选取水资源短缺的华北或西北地区以及存在季节性缺水或水质性缺水的南方地区,开展水权交易试点。

（三）开展《水法》及《取水许可和水资源费征收管理条例》等水法规修订研究

市场经济是法制经济。市场要在资源配置中起决定性作用,必然要求有法制的保障。建立水权制度,也必然要求对《水法》和《取水许可和水资源费征收管理条例》等水法规范进行修订,对现行取水许可管理中与水权制度不衔接的内容进行调整,实现水资源管理制度的真正突破和变革。

（四）加快水资源监控等基础能力建设

要抓紧完善水资源监测、用水计量与统计制度,加强省界等重要控制断

面、水功能区和地下水的水质水量监测能力建设，完善取水、排水、入河湖排污口计量监控设施，提升应急机动监测能力，逐步建立中央、流域和地方水资源监控管理平台，全面提高水资源监控、预警和管理能力，加快推进水资源管理信息化，为水权制度建设奠定良好的技术基础。

（五）在水利系统和全社会达成水权制度建设的共识

目前，水资源管理部门和社会各界对水权制度建设的意义、水权制度建设中政府与市场的关系等问题还存在不同认识，这些认识的不统一，将影响水权制度的建设进程。因此有必要通过座谈、研讨等方式，在水利系统统一思想，凝聚共识。同时，要加强水权制度建设的宣传，增进社会各界对推进水权制度建设的重要性和必要性认识，提高水权制度建设的社会参与度，为推动水权制度建设营造良好的氛围。

健全水资源资产产权制度的思考*

党的十八届三中全会的《决定》提出构建归属清晰、权责明确、监管有效的自然资源资产产权制度，中共中央、国务院《生态文明体制改革总体方案》（以下简称《总体方案》）对健全自然资源资产产权制度作出系统部署。党的十八届五中全会提出，加快形成有利于创新发展的产权制度，明确建立健全用能权、用水权、排污权、碳排放权初始分配制度。水资源是自然资源的重要组成部分，落实中央改革决策部署，需要按照自然价值和自然资本的理念，加强水资源资产管理，推动建立健全水资源资产产权制度。

一、水资源资产产权制度的内涵及其与水权制度的关系

（一）内涵

产权，即财产权，是经济所有制关系的法律表现，包括所有权以及从所有权分离出来的使用权。所有权是所有人依法对自己财产所享有的占有、使用、收益和处分的权利。据此，水资源资产产权是指对水资源占有、使用、收益、处分的权利，包括水资源所有权以及从所有权分离出来的水资源使用权。水资源资产产权制度是自然资源资产产权制度的重要组成，是确认、行使、保护、监管水资源资产产权的一系列规则。

水资源资产产权制度反映了水资源资产管理的要求。水资源资产管理是相对传统的水资源管理而言的，是遵循水资源的特性和自然规律，按照水资源生产的实际，从水资源开发利用到生产和再生产，按照经济规律进行的一种投入产出管理模式。二者有着以下区别和联系：一是资源管理以实物管理为核心，揭示水资源的使用价值，资产管理以价值管理为核心，揭示水资源的经济价值；二是资源管理强调资源的安全、可持续利用和公共利益的保障，资产管理的目标除了安全和可持续利用外，还关注资产的保值增值和所有权人权益的实现；三是资源管理侧重于直接管理，主要运用行政手段，而资产管

---

* 本文作者为王晓娟、李晶、陈金木、郑国楠。原文首次印发在水利部发展研究中心《参阅报告》第437期（2016年1月25日）；公开发表在《水利经济》2016年第1期。

理侧重于间接管理，须同时运用行政和市场两种手段。

（二）与水权制度的关系

我国的水资源资产产权制度是从水权制度建设开始的。这就涉及水资源资产产权制度与水权制度的关系问题，这也是困扰理论界和实际管理部门的一个重要问题。我们认为二者的关系可从以下三方面理解：

1. 二者的目标和主要内容是一致的

水资源资产产权制度与水权制度都把水资源所有权和使用权作为制度建设的内容，都把归属清晰、权责明确、流转顺畅、保护严格、监管有效作为制度建设的重要目标。

2. 二者提出的背景和关注的重点不同

水权制度是在21世纪初，为解决一些地区的水资源供需矛盾，运用市场机制优化配置水资源的背景下提出的，最初关注的重点是水资源使用权的配置、流转和监管，强调对水资源使用权的行使和保护。而水资源资产产权制度是在中央高度重视生态文明制度建设，要求健全自然资源资产产权制度的背景下提出的，除了强调更多发挥市场在资源配置中的作用和更好发挥政府作用，还重点关注水资源所有权实现问题，强调要按照自然价值和自然资本的理念，将水资源作为资产进行管理，着力解决水资源资产所有者职责不到位、所有权边界模糊、所有权人权益不落实等问题。

3. 水资源资产产权制度比水权制度内容更丰富

水资源资产产权制度与水权制度相比，不但在理念上得到了提升，在内容上也得到了扩充和丰富：既包括水资源使用权的配置、流转和监管等内容，也要按照将水资源作为资产进行管理的要求，创新水资源所有权人的实现方式，保障所有权人的权益。

由此可见，当前推进水资源资产产权制度，需要在已有水权制度成果的基础上进行继承和创新；新形势下推进水权制度建设，也要按照健全水资源资产产权制度的要求加以扩充和完善。

二、水资源资产产权制度的现状与存在的问题

（一）现状

1. 与水资源所有权有关的制度

我国法律对水资源的所有权有原则规定，《宪法》《物权法》均规定水流属于国家所有，即全民所有；《水法》进一步规定，水资源属于国家所有，水资

源的所有权由国务院代表国家行使，同时，按照强化资源管理的思路，对国家所有水资源的配置和有偿使用又作了具体规定，其中，在配置方面，规定了水资源宏观调配、水资源规划、用水总量控制等制度；在有偿使用方面，规定了水资源费征收和使用管理制度。

2. 与水资源使用权有关的制度

目前，我国的法律法规设立了两种水资源使用权及其取得方式：一是取水权。《水法》规定，"直接从江河、湖泊或者地下取用水资源的单位和个人，应当按照国家取水许可制度和水资源有偿使用制度的规定，向水行政主管部门或者流域管理机构申请领取取水许可证，并缴纳水资源费，取得取水权"，《取水许可和水资源费征收管理条例》基于取水许可管理的需要，对取水权的配置、行使、管理等作出了具体规定；二是农村集体经济组织用水权。《水法》规定，"农村集体经济组织的水塘和由农村集体经济组织修建管理的水库中的水，归各该农村集体经济组织使用"。

现行法规对水权交易和用途管制有一些规定。在水权交易方面，《取水许可和水资源费征收管理条例》第 27 条对取水权转让作出了原则规定，并将交易对象限制于节约的水资源；《南水北调工程供用水管理条例》对南水北调省际水量转让作了原则规定。在用途管制方面，现行法律法规虽未直接使用用途管制的表述，但对水资源规划、用水总量控制、水资源论证、取水许可、水功能区管理等作了规定，这些内容与用途管制直接相关。

（二）存在的问题

1. 水资源所有者和管理者没有区分，中央和地方的所有权人职责不清，所有权人权益不够落实

一是尚未按照党的十八届三中全会《决定》和生态文明制度建设的要求，区分水资源资产所有者权利和管理者权力。二是没有分清中央政府和地方政府行使水资源所有权的权利清单和空间范围。三是按照《取水许可和水资源费征收管理条例》，工业企业等经营性用水只需在使用环节交纳较低的水资源费，但在取水权取得环节是不需要付费的，属于"无偿取得、低价使用"，不符合《总体方案》中的"全面建立覆盖各类全民所有自然资源资产的有偿出让制度，严禁无偿或低价出让"的精神。

2. 水资源使用权归属不清，资产功能受限，市场机制未能发挥应有作用

一是现行法律没有清晰界定各种终端用水户的权利，确权登记制度不健全，水资源使用权的归属不清晰。二是使用权的权能不完整，按照《取水许可和水资源费征收管理条例》向政府申请取水许可获得的取水权，其转让权利

受限制,也不具备抵押、担保、入股等其他资产功能。这与《总体方案》"除生态功能重要的外,可推动所有权和使用权相分离,明确占有、使用、收益、处分等权力归属关系和权责,适度扩大使用权的出让、转让、出租、抵押、担保、入股等权能"的精神不相符。三是市场机制未能发挥对水资源配置的应有作用,取水权配置完全通过行政手段,不符合党的十八届三中全会《决定》"必须积极稳妥从广度和深度上推进市场化改革,大幅度减少政府对资源的直接配置,推动资源配置依据市场规则、市场价格、市场竞争实现效益最大化和效率最优化"的精神。

上述问题之所以产生,从根本上看,是因为对水资源是按照资源管理而不是按照资产管理的理念进行制度设计,由此导致在水资源管理中,偏重实物管理,忽视价值管理;偏重使用权的监管,忽视所有权的实现;偏重行政权力的行使,忽视权利人权利的保护;偏重行政手段,忽视市场手段。

三、其他自然资源资产产权制度的经验借鉴

改革开放以来,土地、矿产、森林等自然资源领域都在积极探索推进产权制度改革,目前土地使用权、探矿权、采矿权、林权已经在不同程度上实现了资产化管理。近年来,党中央、国务院还进一步推进排污权、农村土地经营权、国有林权等领域的改革。总体上看,其他自然资源领域虽然在资产管理体制等方面也不健全,但已经在落实所有权人权益、实现使用权资产功能、发挥市场机制作用等方面积累了不少经验,可供推进水资源资产管理、健全水资源资产产权制度借鉴。

(一)按照"有偿取得、有偿使用"的精神,推进水资源资产产权制度建设

我国土地、矿产等自然资源的取得和使用大体上经历了三个阶段:第一阶段是在经济社会发展与自然资源开发利用矛盾很小的时期,自然资源开发利用处于放任状态,实行"无偿取得、无偿使用";第二阶段是在经济社会发展与自然资源开发利用矛盾较大的时期,为了强化资源管理,实行"无偿取得、有偿使用";第三阶段是在经济社会发展与自然资源开发利用矛盾进一步加剧时期,开始重视资产管理,实行"有偿取得、有偿使用"。水资源当前正处于"无偿取得、有偿使用"的第二阶段。伴随着水资源供需矛盾的不断加剧,水资源资产的价值将不断提升,应按照生态文明体制改革的精神,借鉴其他自然资源资产产权改革经验,尽快进入"有偿取得、有偿使用"的第三阶段。

（二）区别无偿配置和有偿出让，对水资源使用权实行不同的权属管理

在土地、矿产等自然资源产权改革过程中，区分公益性和经营性，按照权利取得的不同条件，确立了不同的权利内容。例如，城市建设用地实行有偿出让和无偿划拨两种方式：对经营性的建设用地，通过“招拍挂”等方式有偿出让土地使用权，资产功能得到发挥，在使用年限内可以转让、出租、抵押或者用于其他经济活动；而对公益性的建设用地，通过无偿划拨方式取得的土地使用权，资产功能受到限制，土地使用权不得转让、出租、抵押，如果要转让、出租、抵押必须补交土地使用权出让金。水资源资产也具有公益性和经营性双重属性，在构建水资源资产产权制度时，也有必要区分公益性用水和经营性用水，采取无偿配置和有偿出让两种方式，实行不同的权属管理。

（三）区分增量和存量，实行有差别的水资源资产产权改革制度安排

土地、排污权等自然资源资产产权改革过程中，注意区分增量和存量，实行“新人新办法，老人老办法”。以排污权为例，按照《国务院办公厅关于进一步推进排污权有偿使用和交易试点工作的指导意见》，在实行排污权有偿取得时，对于“增量”部分，即新建项目排污权和改建、扩建项目新增排污权，原则上要以有偿方式取得；对于“存量”部分，即现有排污单位已经无偿取得的排污权，要考虑其承受能力、当地环境质量改善要求，逐步实行有偿取得。在推行水资源资产产权制度，实行政府有偿出让水资源使用权时，也要考虑当地水资源条件、企业承受能力等，区分新增水资源使用权和现有水资源使用权逐步推进。

四、健全水资源资产产权制度的思路和措施

（一）基本思路

按照建立健全自然资源资产产权制度的总体要求，遵循自然价值和自然资本的理念，结合水资源的资产特性，将水资源作为资产进行管理，围绕水资源所有权制度和使用权制度，落实所有权人权益，保障使用权人权利；加强国家对水资源资产的监管，充分发挥市场在资源配置中的作用，构建归属清晰、权责明确、流转顺畅、保护严格、监管有效的水资源资产产权制度。健全水资源资产产权制度的重点是健全“两个体系”：

1. 水资源所有权制度体系

坚持水资源资产的公有性质，通过明确水资源资产管理机构及其权责，

健全水资源资产管理体制，区分水资源资产所有者权利和管理者权力；通过合理划分中央地方事权和监管职责，探索建立分级行使所有权的体制；通过实行政府有偿出让水资源使用权，进一步落实水资源所有权人权益。

2. 水资源使用权制度体系

通过水资源使用权确权登记，分清水资源所有权、使用权及使用量，建立健全用水权初始分配制度；通过开展多种形式的水权交易，发挥市场机制优化配置水资源的作用；通过加强水资源用途管制和水市场监管，保障公益性用水，实现水资源使用权有序流转。具体的水资源资产产权制度基本框架，如图1。

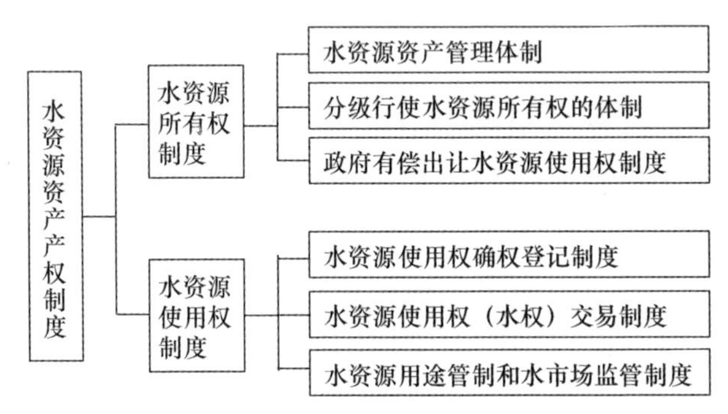

图1 水资源资产产权制度基本框架图

（二）主要措施

1. 明确水资源资产管理机构及其职责

健全水资源资产管理体制是建立健全水资源资产产权制度的内在要求。《总体方案》提出："整合分散的全民所有自然资源资产所有者职责，组建对全民所有的矿藏、水流、森林、山岭、草原、荒地、海域、滩涂等各类自然资源统一行使所有权的机构。"水资源是自然资源的重要组成部分，从远期上看，将水资源资产纳入自然资源资产进行统一管理是基本趋势，但是，水资源具有明显不同于其他自然资源的特性，包括可再生性、流动性、多功能性、重复利用性、利害双重性等，而且我国水资源资产管理具有高度的复杂性和专业性，目前尚处于起步阶段，从改革实际操作出发，近期尚有必要按照《中共中央、国务院关于加快推进生态文明建设的意见》"有序推进国家自然资源资产管理体制改革"的精神，充分发挥水行政主管部门的管理优势，合理设计水资源资产管理体制改革方案。

2. 探索建立分级行使水资源所有权的体制

落实《总体方案》精神,需要实行由中央政府和地方政府分级代理行使水资源所有权职责的体制,实现效率和公平相统一。分清中央政府和地方政府行使所有权的权力清单和空间范围。中央政府的所有权人职责是:对大江、大河、大湖和跨境河流直接行使所有权并收取水资源使用权出让金,收取中央分成水资源费;分配区域用水总量控制指标、批准跨省江河水量分配方案等;制定水资源资产评估、用途管制、离任审计、责任追究等制度并组织实施。地方政府的所有权人职责是:对其他河流直接行使所有权并收取水资源使用权出让金,收取地方分成水资源费;具体实施水资源资产评估、用途管制、离任审计、责任追究等制度。

3. 探索实行政府有偿出让水资源使用权

探索实行政府有偿出让水资源使用权是落实水资源所有权人权益的必然要求,其核心是按照自然价值和自然资本的理念,形成反映水资源稀缺程度的价格体系和市场。

探索实行政府有偿出让水资源使用权应当按照公益性和非公益性分类处理。由于水资源具有典型的公益性,居民生活、农业、生态用水事关百姓生存、粮食安全和生态安全,应给予基本保障。现阶段政府有偿出让水资源使用权主要限于工业企业等非公益性用水,生活、农业和生态等公益性用水仍然应当按照《取水许可和水资源费征收管理条例》的规定取得。探索实行政府有偿出让新增取水权涉及水资源管理体制的重要变革,不能一蹴而就,需要选择具备条件的试点地区积极探索,分类实施、逐步推进。

4. 开展水资源使用权确权登记

按照党的十八届五中全会提出的“建立用水权初始分配制度”的要求,对工业企业等自备水源取用水户、灌区内用水户、农村集体经济组织及其成员等终端用水户的水资源使用权进行确权登记,明确权利归属与内容。

5. 推行水资源使用权(水权)交易

探索地区间、流域间、流域上下游、行业间、用水户间等开展水权交易的方式。研究制定水权交易管理办法,明确可交易水权的范围和类型、交易主体和期限、交易价格形成机制、交易平台运作规则等。开展水权交易平台建设。

6. 加强水资源用途管制和水市场监管

一是加强水资源用途管制。在水资源使用权确权和交易过程中,要区分生活、农业、工业、服务业、生态等用水类型,明确水资源使用用途。审批机关在办理水资源使用权变更等手续时,应当对用途变更进行严格审核,防止农业、生态或居民生活用水被挤占。二是强化水市场监管。逐步建立水市场准入规则,加强对可交易水权、交易方式、交易价格、交易用途等的监管,建立水权交易第三方的生态环境影响评估及补偿机制。

五、有关建议

(一) 开展水资源资产产权相关法规建设

按照党的十八届四中全会“立法和改革决策相衔接”的要求,开展法规建设。一是适时启动修改《水法》,坚持资源公有、物权法定,在法律层面上构建水资源所有权和使用权制度体系,健全水资源资产产权制度。二是启动修订《取水许可和水资源费征收管理条例》,实行政府有偿出让水资源使用权,完善水资源使用权的资产功能,落实所有权人权益。三是研究制定《水权交易管理办法》,明确可交易水权的范围和类型、交易主体、程序和期限、交易价格形成机制、交易平台运作规则等。

(二) 推动国务院出台水权试点指导意见

当前开展的水权试点工作是探索建立健全水资源资产产权制度的重要抓手。考虑到探索实行政府有偿出让水资源使用权等需要突破现行法律法规的规定,按照“凡属重大改革都要于法有据”的精神,需要推动国务院尽快出台“关于推进水资源确权和水权交易试点工作的指导意见”,为试点地区提供授权。

(三) 在水利系统和全社会形成水资源资产产权制度建设的共识

目前对水资源资产产权制度与水权制度的关系、水资源所有权的实现方式和路径等问题的认识还不一致,有必要进一步统一思想,凝聚共识。要加强宣传,增进各界对健全水资源资产产权制度重要性的认识,提高社会参与度。

水权确权的实践需求及主要类型分析*

2014 年 3 月,习近平总书记在听取水安全战略汇报时提出,要明确水权归属。中共中央、国务院《关于加大改革创新力度加快农业现代化建设的若干意见》(即 2015 年中央一号文件)明确提出,开展水权确权登记试点。水利部在《关于深化水利改革的指导意见》中提出,要开展水资源使用权确权登记,并选取在宁夏回族自治区、江西省、湖北省、甘肃省四省区开展多种形式的确权登记试点。目前理论和实践中对于水权确权尚有不同理解和认识,主要集中在:确的是什么权、确权给谁和怎么确权等问题上。笔者经研究认为,水权确权主要有四种类型,不同类型的权利主体、权利内容、确权方式不尽相同。

一、水权确权的概念及其在水资源配置中的地位

(一) 水权确权的概念

与土地权、林权等概念①一样,水权是与水资源有关的各种权利的总称,属于物权范畴,包括水资源所有权和各种水资源使用权。《物权法》第 118 条明确规定:“国家所有或者国家所有由集体使用以及法律规定属于集体所有的自然资源,单位、个人依法可以占有、使用和收益。”

水权确权是指依法确认单位或个人对水资源占有、使用和收益的权利的活动。

(二) 水权确权在水资源配置中的地位和作用

水资源配置包括宏观配置和微观配置。宏观配置是指政府对水资源进行总量控制、水量分配、跨流域调水等。微观配置是指通过取水许可或水权交易等,将水资源使用权配置到取用水户。在宏观配置中,水权确权体现为

---

* 本文作者为杨得瑞、李晶、王晓娟、陈金木、汪贻飞。原文首次印发在水利部发展研究中心《参阅报告》第 385 期(2015 年 1 月 16 日);公开发表在《中国水利》2015 年第 5 期。

① 土地权包括土地所有权、土地承包经营权、建设用地使用权、宅基地使用权、地役权等。林权包括森林、林木和林地的所有权、使用权等。

明确区域取用水总量和权益;在微观配置中,水权确权体现为确认取用水户的权利义务。因此,水权确权是水资源配置的重要组成部分。

二、水权确权的实践需求

(一) 推行水权交易的需要

产权明晰是交易的前提和基础,是降低交易成本的关键。目前一些地区正在推行水权交易制度,亟须开展水权确权,明确水权归属。例如,河南省开展的南水北调水量交易,亟须明确各地的南水北调取用水总量和权益;内蒙古自治区、甘肃省等有大量的工业项目因缺乏用水指标而无法建设,亟须对直接从江河、湖泊或者地下取用水资源的取用水户、使用公共供水的用水户(包括灌区农户、城市供水管网内的用水大户等)进行确权。

(二) 保障取用水户权利的需要

归属清晰、权责明确是物权保障的基本要求,也是建立自然资源资产产权制度的内在要求。《物权法》《水法》和《取水许可和水资源费征收管理条例》虽然规定了取水权,但比较原则,未明确界定取水权的权利内容。对取用水户进行确权登记,有利于确立取用水户作为水资源使用权人的主体地位,是完成水资源使用权与所有权分离、将水资源使用权的各项权能落实到使用者的重要步骤,对于保障取用水户的取用水权利并促进水权交易具有重要意义。

(三) 保障农民用水权益的需要

近年来,随着经济社会的发展和城镇化进程的加快,不少地方探索将农业用水向工业和城镇用水转换,一些地区还调整农业灌溉水库用途,将灌溉用水转向工业和城镇生活用水。在此过程中,由于用水权属不清,农民用水权益被侵占的现象时有发生,一定程度上挤占了农业用水,损害了农民利益。开展水权确权,有利于保障农民合法权益,并在用水结构调整中对农民权益予以合理补偿,确保农业用水不被挤占。

三、水权确权的主要类型

水权确权的类型可以概括为区域取用水总量和权益的确认、取用水户的取水权确认、使用公共供水的用水权确认、农村集体水权确认等四种类型。

不同类型的水权确权,其权利内容、权利主体、确权方式存在明显差异。

(一) 区域取用水总量和权益的确认

区域取用水总量和权益的边界体现为区域用水指标,包括区域用水总量控制指标和江河水量分配指标。

1. 确的是什么权:区域水资源监管权和所有权人权益的混合

从法理上看,区域用水指标属于水资源监管权和所有权人权益的混合。

(1) 区域用水指标体现了区域行使水资源监督管理权的边界,反映了区域政府及其水行政主管部门据以对区域内各种取用水户进行水资源配置和监督管理的总体权限。我国实行水资源国家所有,由国务院代表国家行使所有权。实践中,面对各种层级的、大量的、分散的取用水户,不可能完全由国务院直接进行水资源的配置和监督管理,而需要按照现有行政管理体系,由中央、省、市、县等不同层级的政府及其水行政主管部门进行具体的水资源配置和监督管理。这就需要开展不同层级区域的水资源监督管理权限划分。确定区域用水指标,就如同行政区划一样,是明确区域水资源监督管理权限的重要载体,也是区域水资源监督管理权限划分在法律上的具体表现形式。

(2) 区域用水指标体现了区域所能享有的所有权人权益边界。按照物权法,完整的所有权包括占有、使用、收益、处分四项权能。对于水资源而言,所有权的行使主要体现为向取用水户配置水资源以及对配置的水资源享有收益(即所有权人权益)。明确区域用水指标,在界定区域水资源配置和监督管理权限的同时,也明确界定了区域所能享有的所有权人权益边界。

依据区域用水指标,区域政府可以在以下两方面行使所有权人权益:一是依据水资源有偿使用制度,依法对取用水户征收水资源费,并按照中央与地方的水资源费分成比例,将地方分成水资源费纳入地方同级财政预算管理。二是根据国务院和省级人民政府的有关规定,对年度或一定期限内的区域节余水量进行转让和获益。

2. 确权给谁:区域政府

区域取用水总量和权益的主体是区域政府。理由是:无论是区域用水总量控制指标还是江河水量分配方案,都是以行政区域为单元进行配置,都以区域政府作为责任主体。相应的,以区域用水指标为基础的区域取用水总量和权益,也应当以区域政府作为主体。

3. 确权方式:通过区域用水指标的相关政策文件进行确认

作为区域取用水总量和权益边界的体现,区域用水指标在法律上需要通过相关政府文件予以确认。一是明确区域用水总量控制指标的文件,如2013

年1月2日国务院办公厅发布的《关于印发实行最严格水资源管理制度考核办法的通知》、地方政府批复的下一级政府的用水总量控制指标的文件。二是跨省江河水量分配方案的批复文件，如国务院1987年批复的《黄河可供水量分配方案》等。三是跨流域调水工程分水指标的批复文件，如国务院2002年批复的《南水北调工程总体规划》，明确了受水区各省、直辖市的南水北调分水指标等。

（二）取用水户取水权的确认

按照《水法》"直接从江河、湖泊或者地下取用水资源的单位和个人，应当按照国家取水许可制度和水资源有偿使用制度的规定，向水行政主管部门或者流域管理机构申请领取取水许可证，并缴纳水资源费，取得取水权"的规定，确认取水权。取水权确权的边界体现为取水许可证记载的许可水量。

1. 确的是什么权：取水权

《物权法》将取水权纳入用益物权[①]，作为一种用益物权，取水权人依法对取用的水资源享有占有、使用和收益的权利。按照权利内容与权利取得条件关系的一般法理[②]，取水权取得方式不同，取用水户所能享有的权利内容存在明显的差异。

（1）无偿取得的取水权，其使用和收益权能是不完整的。这与划拨的土地使用权不得转让、出租、抵押的规定是一致的。对于直接向水行政主管部门申请取水许可而无偿取得的取水权，其使用权能和收益权能应受到严格限制，因而其权利内容是不完整的。在使用权能方面，取水权的行使必须服从严格的计划管理；在收益权能方面，取水权人只能转让其采取节水措施节约的水资源，而且不能抵押、出租。

（2）有偿取得的取水权，具有完整的使用和收益权能。从理论上讲，对于通过交纳权利金或水权交易有偿取得的取水权，其使用权能和收益权能得到扩展，权利内容具有完整性。在使用权能方面，按照权利应当具有可预期性的要求，水行政主管部门在开展计划用水管理时需要遵循"丰增枯减"原

---

① 用益物权是指权利人对他人所有的不动产或者动产，依法享有占有、使用和收益的权利。用益物权是以对他人所有的物为使用、收益的目的而设立的，因而被称作"用益"物权。

② 从法理上看，权利的内容与权利取得条件密切关联。根据权利取得的条件不同，权利内容以及权利人在行使权利时受到的边界制约条件也有所不同。如土地使用权既可以通过"招拍挂"的方式有偿取得，也可以通过政府划拨无偿取得。对于有偿取得的，一般只要符合国家产业布局、行政管理相关要求等，便可以进行交易，权利人可以从交易中获得利润；对于无偿取得的，政府一般要限制其进行流转，即便允许流转，政府也会设置更多的限制性条件，如补交土地使用权出让金等，且会对权利人获取的额外利润进行限制。

则，使取水权人具有可预期性；在收益权能方面，在符合用途管制等条件下，既可以对取水权进行入股、抵押或者出资、合作，也可以对取水权进行转让。例如，企业在转产或停产时，对于其有偿获得的取水权，可以依法全部流转或由政府回购。但是，取水权有偿取得后的上述权利，目前法律没有明确规定，这给试点工作带来了很大困惑。

2. 确权给谁：直接从江河湖泊或地下取用水资源的取用水户

取水权的主体是直接从江河、湖泊或者地下取用水资源的取用水户。按照取水许可制度，取水权人包括工业（含服务业）企业、灌区管理单位、水库（含取引水口门等）管理单位、供水企业（自来水公司、村镇水厂等）、水力发电企业等。

3. 确权方式：发放取水许可证并在法律中明确规定权利内容

对纳入取水许可管理的取用水户，通过发放取水许可证作为权利凭证。同时，按照物权法定的要求，在法律法规中明确规定取水权的权利内容。

（三）使用公共供水的用水权确认

对使用公共供水的用水户进行用水权确认，是水权确权的一种特殊类型，也是水权水市场体系建设的重要组成部分。由于法律法规依据不足，实践中又有强烈要求，一些试点地区正在努力探索与创新。

1. 确的是什么权：使用公共供水的用水权

使用公共供水的用水权，是指利用灌区或供水管网使用公共供水的权利，其权利内容是权利人对公共供水的使用和收益。首先，使用权是用水权的最主要权能，表现为用水户能够按照水的性能与用途对公共供水加以利用。与取用水户可以直接从江河湖泊取用水资源有所不同，用水户需要借助于公共供水系统，由供水单位提供供水服务才能实现其用水权。其次，收益权也是用水权的重要权能，表现为用水户获取用水所产生的经济利益，包括通过转让等方式而产生的新增利益。

2. 确权给谁：使用公共供水的用水户

用水权的主体是使用公共供水的用水户，主要包括灌区用水户和城市供水管网内的用水单位（如规模以上的工业企业等）。

3. 确权方式：可以采用多种形式

归纳当前用水权确权做法和今后的实践需求，用水权确权形式大体上有三种：

（1）单独发放用水权属凭证，如用水权证、水权使用证、水票等。对用水户发放单独的用水权属凭证，追求的是“双重”目标：既给予用水权益明确的法律保障,又对用水行为构成严格的限制。一方面,用水户可以根据权属凭证主张权利,维护用水权益;另一方面,则明确用水户用水的最大额度,与价格机制的软约束相比,将对用水行为构成强有力的约束,意味着超过权属凭证记载的最大用水量,就必须通过水权交易获得新增用水权。如山西省清徐县给农户发放水权使用证,甘肃省张掖给农户发放水票等。该形式主要适用于用水权益保障需求以及用水总量控制需求比较强烈的地区。

(2) 在其他权属凭证上记载用水户的用水份额。如在小型水利工程设施权属证书上记载受益农户的用水份额等。这种形式追求的目标是明确有关用水主体及其各自份额,起到定纷止争作用,而不以追求严格的用水总量控制为目标。该形式主要适用于水资源保障较为充分,正在开展小型水利工程设施产权改革或改革已取得成效,有较好的工作基础的地区。

(3) 下达用水计划指标或用水定额。采用这种形式,主要是配合"两部制水价"、超定额累进加价、阶梯水价等水价制度,运用价格的杠杆调节作用,促进节约用水。该形式主要适用于节水工作基础良好、计量监测设施较为完善的地区。

(四) 农村集体水权的确认

根据《水法》中有关"农村集体经济组织的水塘和由农村集体经济组织修建管理的水库中的水,归各该农村集体经济组织使用"的规定,对农村集体经济组织自有水塘水库的水使用权(以下简称农村集体水权)进行确权,是水权确权的另一种特殊类型。

1. 确的是什么权:农村集体经济组织自有水塘水库的水使用权

对农村集体水权进行确权,确认的是农村集体经济组织自有水塘水库的水使用权,包括使用权能和收益权能两方面。使用权能方面,主要是由水塘水库受益范围内的受益户进行用水;收益权能方面,包括对集体发包等获得的收益以及因征地或工程建设等获得的水使用权补偿等。

2. 确权给谁:农村集体经济组织,有条件的可进一步确权给农户

农村集体水权的主体是农村集体经济组织,可以由农民用水合作组织或村民委员会代表村集体享有农村集体水权。实践中,农村集体经济组织可以在民主决策基础上,进一步确认水塘、水库受益范围内相关受益农户的用水权。

3. 确权方式:可以采用多种形式

和用水权确权类似,农村集体水权的确权也可以采用多种方式。既可以单独发放权属证书(如用水权证),也可以结合农村小型水利工程产权改革,

在水利工程设施权属证书上记载用水份额及其相应的权利。

表1 水权确权类型一览表

类型	确的是什么权	确权给谁	确权方式
区域取用水总量和权益的确认	区域水资源监管权和所有权人权益的混合	区域政府	区域用水指标的相关政策文件
取用水户的取水权确认	取水权： (1) 无偿取得的取水权,权利内容是不完整的,只能转让节约的水资源 (2) 有偿取得的取水权,权利内容是完整的,可以全部转让,并能抵押、入股或合作经营等	直接从江河湖泊或地下取用水资源的取用水户	法律法规的相关规定,并发放取水许可证
使用公共供水的用水权确认	使用公共供水的用水权	使用公共供水的用水户,重点是灌区用水户和城市供水管网内的用水单位	可以采用多种形式,可以单独发证,也可以不单独发证,还可以仅下达用水计划指标或用水定额
农村集体水权的确认	农村集体经济组织自有水塘水库的水使用权	农村集体经济组织,有条件的可以进一步确权给农户	可以单独发证,也可以不单独发证

可交易水权分析与水权交易风险防范*

水权交易是利用市场机制优化配置水资源的关键。党中央、国务院多次对开展水权交易提出过明确要求,党的十八届三中全会的《决定》提出推行水权交易制度,2014 年 11 月《国务院关于创新重点领域投融资机制鼓励社会投资的指导意见》提出:“积极探索多种形式的水权交易流转方式,允许各地通过水权交易满足新增合理用水需求。”中共中央、国务院《关于加大改革创新力度 加快农业现代化建设的若干意见》(即 2015 年中央 1 号文件)明确提出探索多种形式的水权流转方式。在水利部 7 个水权试点中,明确内蒙古自治区、广东省、河南省、甘肃省等省区开展水权交易试点。如此一来,水权交易的需求怎样? 哪些水权可以交易? 交易之后可能带来哪些风险及如何防范? 这些问题便需研究和回答。课题组从这些地区的实际出发,并结合法理,对上述问题进行了深入分析。

一、水权交易需求分析

(一) 水资源短缺地区的新增工业项目亟须购买水权

我国内蒙古、甘肃等北方地区资源性缺水问题突出,经济社会发展面临着水资源短缺的瓶颈制约,新增工业项目购买水权的需求强烈。例如,在内蒙古自治区的鄂尔多斯、阿拉善盟,目前有大量的工业项目因缺乏用水指标而无法建设,但盟市内的水权转换潜力已基本挖掘完,正在开展跨盟市水权交易;在甘肃省酒泉市等地区,当地用水指标已经分配完,新增工业用水需求须通过购买水权方式解决;酒泉市一批煤化工、磷化工、新能源等项目正在规划建设之中,亟须通过水权交易解决新增用水需求。国务院《关于创新重点领域投融资机制鼓励社会投资的指导意见》也已经明确,“允许各地通过水权交易满足新增合理用水需求”。

(二) 南水北调受水区省际以及省内地区间存在水量交易的需求

南水北调东线和中线工程已经通水。由于受水区内不同地区现阶段用

---

* 本文作者为陈金木、李晶、王晓娟、郑国楠。原文首次印发在水利部发展研究中心《参阅报告》第 386 期(2015 年 1 月 16 日);公开发表在《中国水利》2015 年第 5 期。

水的需求和南水北调分水指标存在一定差异，以及配套工程有待完善、地下水压采分阶段实施等原因，受水区达到规划的用水量还需要一个过程，而沿线的另一些地区仍然缺水，希望购买南水北调的水。目前北京、郑州等地已提出购买需求，南阳、邓州等地近期则有富余用水指标可供出售。

（三）区域用水总量控制制度的施行“倒逼”新增用水需求通过水权交易来满足

继资源性缺水、水质性缺水、工程性缺水后，区域用水总量控制制度的实施，将形成一种新型缺水——制度性缺水，即在用水总量指标控制的刚性约束下，即使在水资源丰富地区，经济社会发展也将受制于用水总量控制指标，这将从制度上倒逼一些区域和取用水户通过水权交易来满足新增用水需求。深圳、东莞、广州等地的用水总量已接近总量控制红线，当地市政府多次提出通过交易方式购买新增指标，工业取用水户的新增用水需求也希望通过水权交易或从政府购买取水权来满足。

（四）农业经营体系变革催生农业内部开展水权交易流转

我国正在大力发展现代农业，大力培育专业大户、家庭农场、专业合作社等新型农业经营主体，构建集约化、专业化、组织化、社会化相结合的新型农业经营体系。土地集约化、专业化利用过程中，必然伴随着水资源交易流转问题。此外，一些地区为了促进节水，通过发放水权证、水票等方式，确认灌区农民用水户协会或农户的用水权（或用水额度）。在这些灌区内部，也存在着水权交易需求。

（五）部分企业获得水权后因各种原因存在再交易的需求

伴随着水权交易制度的推行，部分企业获得水权后，可能因减产、停产或企业未能上马等原因，需要将获得的水权进行再交易流转。目前内蒙古自治区已有部分企业出现这种需求。①

---

① 2008年8月4日，水利部黄河水利委员会（以下简称黄委）以黄水调〔2008〕36号文对《内蒙古河套灌区向大中矿业有限责任公司水权转换项目可行性研究报告》进行了批复。按照批复文件，内蒙古自治区河套灌区向大中矿业有限责任公司进行水权转换，节水工程建设总投资为12469.30万元（不包括节水工程运行维护费），可节约水量2254万立方米，单方水工程投资5.53元。该工程已于2010年12月26日开工建设，2013年4月底完工，2014年5月完成竣工验收，2014年11月通过黄委核验。但在内蒙古自治区目前开展的跨盟市水权交易中，按照黄委《关于内蒙古黄河干流水权盟市间转让河套灌区沈乌灌域试点工程可行性研究报告的批复》（黄水调〔2014〕147号），沈乌灌域节水工程建设投资18.65亿元，可节约水量2.3489亿立方米，在扣除超引黄河水之后可转让水量1.2亿立方米，单方水投资约15.54元。大中矿业曾提出，其通过水权转换后取得的水量指标存在节余，希望能转让给其他企业。

二、可交易水权分析

可交易水权是指权利人可据以开展交易并获益的水权,属于水权收益权能的重要体现。笔者经过总结研究认为,目前我国可交易水权主要包括:区域可交易的水量、取用水户可交易的取水权、使用公共供水用水户可交易的用水权、政府可有偿出让的水资源使用权、农村集体水权等。其中,农村集体水权是否可以交易、怎么交易,目前实践需求尚不强烈,需要进一步研究探索。

(一) 区域可交易水量

区域政府之间以区域用水指标(区域用水总量控制指标或江河水量分配方案)为基础协商开展水量交易,是总量控制制度下利用市场机制解决地区之间用水需求不平衡的重要方式,是未来水权交易发展的重要方向之一。2007 年国务院在批复《永定河干流水量分配方案》时明确提出,"在水量分配方案的基础上,鼓励地区间开展水量交易,运用市场机制,合理配置水资源"。2014 年国务院颁布的《南水北调工程供用水管理条例》明确规定,南水北调受水区省、直辖市用水需求出现重大变化的,可以转让年度水量调度计划分配的水量。[①] 2010 年山东省人民政府颁布的《山东省用水总量控制管理办法》规定:"区域之间可以在水量分配方案的基础上进行水量交易。"在区域间水量交易中,交易的对象应当限定于区域在年度或一定期限内节余的水量,实质上反映了区域对节余水量所享有的所有权人权益。

1. 区域在当年或一定期限内节余的水量可以交易

年度节余水量是指在执行上一级水行政主管部门或流域管理机构下达的年度水量调度计划过程中出现的节余水量。如在黄河、南水北调等的年度水量调度中,部分区域因降水等原因造成用水需求减少,进而出现水量节余。一定期限内节余的水量是指受工程条件限制等原因,导致区域在一定期限内用水达不到分配指标而出现的节余水量。例如,山西省受引黄工程限制,在一定期限内难以消化黄河干流水量指标而出现节余;南水北调的河南省南阳市、邓州市等受水区,由于配套水厂分年度建设、地下水压采分阶段实施等原

---

① 《南水北调工程供用水管理条例》第 15 条规定:水量调度年度内南水北调工程受水区省、直辖市用水需求出现重大变化,需要转让年度水量调度计划分配的水量的,由有关省、直辖市人民政府授权的部门或者单位协商签订转让协议,确定转让价格,并将转让协议报送国务院水行政主管部门,抄送南水北调工程管理单位;国务院水行政主管部门和南水北调工程管理单位应当相应调整年度水量调度计划和月水量调度方案。

因,在一定期限内存在节余水量。

需要说明的是,区域用水指标不能交易,不是交易的对象。区域用水指标的确定和调整,属于政府层级管理权限的配置,属于行政法范畴,不能通过民法上的市场交易进行调整。就像行政区划的调整需要走行政程序一样,区域用水指标的调整也只能走行政程序,不能通过市场机制对政府配置水资源行为进行调剂。

2. 区域间水量交易,实质上交易的是区域政府对于节余水量所享有的所有权人权益

区域间水量交易的基础是区域用水指标,而区域用水指标在性质上属于监管权和所有权人权益的混合,既体现了区域行使水资源监督管理权的边界,也体现了区域所能享有的所有权人权益边界。区域间开展节余水量交易,对转让方而言,通过获得转让收益,体现区域对节余水量享有所有权人权益;对受让方而言,在获得交易水量之后,增加了对取用水户的水资源配置能力,可以通过向取用水户征收水资源费等方式享有所有权人权益。

(二) 取用水户可交易的取水权

直接从江河、湖泊或者地下取用水资源的取用水户,交易依法取得的取水权,这是目前可交易水权中最多也是最常见的一种。由于取水权取得方式不同,可交易水权也存在明显差异。

1. 无偿取得的取水权:可交易水权限定于通过节水措施节余的水资源

《取水许可和水资源费征收管理条例》第 27 条明确规定:“依法获得取水权的单位或者个人,通过调整产品和产业结构、改革工艺、节水等措施节约水资源的,在取水许可的有效期和取水限额内,经原审批机关批准,可以依法有偿转让其节约的水资源,并到原审批机关办理取水权变更手续。具体办法由国务院水行政主管部门制定。”据此,无偿取得的取水权,其可交易水权限定于通过节水措施节约的水资源。可见,这种可交易水权,实质上转让的只是取水权人的部分权利,即部分取水额度及其额度内办理取水许可的准入权。

2. 有偿取得的取水权:可交易水权为合法取得的全部取水权

伴随着水权交易制度的推行,工业企业(含服务业,下同)在有偿取得取水权之后,可能因减产、停产或企业未能上马等原因,需要再次开展交易流转,这就产生了有偿取得的取水权交易问题。

与无偿取得的取水权相比,工业企业通过水权交易或缴纳权利金等方式有偿取得的取水权,依法理分析,其权利范围应得到很大拓展。一是权利流

转性得到扩大,不仅是节约的水资源,而且不属于节约的水资源也可以交易。例如,企业在转产或停产时,对于其有偿获得的取水权,可以依法全部流转或由政府等价回购。二是权利具备较强的资产属性,权利人可以对取水权进行入股、抵押或者出资、合作。但目前这方面的法律规定还不明确。

(三) 使用公共供水用水户可交易的用水权

目前,我国一些地区正在探索利用多种形式,对使用公共供水的用水户(重点是灌区用水户和城市供水管网内的用水单位)进行确权,如按照计划用水制度,对灌区用水户下达配水指标或用水定额,对城市供水管网内的用水单位下达用水指标,对用水户协会、农业经营大户或农户发放水权证或水票等。对用水户多种方式的确权,可为明确用水户可交易的用水权奠定基础。但此种交易的法律依据目前尚不明确,需要试点探索,并适时推动法规制度建设。

使用公共供水的用水户交易用水权,因交易用途不同,可交易水权也不同。

1. 灌区内部水权交易,可交易水权为用水户的全部用水权

灌区用水户之间的水权交易,由于不涉及水资源用途的转变(仍属于农业用水),而且不影响灌区的总取用水量,因此,用水户之间可以开展部分或全部用水权交易,不必限定于节约的水资源。

2. 农业用水转向工业用水,可交易水权限于节约的水资源

灌区用水户向工业企业转让用水权,由于涉及水资源用途变更(农业用水转换为工业用水),并将影响灌区的总取用水量,涉及取水许可变更,因此可交易的用水权需要按照《取水许可和水资源费征收管理条例》的规定,限定于通过田间节水等措施节约的水资源。这种情形下,用水户一般难以独立开展交易,而需要将田间节水措施纳入灌区节水改造的"总盘子"中进行统筹考虑,并由灌区管理单位统一办理取水许可变更。

3. 城市供水管网内的水权交易,可交易水权限于节约的水资源

对于城市供水管网内的用水单位,其用水指标由水行政主管部门按照计划用水制度下达,属于无偿取得用水指标。用水单位只有通过调整产品和产业结构、改革工艺、节水等措施节约水资源时,才能将本身用水权中相应的节余指标转让给购买方。

(四) 政府可有偿出让的水资源使用权

水权交易制度的推行,在一定范围和一定程度上将要求,探索实行政府

有偿出让水资源使用权。与区域间水量交易、取水权交易、用水权交易都属于二级市场的水资源配置不同,政府有偿出让水资源使用权属于一级市场的水资源配置。

政府可有偿出让水资源使用权的范围包括,政府回购或有偿收储形成的储备水权、区域预留的用水指标、区域新增用水指标等。今后伴随着相关实践探索的深入和配套制度的完善,政府可有偿出让水资源使用权的范围或将逐步扩大。

1. 政府回购或收储形成的储备水权可以有偿出让

政府储备水权的主要方式包括:一是政府对农户节约的水资源进行回购。目前正在开展的农业水价综合改革试点,将探索建立政府回购机制作为重要内容之一,明确政府或其授权水行政主管部门可利用节水奖励基金等对农民节约的水量进行回购,保障用水户获得节水收益。二是对企业闲置的水指标进行回购或收储。内蒙古自治区目前正在探索建立闲置水指标处置机制。参考闲置土地的处置办法,对于企业通过交易有偿取得的取用水指标,可以进行回购或有偿收储。三是通过投资节水改造项目节约的水资源。甘肃目前正在探索在疏勒河流域建立投资节水项目的节约水量指标收储机制,对于投资节水项目的节约水量指标,由水行政主管部门予以收储。

2. 区域预留的用水指标、区域新增用水指标可以在具备条件时实行有偿出让

区域预留的用水指标主要有两类:一是区域向下逐级分解用水总量控制指标时,一些省份根据经济社会发展需求预留的用水指标;二是根据水利部《水量分配暂行办法》,在制订水量分配方案时,为满足未来发展用水需求和国家重大发展战略用水需求而预留的水量份额。区域新增用水指标主要是指按照国务院规定,2015 年、2020 年、2030 年全国用水总量分别控制在 6 350 亿、6 700 亿、7 000 亿立方米,由此 2016—2020 年、2021—2030 年将分别有 350 亿、300 亿立方米的新增用水指标。无论是区域预留的用水指标还是区域新增用水指标,都属于无偿配置给区域的用水指标。对这部分用水指标实行有偿出让,涉及国家作为水资源所有权人权益的收取和配置问题,需要按照国家水资源资产产权制度建设部署,在建立水资源价值核算评估体系、水资源使用权定价机制、中央政府与地方政府的权利金分配机制及使用管理制度等基础上,逐步探索推行。

三、水权交易可能存在的风险及其防范

在明确可交易水权时,需要对可能存在的风险进行研判,并采取必要措施进行防范。从总体上看,水权交易过程中可能存在以下风险:

(1) 超过区域用水总量控制指标,出现“边超用边交易”现象。防范的重点是严格执行用水总量控制制度,对于用水总量控制考核不合格、地下水超采或压采不合格的地区,严格限制开展区域间水量交易或政府有偿出让水资源使用权。

(2) 交易的不是节约的水资源,造成以水权交易之名套取用水指标,并使转让方不当得利。这主要发生在无偿取得的取水权或用水权交易。防范的关键是建立严格的节水措施评估、认定与核验的程序和准则。

(3) 挤占农业用水,并对农民用水权益造成侵害。这主要发生在农业用水向工业或城市用水转让过程中。防范的关键是明确灌区管理单位、用水户协会、农民的责权利,并建立合理的交易补偿机制。灌区管理单位只能对其管理范围内的渠道(干渠、支渠等)节水进行交易,用水户协会管理范围内的渠系节水和交易由用水户协会决定,田间节水工程则由农民决定。对于内蒙古自治区、宁夏回族自治区等地开展的农业向工业的取水权交易,除了在实施节水过程中给予农民补偿之外,还应当研究建立水权交易风险补偿基金,对干旱年因用水保证率不同造成的农业损失予以补偿。

(4) 挤占生态用水,并对第三方权益或生态环境造成侵害。防范的关键是对地下水水位、水质进行监测和监控,对于生态脆弱地区,要严格实施用途管制制度,对水资源用途变更进行严格的审核和监管。

(5) 工业企业可能存在投机行为,利用囤积的用水指标牟取高额利润。防范的重点是建立严格的用途管制制度和配套的闲置水指标评估处置机制,防止利用囤积的用水指标垄断牟取不当利益。

表1 水权交易类型一览表

交易类型	交易主体	可交易水权	交易实质
区域间水量交易	区域政府或者其授权的部门或单位	以区域用水指标为基础,区域在年度或一定期限内节余的水量	区域对于节余水量所享有的所有权人权益

（续表）

交易类型		交易主体	可交易水权	交易实质
取水权交易	无偿取得的取水权交易	工业（含服务业）企业、灌区管理单位	通过节水措施节约的水资源	取水额度及在该额度内办理取水许可的准入权
	有偿取得的取水权交易	工业（含服务业）企业	部分或全部水资源	取水额度及在该额度内办理取水许可的准入权
使用公共供水的用水权交易		灌区用水户、城市供水管网内的用水大户	① 向工业的交易限于节约的水资源 ② 灌区内部的交易为部分或全部水资源	公共供水系统内的用水权
政府有偿出让水资源使用权		政府与工业（含服务业）企业之间	政府回购或有偿收储形成的储备水权、区域预留的用水指标、区域新增用水指标等	水资源使用权

完善水权水市场建设法制保障探讨*

我国实行取水许可制度,水资源配置实行行政配置。在市场化改革的新形势下开展水权试点,推进水权确权登记和水权交易,需要按照政府和市场两手发力的要求,在水资源配置中引入市场机制。这就要求对现行水资源管理制度,特别是取水许可制度进行相应的调整和完善,为水权试点乃至全国水权制度建设"于法有据"提供法制保障。

一、现行取水许可制度分析

2002 年修订出台的《水法》从法律上首次确立了取水权。2006 年国务院颁布了《取水许可和水资源费征收管理条例》,对取水权的配置、管理作出了明确规定,新设定了取水许可总量控制和取水权转让等制度。2008 年水利部发布《取水许可管理办法》,进一步细化了取水许可管理制度。根据这些法律、法规,取水许可制度已经成为水资源配置和管理的核心制度。

(一)现行取水许可制度的特点分析

现行取水许可制度在赋予取用水户取水权的同时,对取用水行为进行严格的用水计划管理。可以认为,现行取水许可制度建立了倚重行政手段的取水权配置管理体系,其主要特征如下:

1. 取水权的权利内容是基于行政管理需要设定的

《水法》《取水许可和水资源费征收管理条例》虽然规定了取水权,但未明确规定取水权的权利内容。目前《取水许可和水资源费征收管理条例》规定的取水许可证记载内容,包括"取水量和取水用途、水源类型、取水退水地点及退水方式、退水量",主要体现了与取水有关的技术要求,对取水权人的权利内容反映不充分。

2. 取水许可证的期限也是基于行政管理需要设定的

按照现行规定和实际做法,取水许可证有效期一般为 5 年,期限较短。

* 本文作者为李晶、王晓娟、陈金木。原文首次印发在水利部发展研究中心《参阅报告》第 387 期(2015 年 1 月 16 日);公开发表在《中国水利》2015 年第 5 期。

如果将取水权作为用益物权并可以交易的话,较短的期限难以满足权利稳定性要求,也将影响水权交易的预期,从而影响水权交易制度的推行。

3. 取用水计划指标的下达、调整或核减,缺乏明确科学的原则

按照权利应当具有可预期性的要求,下达、调整或核减取用水计划指标本应依据取用水户的许可水量,结合实际来水量,采用丰增枯减等原则进行核定。但目前取用水计划指标的下达较为随意,取用水计划指标与取水权的关系不明确。而且,用水单位因产量降低或进行技术改造等原因导致需水量减少时,现行管理是直接由水行政主管部门通过行政手段核减用水单位的用水计划,取水权人缺乏明确的权利预期和保障。①

4. 取水权转让限定于节约下来的水资源

取水权人仅能对其通过调整产品和产业结构、改革工艺、节水等措施节约的水资源进行有偿转让。

(二)现行取水许可制度的背景分析

取水权之所以形成上述状况,既与取水许可制度的形成历史有关,但更重要的是因为取水许可制度建立在水资源行政配置,即是在"无偿取得、有偿使用"的基础上。这虽然在一定的历史时期有其合理性,但已经不能适应市场化改革的形势要求。

从制度形成历史上看,取水许可制度始于20世纪90年代,在建立之初没有水权概念,总体上采用了计划经济思路进行设计,反映的是行政管理的需要,以强化取用水管理为目标导向。2002年《水法》提出取水权概念之后,直接把过去实行多年的取水许可转化为授予取水权。《取水许可和水资源费征收管理条例》总体延续了过去的行政管理思路,而未将取水权作为一种物权进行制度设计。这是导致目前取水权权利内容不清的重要原因之一。

从制度设计基础上看,目前的取水许可制度建立在"无偿取得、有偿使用"的基础之上。按照权利内容与权利取得条件关系的一般法理②,取水权的无偿取得,决定了其使用权能和收益权能应受到严格限制。在使用权能方

① 参见水利部水资源管理司编著:《取水许可和水资源费征收管理实务》,中国水利水电出版社2006年版,第85—86页。

② 从法理上看,权利的内容与权利取得条件密切关联。根据权利取得的条件不同,权利内容以及权利人在行使权利时受到的边界制约条件也有所不同。如土地使用权既可以通过"招拍挂"方式有偿取得,也可通过政府划拨无偿取得。对于有偿取得的,一般只要符合国家产业布局、行政管理相关要求等,便可以进行交易,权利人可以从交易中获得利润;对于无偿取得的,政府一般要限制其进行流转,即便允许流转,政府也会设置更多的限制性条件,如补交土地使用权出让金等,且会对权利人获取的额外利润进行限制。

面,因为是无偿取得的,而水资源又具有不确定性,因此对取水权的使用权能够进行限制,取水权的行使必须服从取用水的严格计划管理;收益权能方面,取水权人对于无偿取得的水资源不能独立获益,因此是不能抵押的,转让也要受到严格限制,只能转让其采取节水措施节约的水资源。这与划拨的土地使用权不得转让、出租、抵押的规定是一致的。

二、水权水市场建设面临的新形势

(一) 从中央要求看,需按《决定》精神落实水资源所有权人的权益

党的十八届三中全会《决定》明确提出,对水流等自然生态空间进行统一确权登记,形成归属清晰、权责明确、监管有效的自然资源资产产权制度。习近平总书记在《关于〈中共中央关于全面深化改革若干重大问题的决定〉的说明》中指出:"我国生态环境保护中存在的一些突出问题,一定程度上与体制不健全有关,原因之一是全民所有自然资源资产的所有权人不到位,所有权人权益不落实。"

长期以来,我国实行水资源使用权无偿取得、低价使用。受资源无价或低价思想的影响,虽然实行水资源有偿使用制度,但从全国看,水资源费总体偏低,导致用水方式粗放,用水浪费、排放超标、开发过度问题相当突出,工业、农业的用水效率偏低。开展水权水市场建设,需要按照水资源是稀缺资源、水资源具有经济价值的理念,进一步落实水资源所有权人权益的要求,形成反映水资源稀缺程度的价格体系,进而建立水资源利用的约束和激励机制,节约和保护水资源。

(二) 从新时期治水思路看,需按政府和市场"两手发力"要求优化配置水资源

政府和市场"两手发力"是新时期治水思路的重要内容。习近平总书记在听取水安全战略汇报时强调,保障水安全,要充分发挥市场和政府的作用,分清政府该干什么,哪些事情可以依靠市场机制。

水资源是基础性的自然资源和战略性的经济资源,按照"两手发力"的要求,水资源配置中既要发挥政府主导作用,也要充分发挥市场作用。水资源配置中政府的作用,主要是通过用水总量控制指标分解、区域水量分配等,加强水资源宏观配置,保障公共利益和水安全;对水权的取得给予确认和保护、对水权交易提供法律保障、对水资源用途实行管制、对水权交易市场进行监管,保障用水公平,防止农业、生态和居民生活用水被挤占。同时,对于工

业和服务业等商业性用水,在取水许可环节即微观配置环节,应当引入市场机制,将水权的配置和再配置交给市场,按照市场规则公平竞争,通过交纳权利金等方式有偿取得水权,促进水资源向高效率、高效益方向流动。

(三)从物权法要求看,需按用益物权的要求,真正落实水资源的使用、收益权

2007年《物权法》明确将取水权纳入用益物权篇章之中。所谓用益物权,是指权利人对他人所有的不动产或者动产,依法享有占有、使用和收益的权利。用益物权是以对他人所有的物为使用、收益的目的而设立的,因而被称作"用益"物权。

借鉴集体林权制度改革,将集体林权作为用益物权,赋予农民具有长期性的经营权、处置权、收益权经验,作为一种用益物权,取水权只有具备物权性、稳定性、流转性、资本性等物权的基本属性,才能真正使取用水户能够依法对水资源享有占有、使用、收益的权利。

(四)从水利投入看,需按建立水利投入稳定增长机制的要求,通过水权制度改革吸引社会资本

我国水利正处于建设高峰期,按照2011年中央一号文件要求,一大批民生水利工程正在快速推进,2014年5月国务院常务会议进一步部署了172项重大水利工程。为解决水利投入问题,2011年中央一号文件明确提出建立水利投入稳定增长机制。从当前形势上看,目前主要依靠公共财政投入的水利投入机制正面临着瓶颈制约。

水权制度改革是吸引社会资本参与水资源开发利用和保护的重要措施。2014年11月《国务院关于创新重点领域投融资机制鼓励社会投资的指导意见》明确提出,"通过水权制度改革吸引社会资本参与水资源开发利用和保护","鼓励社会资本通过参与节水供水重大水利工程投资建设等方式优先获得新增水资源使用权"。落实国务院要求,就要加快建立水权制度,培育和规范水权交易市场,积极探索多种形式的水权交易流转方式,允许各地通过水权交易满足新增合理用水需求。

三、水权水市场建设对水资源管理制度提出的新要求

总体上看,在市场化改革的新形势下,水权水市场建设需要按照"两手发力"的要求,开展确权登记和推行水权交易,形成"归属清晰、权责明确、监管有效"的水资源资产产权制度,在水资源配置中引入市场机制。而原先建立

在计划经济基础之上、以“无偿取得、低价使用、严格管控”为特征的取水许可制度，已经难以适应新形势的要求，需要进行较大的突破和完善。

（一）管理理念和管理职能需要转变

在水权水市场建设过程中，首先是转变管理理念。政府需要按照水资源是稀缺资源、水资源具有经济价值的理念，构建反映水资源稀缺程度的管理体系，建立水资源利用的约束和激励机制，进而实现节约保护和高效利用水资源的目的。其次是要转变水行政管理职能，划清政府与市场各自的作用范围，转变单一行政管理、计划管理的做法，并区分水资源配置环节和用途，对于微观配置环节以及工业（含服务业）用途的用水，尽可能地发挥市场机制作用。同时，由水资源具有流动性、不确定性等特性所决定，在坚持实行计划用水管理的同时，应当将计划用水管理与水权挂钩，如通过建立水权优先原则，明确不同水权保障的优先顺序；对于同一类型的水权，则按照“丰增枯减”原则进行管理，提高水权人的权利预期和保障等。

（二）取水权取得方式需要改变

目前《取水许可和水资源费征收管理条例》规定的取水权取得方式只有一种。推行水权交易制度后，还会出现有偿取得。包括市场交易或向政府有偿取得取水权。现行规定缺少取水权有偿取得方式的规定，需要改变。

同时，伴随着取水权取得方式的转变，需要对现有取水许可证的内容进行调整，增补取水权权属事项，如权利主体、权利取得类型（有偿、无偿）、有关权利义务事项、他项权利设定等；并参照耕地、森林、草原等资源使用权有效期限，合理设定取水权期限等。这都要求将《取水许可和水资源费征收管理条例》的修改和完善提上日程。

（三）用水权确权需要法律授权

根据确权登记工作需要，一些水权试点地区应对使用公共供水（灌区管理单位、水库管理单位等，下同）的用水户进行确权。对使用公共供水的用水户进行确权，意义重大。一是有利于将区域用水指标最终分解至各种用水户，进而对终端用水户进行严格的用水总量控制，这将有利于落实最严格的水资源管理制度；二是有利于在确权基础上开展用水权交易，运用市场机制优化配置水资源；三是有利于激发用水户节约和保护水资源的热情，促进水资源节约和高效利用；四是有利于在农业向工业的跨行业水权交易中防止农业用水被挤占，保障农民用水权益。

然而，按照物权法定原则，物权的种类和内容都应当由法律明确规定。

也只有经过法律认可的物权，才能得到法律保护，有了争议也才能起诉到法院。目前土地使用权、采矿权、探矿权、林权、海域使用权、养殖权、捕捞权等自然资源使用权的确认都有法律的明确规定，对权利行使和保护提供了法律保障。但我国法律法规对灌区用水户用水权的确认尚没有明确规定。此前，甘肃省张掖、山西省清徐等一些地区，虽然给农户发放了水权使用证，但由于没有法律根据，农户依据水权使用证享有什么样的物权，农户与灌区管理单位之间是什么法律关系，目前并不清晰，这直接影响了后续交易的开展。因此，对用水户进行确权，尚需要取得法律授权。

（四）水权交易类型需要丰富和完善

《取水许可和水资源费征收管理条例》仅规定了取水权转让，而且限定于转让通过节水措施节约的水资源。目前实践中已经出现了其他类型的水权交易探索和需求，包括河南省拟依托南水北调工程开展总量控制下的区域间水量交易，北京市拟开展使用公共供水的用水权交易，内蒙古自治区、甘肃省拟开展政府回购或收储水权后进行有偿出让等。从政策依据上看，《国务院关于创新重点领域投融资机制鼓励社会投资的指导意见》已经明确提出，“积极探索多种形式的水权交易流转方式”。水权交易类型的多样化，客观上使《取水许可和水资源费征收管理条例》规定的取水权转让范围已经偏窄，需要在交易主体、客体、条件、程序等方面进行拓展，为水权交易流转提供法规依据。

（五）其他需要建立的制度

水权确权和交易试点中，涉及了水市场监管制度、用途管制制度、水权主体权利保护制度、农民用水权益保障制度、第三方影响评价制度、水资源价值核算制度等，但目前基本上处于空白，也都需要尽快制定，纳入水资源管理制度中。

四、建议

从法律制度上看，新形势下开展水权试点，推进水权确权登记和水权交易，对现行取水许可制度提出了较大挑战。按照党的十八届四中全会“凡属重大改革都要于法有据”“凡是试点的，都必须有法律规定或者法律授权，没有法律规定和法律授权，不得试点”的精神，笔者提出近期工作建议：

1. 抓紧启动研究修订《取水许可和水资源费征收管理条例》

修改重点是需要按照“有偿取得 + 有偿使用”的思路，逐步实行取水权有偿取得;按照确权登记的要求,修改和完善取水许可证;按照水权交易的要求,扩大水权交易类型和可交易水权内容;按照权利保障的要求,加强用途管制,转变行政监管方式等。

2. 将试点中遇到的法律障碍和问题向国务院报告,积极争取国务院的授权

考虑到《取水许可和水资源费征收管理条例》的修改程序复杂,立法周期长,难度较大,目前正处于水权试点起步阶段,尚需进一步总结经验。借鉴2014年8月环境保护部为了推行排污权有偿取得试点,采取由国务院办公厅发布指导意见的做法,建议对试点方案编制和审查过程中遇到的法律障碍和问题及时进行总结,向国务院报告,积极争取国务院的授权。

实行工业企业取水权有偿取得势在必行*

按照党的十八届三中全会《决定》提出的健全国家自然资源资产产权制度和推行水权交易制度要求,笔者经研究认为,实行工业企业(含服务业,下同)取水权有偿取得势在必行。

一、工业企业取水权有偿取得的内涵

工业企业取水权有偿取得,是指工业企业以有偿的方式获得取水权的行为。包括两种方式:一种是通过政府有偿出让,工业企业缴纳权利金后获得取水权,属于一级市场的水资源配置;另一种是工业企业通过水权交易获得取水权,属于二级市场的水资源配置。对工业企业取水权实行有偿取得的核心,是按照水资源是稀缺资源、水资源具有经济价值的理念,形成反映水资源稀缺程度的价格体系和市场。

需要说明的是,由于水资源具有典型的公益性,居民生活、农业、生态用水等事关百姓生存、粮食安全、生态安全,应给予基本保障,因此,现阶段取水权有偿取得的一级市场应当限于工业企业、服务业等商业性用水,而生活、农业灌溉、生态环境等用水,仍然应当按照《取水许可和水资源费征收管理条例》的规定实行取水权无偿取得。

二、实行工业企业取水权有偿取得的必要性和可行性

(一) 必要性

1. 推行水权交易制度的内在要求

一方面,水权交易本身是取水权有偿取得的一种重要方式。党的十八届三中全会《决定》明确提出推行水权交易制度。在水权交易中,取用水户必须按照交易价格支付相应的费用,这本身已经体现了取水权有偿取得。另一方面,推行水权交易将倒逼取水许可制度进行必要的调整。在推行水权交易

---

* 本文作者为王晓娟、李晶、陈金木、郑国楠、汪贻飞。原文首次印发在水利部发展研究中心《参阅报告》第382期(2014年12月31日);公开发表在《中国水利》2015年第5期。

制度后,如果仍然按照现行取水许可制度实行取水权无偿取得,将造成一部分企业需要通过市场交易有偿取得取水权,而另一部分企业却可以通过向政府申办取水许可无偿取得取水权的不公平现象,进而可能会产生寻租和腐败。而且在这种政策导向下,新增取用水户会更多地选择等待政府无偿配置水资源,从而抑制水权交易及水市场的形成,不利于经济社会的正常发展。

2. 促进水资源节约和高效利用的有效途径

一方面,企业取水权的有偿取得,实际上建立了水资源要素对经济发展方式转变的"倒逼机制",将推动产业结构、生产方式、消费模式的改变,因为获得取水权要付出成本。另一方面,实行取水权有偿取得,企业在支付权利金后可以获得具有完整使用、收益权能的取水权,可以将取水权进行抵押和交易流转,为企业真正节约和高效利用水资源提供了内生动力。探索开展取水权有偿取得,对于全社会树立水资源有价理念,改变以往水资源无价或者低价使用的理念,促进经济社会持续健康发展将产生积极和深远的影响。

3. 落实水资源所有权人权益的重要措施

党的十八届三中全会《决定》提出"健全国家自然资源资产产权制度"。习近平总书记在《关于〈中共中央关于全面深化改革若干重大问题的决定〉的说明》中指出:"我国生态环境保护中存在的一些突出问题,一定程度上与体制不健全有关,原因之一是全民所有自然资源资产的所有权人不到位,所有权人权益不落实。"长期以来,我国实行的是取水许可制度,取水权无偿取得、低价使用,结果不但水资源所有权人没有获得足够的收益,还导致水资源浪费严重。为解决水资源长期无偿或低价使用问题,落实水资源所有权人权益,实行工业企业取水权有偿取得非常必要。

4. 建立水利投入稳定增长机制的重要引擎

目前主要依靠公共财政投入的水利投入机制正面临着瓶颈制约。实行工业企业取水权有偿取得,可以使非常稀缺的水资源通过权利金体现其价值,这将推动建立水利投入稳定增长机制。而且在取水权有偿取得制度建立过程中,企业通过交纳权利金的方式获得取水权后,会伴随着水价等定价机制的完善,使水资源开发利用和节约保护具有投资回报性,进而调动社会资本投入水资源开发利用和节约保护的积极性,真正实现政府和企业双赢。2014 年 11 月国务院《关于创新重点领域投融资机制鼓励社会投资的指导意见》(国发〔2014〕60 号)提出的"鼓励社会资本通过参与节水供水重大水利工程投资建设等方式优先获得新增水资源使用权",虽然未明确规定权利金问题,但基本反映了这一思路。

（二）可行性

1. 符合中央精神

党的十八届三中全会《决定》提出，“必须积极稳妥从广度和深度上推进市场化改革，大幅度减少政府对资源的直接配置，推动资源配置依据市场规则、市场价格、市场竞争实现效益最大化和效率最优化”。2014 年 3 月，习近平总书记在听取水安全战略汇报时强调，保障水安全，要充分发挥市场和政府的作用，分清政府该干什么，哪些事情可以依靠市场机制。通过取水许可等方式授予工业企业取水权属于水资源的微观配置，按照中央精神，可以探索引入市场机制，将取水权的配置和再配置逐步交给市场，减少政府对水资源的直接配置。

2. 符合自然资源利用的一般规律

在我国，自然资源的取得和使用，大体上经历了三个发展阶段。第一阶段是经济社会发展与自然资源开发利用矛盾很小时期，自然资源的稀缺性尚未显现，人们在观念上缺乏自然资源有偿的观念，因而实行的是“无偿取得、无偿使用”。第二阶段是经济社会发展与自然资源开发利用矛盾较大时期，自然资源的稀缺性逐步凸显，人们逐步意识到自然资源是具有价值的稀缺资源，使用自然资源应当付费，因而开始实行“无偿取得、有偿使用”。第三阶段是经济社会发展与自然资源开发利用矛盾进一步加剧时期，自然资源利用受到总量控制的刚性约束，人们意识到赋予某些主体自然资源使用权将对其他主体取得权利造成限制，因而取得自然资源使用权也应当付费，由此开始实行“有偿取得、有偿使用”。

水资源当前正处于“无偿取得、有偿使用”的第二阶段，随着经济社会发展阶段的不断推进，伴随着用水总量控制制度的深入实施，水资源作为一种稀缺资源，其价值将不断提升，企业获得取水权将不仅意味着其可以取用水资源，而且意味着限制其他企业取用水资源的份额。这将客观上造成取水权也具有稀缺性。因此，水资源的取得和使用向“有偿取得、有偿使用”第三阶段发展，符合自然资源利用的一般规律。

3. 有其他自然资源有偿取得的经验可供借鉴

土地是较早探索有偿取得的自然资源。目前我国已经形成了基本完全市场化的一定期限内的建设用地使用权有偿取得制度。政府对于商业用地、住宅等项目，采用招标、拍卖、挂牌等的方式，通过市场定价，获得土地出让金。我国对矿产资源也实行有偿取得加有偿使用的制度。1996 年《中华人民共和国矿产资源法》（以下简称《矿产资源法》）明确规定，“国家实行探矿权采矿权有偿取得制度”,交纳采矿权使用费是申请人获得采矿许可证的前提,同时在矿产开采过程中还要按照开采数量交纳相应的矿产资源税和资源补偿费。排污权也正在探索实行有偿取得。2014年8月,国务院办公厅发布的《关于进一步推进排污权有偿使用和交易试点工作的指导意见》,明确提出实行排污权有偿取得,要求“对现有排污单位,要考虑其承受能力、当地环境质量改善要求,逐步实行排污权有偿取得。新建项目排污权和改建、扩建项目新增排污权,原则上要以有偿方式取得”。

4. 企业能够承受

在北方缺水地区,如内蒙古自治区和宁夏回族自治区的沿黄地区、甘肃省疏勒河流域等,水资源紧缺已经成为经济社会发展的瓶颈,一批煤化工、磷化工、新能源等项目正在规划建设之中。这些项目亟须用水指标,而且其附加值高,对获得取水权有承受权利金的意愿和能力。在用水指标紧缺的情况下,不少企业迫切希望通过市场机制有偿获得取水权。在南方丰水地区,如广东省、江西省,取水权有偿取得虽然在短期内将提高企业的生产成本,但从中长期上看,企业为了少交权利金,会开展节约用水,从而促进结构调整,使企业在绿色发展、在当今市场竞争中赢得生存机会和竞争能力,这对企业和社会都是有利的。从水资源管理趋势上看,伴随着最严格水资源管理制度的深入实施和用水总量控制制度的严格落实,企业通过交纳权利金,对所获得的取水权开展抵押或流转,具有潜在收益,而且有很大的升值空间,因而从长远上看对企业将是一种利好行为。

三、工业企业取水权有偿取得的若干关键问题

(一)关于工业企业有偿取得取水权的权利内容

从法理上看,权利的内容与权利取得条件密切关联。根据权利取得的条件不同,权利内容以及权利人在行使权利时受到的边界制约条件应当有所不同。如土地使用权既可以通过“招拍挂”方式有偿取得,也可通过政府划拨无偿取得,二者的权利内容存在很大差异。其中,划拨的土地使用权不得转让、出租、抵押,如果抵押或转让需要补交土地使用权出让金;而通过“招拍挂”有偿取得的土地使用权,则可以直接依法进行交易流转。

该法理也同样适用于取水权。对于无偿取得的取水权,其收益权利是不完整的。体现在:一是流转性受到限制,不能就其全部水资源进行流转,而只能转让节约的水资源,这也是《取水许可和水资源费征收管理条例》的规定。二是资产性受到限制,不能开展取水权抵押。按照《物权法》第184条的规

定，使用权不明的财产禁止抵押。《取水许可和水资源费征收管理条例》并未明确取水权的权利内容，使用权是不明的，因而是不能抵押的。实践中，银行对于无偿取得的权利，因无法评估其价值，也是不会提供抵押服务的。

与无偿取得的取水权相比，工业企业通过交纳权利金或交易有偿取得的取水权，其收益权能得到很大拓展。一是流转性得到扩大，不仅是节约的水资源，而且不属于节约的水资源也可以交易。例如，企业在转产或停产时，对于其有偿获得的取水权，可以依法全部流转或由政府等价回购。二是具备较强的资产属性，权利人可以对取水权进行入股、抵押或者出资、合作。

（二）关于工业企业取水权有偿取得的实施方式和步骤

对工业企业实行水资源有偿取得不能一蹴而就，也不能“一刀切”，需要根据不同地区水资源利用的管理现状以及不同类型的企业及其承受能力，进行分类实施、逐步推进。

1. 按照“控制总量、盘活存量”的思路，严格控制区域用水总量和地下水开采量

对于用水总量已超过或接近区域用水指标的地区，引导和鼓励工业企业优先通过水权交易满足新增合理用水需求。工业企业可以通过开展灌区节水改造、参与节水供水重大水利工程投资建设等方式，有偿获得取水权。只有在节水潜力基本挖掘完毕、水权交易发展空间不大的情况下，才可以实行向政府有偿取得取水权。

2. 区分新增取水权和现有取水权分别处理

新建、改建、扩建项目新增取水权，原则上要以有偿方式，通过定额出让或公开拍卖，在交纳权利金后取得取水权。现有企业按照自愿原则，可以在交纳权利金后，取得取水权。不愿交纳权利金的企业，与通过划拨取得土地使用权类似，其取水权不能抵押，而且转让也受到限制，只能转让通过节水措施节约的水资源。

（三）关于取水权权利金的标准与使用管理

取水权权利金反映的是水资源资产的价值，属于水资源所有权人权益的重要内容。由于我国各地区情况及水情不同，取水权权利金收取的标准由省级价格、财政、水利部门根据当地水资源稀缺程度、供求关系、经济发展水平等因素综合确定。在权利金征收和使用管理方面，由地方水行政主管部门按照水资源管理权限收取，但是为了体现水资源国家所有的所有权人权益，要合理确定中央和地方分成的比例，分别上缴中央和地方国库，纳入财政预算

管理。权利金收入应统筹用于水资源的开发利用、节约保护、水生态补偿等。

(四)关于企业取水权有偿取得的风险及其防范

实行工业企业取水权有偿取得,尤其是向政府有偿取得取水权,存在一定的风险,需要建立健全相关制度加以防范。

1. “边超用边出让”现象及其防范

政府向企业有偿出让取水权时超过区域用水总量控制指标,出现“边超用边出让”现象。防范的重点是严格执行用水总量控制制度,对于已经超过用水总量控制指标或地下水超采的区域,严格限制政府向企业有偿出让取水权。

2. 政府强行征水及其防范

政府为了新增项目而出现强行征水,从而损害现有用水户利益。防范重点是建立取用水户的水权保护制度,对政府行为进行严格限制。

3. 企业投机行为及其防范

工业企业可能存在投机行为,对有偿取得的用水指标进行囤积并牟取高额利润。防范的重点是建立严格的用途管制制度和配套的闲置水指标评估处置机制,防止利用用水指标垄断而牟取不当利益。

四、相关建议

(一)在水权试点中率先探索工业企业取水权的有偿取得

探索实行工业企业取水权有偿取得,属于现行水资源管理制度的重大改革。按照习近平总书记提出的“顶层设计和基层探索良性互动、有机结合”的精神,应当试点先行,积累经验后逐步推广。在目前水利部开展的水权试点中,广东省、甘肃省、内蒙古自治区等试点地区已提出探索实行工业企业取水权有偿取得。例如,广东省拟实行政府预留用水指标的竞争性出让,将政府预留的用于经济发展的用水指标,通过竞争和有偿的方式分配给取用水户;甘肃省拟在疏勒河流域探索开展政府回购水权后有偿出让给工业企业;内蒙古自治区拟由水权收储转让中心对企业闲置的水指标进行收储后有偿转让给工业企业。这些做法,对于破解当地水资源供需矛盾、提高水资源利用效率和效益都具有重要作用,有必要给予积极的引导和支持。

(二)积极争取工业企业取水权有偿取得的法律授权

实行工业企业取水权有偿取得,不仅涉及企业的取水权配置和企业负担问题,而且涉及权利金的收取、使用和管理,属于对现行取水许可制度的重大突破,涉及《取水许可和水资源费征收管理条例》的修改与调整。按照“凡属重大改革都要于法有据”“凡是试点的,都必须有法律规定或者法律授权,没有法律规定和法律授权,不得试点”的精神,试点地区要探索开展取水权有偿取得,必须取得法律授权。对此,有两种解决方案:一是提请国务院修改《取水许可和水资源费征收管理条例》;二是向国务院签报,获得国务院授权。考虑到修改《取水许可和水资源费征收管理条例》程序复杂、立法周期长、目前正处于水权试点起步阶段,尚需进一步总结经验,难度较大,因此较为可行的做法是向国务院汇报,获得国务院授权。2014 年 8 月,环境保护部为了推行排污权有偿取得试点,就采取了由国务院办公厅发布指导意见的形式。

(三)进一步深化工业企业取水权有偿取得相关研究

工业企业取水权有偿取得是水权水市场建设的一个重要环节,目前对其研究还不充分,尚需要开展更深入的研究。一是要对国内土地、矿产、排污权等有偿取得的做法进行梳理,系统总结其成功和有待改进之处,研究其对工业企业取水权有偿取得的可借鉴之处。二是要研究不同地区对工业企业取水权有偿取得的需求和接受程度,取水权有偿取得对企业成本、物价指数和宏观经济的影响等,细化取水权有偿取得的可行性研究。三是要研究提出与工业企业取水权有偿取得相关的配套制度,如水资源资产评估管理办法、权利金使用管理办法等。

(四)在水利系统和全社会形成工业企业取水权应有偿取得的共识

目前有关各方对落实水资源所有权人权益、实行取水权有偿取得的必要性等问题的认识还不一致,有必要通过座谈、研讨等方式,逐步凝聚共识。同时,要加强取水权有偿取得方面知识的宣传,增进社会各界对逐步推进工业企业取水权有偿取得的重要性和必要性认识,提高社会参与度,为逐步推动工业企业取水权有偿取得营造良好的氛围。

探索新形势下的水权水价改革*

推进水权改革是加快生态文明制度建设的重要内容，是严格水资源管理、保障水资源可持续利用的一项重大基础性机制创新和制度改革。党的十八届三中全会以来，各级水利部门积极贯彻中央决策部署，开展水权改革探索，取得了积极进展。

一、全国水权试点工作有序推进

2014 年以来，水利部选取宁夏回族自治区、江西省、湖北省、内蒙古自治区、河南省、甘肃省、广东省 7 个省(自治区)，开展水资源使用权确权登记和水权交易试点。目前 7 个省(自治区)试点方案全部由水利部和有关省(自治区)人民政府联合批复后实施，一些省份已取得实质性进展。如内蒙古自治区积极推进巴彦淖尔与鄂尔多斯等跨盟市的水权交易，在破解工业企业新增用水需求的同时，也建立了吸引社会资本投入节水工程的新机制。在巴彦淖尔河套灌区一期节水工程中，工业企业总投入 18 亿元，可转让 1.2 亿立方米用水量，目前已完成投资 3 亿元；注册成立了内蒙古自治区水权收储转让中心有限公司，作为盟市间水权交易平台。河南省积极推进新密市与平顶山市之间的南水北调水量交易，运用市场手段优化区域水资源配置格局，既保障了新密发展用水，又充分发挥了南水北调工程效益。目前新密与平顶山已就 2 200 万立方米的交易水量和交易期限达成了意向。新密市投资 3 亿多元的引水入密工程，已于 2014 年 12 月开工建设，计划 2015 年底前建成通水。

二、把水权确权作为农业水价综合改革的首要环节，把水权交易作为促进农业节水的重要激励

在全国农业水价综合改革试点中，首先开展灌区内用水户水资源使用权确权。目前，80 个全国农业水价综合改革试点县全部以水权证或正式文件的形式明确农业初始水权。其中，40 个县将农业水权分配至用水户、40 个县

---

* 本文作者为陈金木。原文发表在《中国水利报》，2015 年 11 月 12 日。

分配到农民用水合作组织。一些试点县还积极探索开展水权交易。如甘肃省武威市凉州区在确权到户的基础上,推动用水户协会之间和农户之间的水权交易,建立了石羊河流域水权交易中心,成立了1个区级水权交易中心和7个灌区级水权交易中心。2015年已发生交易208起,交易水595万立方米。新疆维吾尔自治区昌吉回族自治州依据总量控制指标,将水权分配到541万亩的二轮承包地,赋权到户,颁发水权证书,鼓励用水户将节约的水量进行有偿转让,2015年仅玛纳斯县转让水量就达950万立方米。通过水权水市场建设,既明确了农户的水资源使用权益,防止合理用水被挤占;也转变了农民用水观念,建立了农户节约用水的内生动力机制,极大激励了用水户主动节水的积极性。

三、逐步推进水权水市场机制制度创新

河北省出台了《河北省水权确权登记办法》,明确规定将县域内可以持续使用的水量分配给取用水单位和个人,对水资源使用权进行确权登记;生活、非农生产、生态环境用水以取水许可的形式确定各取用水户的水权;农业用水按耕地面积确定各用水户的水权,即按地定水,水随地走,分水到户。内蒙古自治区出台了《内蒙古自治区闲置取用水指标处置实施办法》,正在推动制定《内蒙古自治区水权交易管理办法》,规范闲置水指标认定和处置,并拟对各种水权交易的范围、类型、主体、程序、价格、期限等进行规定。河南省出台了《河南省南水北调水量交易管理办法(试行)》《关于南水北调水量交易价格的指导意见》,明确规定了水量交易的条件、范围、程序、定价机制等。

虽然水权改革取得了积极进展,但目前总体处于探索阶段,尚未取得实质性突破。主要因为法规建设滞后,开展水资源确权和水权交易存在法规制约;认识有分歧,顶层设计进展缓慢;水资源配置体系尚不健全;水资源监管能力还很薄弱等。伴随着全面深化改革的步伐,水权改革面临新形势,进一步推进水权水价改革,需要着重做好以下几方面的工作。

1. 做好顶层设计

推动在更高层面出台水权改革的政策文件,如由国务院出台关于推进水资源确权和水权交易试点工作的指导意见,既可以系统地对水权改革进行顶层设计,又可以为水权改革试点提供法律授权。

2. 推进法规建设

按照党的十八届四中全会精神,相关立法工作要和水权改革相向而行,而当务之急是启动《取水许可和水资源费征收管理条例》。修改重点是按照

确权登记的要求,修改和完善取水许可证,明确取水权的具体权利和义务;按照政府配置新增水权逐步引入市场机制的要求,逐步实行取水权有偿取得;按照水权交易的实践要求,扩大可交易水权的范围;按照权利保障的要求,加强用途管制,转变行政监管方式等。要抓紧启动制定《水权交易管理办法》,明确可交易水权的范围和类型、交易主体和程序、交易期限和价格等。要适时启动修改《水法》,按照"物权法定原则",在法律上明确水权的种类和内容,建立健全用水权初始分配制度。

3. 因地制宜推进水权改革,不搞"一刀切"

在西北内陆河流域,为了严格保护脆弱的生态,必须严格控制流域内农业用水,确保下游关键断面下泄水量并保证地下水维持合理水位,为此可推广甘肃省武威和新疆维吾尔自治区昌吉回族自治州的做法,开展水权确权到户并推进农业用水户间的水权交易。在黄河流域,针对农业用水效率低下和工业用水需求强劲的特点,可推广宁夏、内蒙古等省、自治区的水权转让做法,重点开展农业向工业的水权转让。在华北平原,地下水超采问题突出,可结合超采区治理推进水资源确权和交易。在南方水资源总体比较丰富地区,可结合水功能区限制纳污和水污染治理行动,通过水资源确权和交易推进节水减污;同时在一些季节性缺水地区,可探索实行多种形式的水权交易。

4. 融合推进水权改革与水价改革,发挥水权的"牛鼻子"作用和价格的杠杆作用

用水户享有清晰的初始水权,对于确定农业水价、实行差别化水价、开展精准补贴、促进水权交易等具有关键性的基础作用。同时,明晰水权本身并不是目的,要以明晰水权为基础,开展农业水价综合改革,才能运用价格的杠杆作用促进节约用水,提高水资源利用效率和效益。因此水权改革和水价改革需要融合推进。还应增进水权、水价与吸引社会资本等其他改革之间的协调,形成改革组合拳,发挥各项改革的综合功效。

5. 严格用水总量控制和计量监控,为水权改革提供支撑

严格的用水总量控制,是倒逼水权改革的重要推动力。在用水总量超过或者接近区域用水总量控制指标的地区,尤其是在地下水已经严重超采的地区,结合水量分配工作开展水权确权,是控制用水总量、逐步压减超用指标的重要举措;同时,通过严格用水总量控制,还将倒逼一些区域和取用水户通过水权交易来满足新增用水需求。在确权和交易过程中,还需配套推进计量监控措施,为水权的行使提供支撑。

关于培育水权交易市场的思考和建议*

习近平总书记在2014年水安全保障讲话中明确要求“培育水权交易市场”，水利部《关于深化水利改革的指导意见》提出，“积极培育水市场，逐步建立国家、流域、区域层面的水权交易平台”。2014年以来，水利部组织开展水权交易试点，推动建立中国水权交易所，一些地方也积极探索水权交易和搭建交易平台，在培育水权交易市场方面迈出积极步伐。市场运作有自己的规律和逻辑，水权交易市场的培育既要遵循市场运作的一般规律，也要从我国国情、水情出发，与水权交易的发展阶段相适应。本文在分析水权交易市场现状和面临障碍的基础上，从市场的基本要素入手，探讨水权交易市场培育中的关键问题，提出相关的对策建议。

一、水权交易市场现状和面临的障碍

（一）水权交易市场现状

我国水权交易是伴随着市场经济改革逐步开始探索的。进入21世纪，在经济快速发展过程中，一些地区水资源供需矛盾越来越突出，亟须引入市场机制优化配置水资源，提高水资源利用效率和效益。在这种情况下，水权交易探索应运而生，水权交易市场开始萌芽。2000年，浙江省义乌市和东阳市签订有偿转让横锦水库部分用水权的协议，开创了我国水权交易的先河。2002年，甘肃省张掖市作为全国第一个节水型社会试点，选择临泽县梨园河灌区和民乐县洪水河灌区试行农民间水票交易。2003年起，宁夏回族自治区、内蒙古自治区开展黄河水权转换工作试点，由工业企业向灌区投资节水项目工程，灌区节约的用水指标转让给企业，截至2012年年底，黄委已批复两自治区水权转让项目39个，节水工程投资25.12亿元，转让水量3.37亿立方米。2011年，新疆维吾尔自治区（以下简称“新疆”）吐鲁番市探索实行政府有偿出让水权，新增取用水的工业企业与政府签订协议，并交纳水权转让费；政府通过组织建设水库、改造灌区、实施节水等方式，解决企业用水问

---

* 本文作者是王晓娟、陈金木、郑国楠。原文发表在《中国水利》2016年第1期。

题。2013年,内蒙古自治区在全国率先组建水权收储转让中心,作为自治区水权收储转让的交易平台,推动开展跨盟市水权转让工作。2014年,新疆玛纳斯县成立了全国首个灌区内部的水权交易平台——塔西河灌区水权交易中心,其在试运行的两个月期间,完成交易水量20万立方米。这些交易案例从各地实际出发,在一定程度上运用了市场机制,一些地方还制定了交易规则,可谓我国水权交易市场建设的雏形。

但总体上看,我国水权交易市场尚处于起步阶段。主要表现在:一是这些交易案例大多是由政府主导操作的,政府与市场的界限不清;二是市场机制的作用不明显,市场供求机制、价格调节机制、竞争机制尚未在交易中发挥有效作用;三是水权交易平台建设刚刚起步,缺乏有效的水权交易运作体系;四是市场交易规则尚不健全,市场准入、市场交易、市场监管等规则基本处于空白;五是交易风险防范、第三方影响评价等机制尚未建立,市场监管基本处于缺位状态,社会监督和公众参与不足。

(二)水权交易市场面临的障碍

当前,我国水权交易市场的发展还面临着以下障碍:

1. 法规有制约

我国目前与水权交易有关的法规主要是《取水许可和水资源费征收管理条例》和《南水北调工程供用水管理条例》。这两个条例分别对取水权转让和南水北调跨省水量转让作了原则性规定。总体上看,目前谁能开展水权交易(市场主体)、能对哪些水权开展交易(可交易水权)、怎么开展交易(交易规则)等水权交易关键问题,尚缺乏通用的法律规定。同时,《取水许可和水资源费征收管理条例》将取水权初始配置方式限定为政府行政配置,排除了市场机制的运用;将取水权转让标的限定为通过节水措施节约的水资源,限制了市场机制作用发挥的空间。

2. 实践不充分

目前虽然有了一些交易案例,但水权交易的范围、方式方法尚在探索之中,在定价机制、农民和生态环境权益保护及补偿、利益相关方参与等方面还未形成有效的做法和经验。

3. 基础工作薄弱

主要表现在:一是总量控制不严。目前区域用水总量控制指标虽已基本分解完毕,但用水总量尚缺乏严格控制,导致缺水地区的交易需求不迫切。二是水权归属不清晰。目前多数江河水量分配方案尚未批复,取水许可管理不够规范,水资源确权工作刚开始起步,水权主体和权利内容尚不明确,制约了水权交易的开展和交易市场的形成。三是水资源监控能力弱。2013 年统计结果表明,全国约 38% 的工业和 70% 的农业取用水还未进行监测计量,50% 的水功能区没有监测手段,52% 的省界断面未开展水质监测,难以为水权交易提供技术支撑。

二、对培育水权交易市场关键问题的思考

(一) 水权交易市场的性质和要素

水权交易市场是市场的一种类型,是进行水权交易的场所和制度的综合,是交易双方依据法律规定进行水权交易的载体和机制。与其他交易市场相比,水权交易市场是一个准市场,只能在特定的范围和条件下才能发挥作用。

1. 水权交易市场是准市场而不是完全意义上的自由市场

我国水资源属于国家所有,取用水户只能取得水资源使用权,取用水户在开展水权交易时,只能转让使用权,而且要接受所有权人的监管,不能损害所有权人权益。同时,水资源具有流动性、多功能性、重复利用性等特性,水权交易具有很强的外部性,必须加以严格的用途管制和交易监管,防止其他取用水户利益和生态环境受损害。

2. 水权交易市场只能在特定的范围和条件下才能发挥作用

只有在水资源供需矛盾达到一定程度,通过行政手段配置和调剂水资源成本过高时,为了运用市场机制促进水资源的优化配置和提高水资源利用效率和效益,才有开展水权交易的必要性和合理性。国外开展水权交易的国家,如美国、澳大利亚、智利、墨西哥等,水权交易也不是在全国范围内都很活跃,只是在部分地区和一定条件下才比较活跃。

虽然水权交易市场具有较为明显的特殊性,但是其市场的基本要素与其他市场相比是基本一致的,主要包括:

(1) 市场主体,由交易主体和监管主体构成,交易主体包括出让方(卖方)和受让方(买方)。监管主体一般为政府或代理机构。

(2) 可交易水权,即权利人可据以开展交易并获益的水权。

(3) 交易平台,即可供发布交易信息和开展水权交易的有形或无形场所。

(4) 交易规则，既包括规范水权交易市场行为的法律法规制度，也包括水权交易的实施细则。

(5) 市场监管，即政府以公共事务管理者的身份对水权交易进行监管，以维护市场秩序，弥补市场失灵。

(二) 培育水权交易主体是水权交易市场形成的前提

水权交易主要体现为出让方将水权转让给受让方，因此是否存在需求较强的受让方和有水权可供出让的出让方，是水权交易市场形成的前提和基础。就培育水权交易市场而言，首要的任务就是对交易主体进行培育。对此可从两方面入手：

1. 严格用水总量控制，推动形成水权买方

用水总量控制的重点是严格区域用水总量控制红线考核，促使缺水地区和企业通过水权交易满足新增用水需求。对于达到或接近用水总量控制指标的地区，如广东省深圳市、东莞市、广州市等地区，通过严格考核，使区域和企业新增用水需求通过交易来满足。对于已经超量取用水(含超采地下水)的地区，如内蒙古沿黄地区，在实行严格考核的同时，也要允许开展水权交易，通过实行“边超用，边节约，边还账，边出让”，既解决新增用水需求问题，又逐步解决超用问题。

2. 开展水资源确权，培育形成水权卖方

明确水权归属是水权交易的前提。通过水资源确权，可以将水资源占有、使用、收益的权利落实到一定区域和具体的取用水户，并使区域和取用水户可以对富余的水资源开展交易。根据水权交易的不同需求，要开展不同类型的水资源确权。一是在区域用水总量控制指标向下逐级分解的过程中，确认区域取用水总量和所能享有的部分所有权人权益，为开展区域间水量交易提供依据。二是规范取水许可，确认取水权，为开展取水权交易提供依据。探索对通过水权交易有偿取得的取水权进行确认，允许其在出现减产、转产或破产等情形时开展取水权再交易。三是确认灌区内用水户的用水权，为用水户间的用水权交易提供依据。

(三) 扩大可交易水权是水权交易市场培育的关键

水权交易市场是“准市场”，并不是所有的水资源都可以进入市场进行交易。为此，在培育水权交易市场过程中，除了明确交易主体之外，还应当明确哪些是合法的可交易水权。现有法律法规仅规定取水权可以转让，而且严格限定于节约的水资源，导致可交易水权远远达不到水权交易市场建设的要

求。在培育水权交易市场的过程中,有必要对现行法规进行必要的突破,扩大可交易水权的种类和范围。

1. 与水资源确权相结合,明确可交易水权的类型

一是伴随着区域取用水总量和权益的确认,允许区域间在协商的基础上,对年度水量调度计划内或一定期限内富余的水量进行交易,交易水量纳入出让方用水总量控制指标。二是伴随着取水权的确认,除了允许权利人转让采取节水措施节约的水资源之外,还可创设取水权出让金补缴制度,权利人经审批机关同意并补缴取水权出让金后,可以转让非节约的水资源。三是伴随着灌区内用水权的确认,允许用水户协会之间、农户之间开展用水权交易,用水户节约的水量还可实行政府回购。

2. 建立闲置取用水指标认定和退出机制,盘活闲置水权

在严控总量的基础上,能否有效盘活存量,将成为水权交易市场培育的一项重要举措,这也是扩大可交易水权的一种重要方式。其中的关键是建立闲置取用水指标的认定和退出机制,对于取用水户(重点是工业企业)未按许可的水源、水量、期限取用的水指标或通过水权交易获得许可、但未按相关规定履约取用的水指标,通过一定的程序认定为闲置水指标。其中,对于通过取水许可无偿配置的闲置水指标,由政府无偿收回;对于通过交易有偿取得的闲置水指标,可以到市场上交易或由政府回购后适时投放市场。

3. 试行政府有偿出让取水权,扩大可交易水权的范围

水权交易制度的推行,对政府配置新增取水权提出了新要求。为了避免出现有的工业企业(含服务业,下同)需要通过市场交易有偿取得水权,而有的却可以通过向政府申请取水许可无偿取得水权的不公平现象,政府在审批新增取水许可环节须引入市场机制,以实现同地区同类型新增取水权均通过有偿方式取得。从水权交易市场看,能否试行政府有偿出让取水权,避免同一地区出现取水权配置的“双轨制”,也是市场培育的关键所在。与区域间水量交易、取水权交易、用水权交易都属于二级市场不同,政府有偿出让取水权属于一级市场,共同构成水权交易市场体系。从可交易水权看,政府可有偿出让取水权的范围包括尚未配置的取水权或收回的闲置取水权,以及通过投资节水、回购等方式收储的取水权等。今后,伴随着相关实践探索的深入和配套制度的完善,政府可以有偿出让取水权的范围或将逐步扩大。

(四) 搭建水权交易平台形成水权交易市场的有效载体

水权交易平台是运用市场机制优化配置水资源的重要载体,对于降低交易成本、规范交易行为、保护各方合法权益等具有重要作用。在培育水权交

易市场过程中,应当把搭建水权交易平台作为重要内容。

1. 结合水权交易类型和规模,因地制宜开展水权交易平台建设

参考土地、林权、碳排放权等其他资源产权交易平台建设经验,水权交易平台的建设有两种形式:一种是专门成立的水权交易平台;另一种是依托现有交易平台开展水权交易。从全国布局看,一方面,要积极推进国家层面的水权交易平台建设,成立中国水权交易所,为跨流域、跨省区水权交易提供支撑;另一方面,要因地制宜、切合实际地推动区域和流域层面的水权交易平台建设。在一些水权交易需求量较大、条件较成熟的区域和流域,可以单独建设水权交易平台,但更多还是要利用现有的资源交易平台开展水权交易,这样可以起到利用现有平台成熟做法、节约平台构建成本等作用。

2. 探索建立水权集中收储制度,充分发挥交易平台的水权调蓄功能

水权交易推进过程中,受各种因素影响,买方对水权的需求与卖方可出售水权之间,在时间、空间、数量、质量等方面可能存在不一致甚至脱节现象。为此,在搭建水权交易平台过程中,可参考排污权交易和国外水银行的做法,充分发挥交易平台的水权调蓄功能,探索建立水权集中收储制度,由水权交易平台(如水权收储转让中心)开展水权回收或回赎、集中保管、重新配置后出售等业务,使平台能够对多个来源的水权进行优化重组,除基本的“一对一”交易外,还可以实现“一对多”“多对一”“多对多”等多种形式的交易。

(五)建设市场规则体系是水权交易市场运作的重要保障

市场经济是法治经济,市场的有效运行要建立在一定的秩序和规则基础之上,其中完善的市场规则和监管制度尤为重要。对于水权交易市场而言,制定市场规则和监管制度并有力地执行,是弥补市场失灵,促进水权交易市场健康发展不可或缺的措施。目前我国水权交易市场的规则体系尚属空白,需要不断加以构建和完善。

水权交易市场规则体系建设的重点包括:一是市场准入规则,明确水权交易市场主体的准入条件、准入审核、备案等;二是市场交易规则,明确不同类型水权交易的条件、可交易水权的范围和类型、交易价格、交易程序等;三是第三方影响及风险防范规则,明确水权对第三方和生态环境影响的评价主体、评价方式、影响补偿、风险防控措施等;四是交易监管规则,明确水权交易市场监管的主体及权责、监管手段和程序等。

三、对策建议

（一）深刻认识培育水权交易市场的重要意义

目前有关各方对水权交易市场建设的意义、水权交易的作用及其范围等问题还存在不同认识，有必要通过座谈、研讨等方式，在水利系统统一思想，达成共识。同时，要加强水权交易市场建设的宣传，增进社会各界对推进水权交易市场建设的重要性和必要性认识，提高水权交易市场建设的社会参与度，为推动水权交易市场建设营造良好的氛围。

（二）在水权试点中积极探索水权交易市场培育的方式方法

受到水资源的流动性、季节性、多功能性、重复利用性、不可分割性等特性所决定，水权交易存在很多不易界定的问题，交易主体和交易区域限制比其他自然资源交易的限制更多，水权交易市场的培育更为复杂，需要试点先行，在条件成熟后加以推广。目前水利部已选取内蒙古自治区、甘肃省、河南省、广东省等省（自治区）开展水权交易试点，浙江省、河北省、山东省、新疆维吾尔自治区等一些地区也在积极探索开展水权交易。要充分运用水权试点的工作机制，积极探索水权交易市场培育的方式方法，摸索适合我国国情水情的水权交易市场建设路径，为在更大范围内培育水权交易市场提供示范和借鉴。

（三）稳步推进水权交易市场法规建设

伴随着水权试点的逐步推进，稳步推进水权交易市场法规建设，为水权交易提供法规依据。

1. 启动修订《取水许可和水资源费征收管理条例》

按照水权交易市场培育的要求，扩大水权交易类型和可交易水权范围；按照权利保障的要求，加强用途管制，转变行政监管方式等；按照水资源“有偿取得 + 有偿使用”的思路，逐步对工业企业新增用水实行取水权有偿取得。

2. 研究制定水权交易管理办法

建议在《取水许可和水资源费征收管理条例》规定的取水权转让类型基础上，总结各地水权交易探索和经验，研究制定能够涵盖多种类型的水权交易管理办法，明确可交易水权的范围和类型、交易主体和期限、交易价格形成机制、交易平台运作规则等。

3. 开展水权交易平台建设

在建立水权交易平台的地方，由平台制定水权交易的操作细则，包括受理转让申请、发布转让信息、组织交易签约、交易资金结算、交易保证金管理、交易争议调解等，增强水权交易的可操作性。

（四）加强水权交易市场基础工作

加快推进江河水量分配工作，抓紧完善水资源监测、用水计量与统计制度，加强省界等重要控制断面、水功能区和地下水的水质水量监测能力建设，完善取水、排水、入河湖排污口计量监控设施，提升应急机动监测能力。逐步建立中央、流域和地方水资源监控管理平台，全面提高水资源监控、预警和管理能力，加快推进水资源管理信息化，为水权交易市场建设奠定良好的技术基础。

论我国水资源用途管制制度体系构建*

中共中央《关于全面深化改革若干重大问题的决定》和《中共中央、国务院关于加快推进生态文明建设的意见》均提出健全自然资源用途管制制度。水资源是自然资源的重要组成部分,水资源用途管制制度是健全自然资源用途管制制度的应有之义。现行水资源用途管制较为分散,缺乏系统性,如何进一步健全水资源用途管制制度体系亟待研究。

一、水资源用途管制的概念

水资源用途管制,是指通过水资源规划、用水总量控制、水功能区划、取水许可、水权交易等环节的管理措施,明确水资源用途,管控水资源用途变更,确保按照规定的用途开发利用水资源,促进水资源公平、高效、永续利用的一系列管理制度。水资源用途管制是一种水资源利用约束机制,是对水资源使用权的进一步限制。

水资源用途管制可以从以下几方面进行理解:

(1) 水资源用途管制的根本目的是促进水资源公平、高效、永续利用以及经济、社会的发展和环境的协调。通过对水资源的用途管制,充分协调人与自然、经济社会、生态环境等关系,逐步创造一个良性、高效的生态环境,满足可持续发展的需要。

(2) 水资源用途管制以水资源规划为依据,规划以遵循水资源特性为前提。依据水资源利用规划配置水资源,以行政、经济和法律手段来规范用水行为,引导合理利用水资源,能够强化国家宏观调控水资源的职能,避免水资源管制中的政府失灵。

(3) 通过对水资源用途的严格管制,使水资源利用结构与布局得以最优化配置,在优先保障生活用水的基础上,农业用水和生态用水得到有效保护,工业用水得到有效控制,水资源利用率和产出率逐步得到提高,水资源得以

---

* 本文作者为陈金木、汪贻飞、王晓娟。原文发表在《中国水利》2017 年第 1 期。

可持续利用。

(4) 水资源用途管制,是对水资源的利用方式、利用程度以及用途变更实施管制的强制性措施,是由法律法规等强制性规范保障实施。

二、我国水资源用途管制现状及存在的主要问题

(一) 水法规中与用途管制有关的规定

现有水法律法规与用途管制的相关规定散见于《水法》《中华人民共和国水污染防治法》(以下简称《水污染防治法》)、《中华人民共和国水土保持法》(以下简称《水土保持法》)、《取水许可和水资源费征收管理条例》等法律法规中。

根据水资源管理的过程,可以对现有水法律法规中与用途管制有关的规定梳理如下:一是对开发、利用、节约、保护水资源提出了总体要求,如《水法》第4条等。二是在水资源宏观配置环节,确立了五个层级的水资源宏观配置要求,包括全国水资源综合规划、流域和区域的综合规划及专业规划、江河水量分配方案、水中长期供求规划、年度水量分配方案和调度计划等。三是在水资源开发利用环节,对水资源用途提出很多要求,如用水顺序、综合利用、水工程规划同意书、取水审批、建设项目水资源论证、地下水超采限制等制度。四是在水资源使用环节,提出了一些宏观管制要求,如用水总量控制、定额管理、节约用水、高污染、高耗水用水控制等制度。五是在水资源保护环节,规定了水功能区划、饮用水水源保护区、水质保护、水污染防治等制度。六是在水资源载体保护环节,对河湖水域岸线管理、禁止围垦、占用补偿等提出了管制要求。

(二) 存在的主要问题

现行水法规中尽管未明确出现"用途管制"表述,但对水资源用途进行管制的理念,却贯穿于整个水法规体系。但是,现行水资源用途管制相关制度较为分散、宏观,缺乏系统性、全面性和可操作性。具体来讲,现行水资源用途管制制度存在的主要问题如下:

(1) 水资源规划尚不能有效满足用途管制需要。水资源规划应当是对生活、生产、生态等各种不同用途水资源进行用途管制的基本依据,但是从实际编制的技术路线和内容来看,目前的水资源规划侧重于通过工程手段实现水资源的供需平衡,尚不能有效满足用途管制的需要。

(2) 水资源开发利用相关管制制度可操作性不强。从水资源用途管制的要求上看,目前水资源开发利用和使用环节的一些管制制度还比较宏观,可操作性不强。例如,规划水资源论证制度缺乏操作规定;用水顺序制度缺乏明确的抓手,未明确具体水源的具体用途。

(3) 水资源及其载体保护相关制度还不够健全。在水资源保护方面,现行水资源保护制度对生态用水保障的规定还比较欠缺,水功能区管理等规定还有待进一步细化和完善;在水资源载体保护方面,一些制度还不够健全,如岸线利用缺乏分区制度,且岸线开发利用和水功能区管理之间的关系尚不清晰等。

(4) 现行水资源用途管制相关制度过于强调行政手段,目前,从产权和资产管理层面对水资源用途进行管制的制度设计仍非常欠缺。例如,对于水资源使用权确权登记后如何开展用途管制;水权交易过程中,如何进行用途管制;水权转让后,如何对转让后的行为进行后续监管,防止买方"囤水"等,现行水法规尚缺乏明确规定。

三、加强水资源用途管制的必要性

(一) 落实中央决策部署的重要举措

《中共中央关于全面深化改革若干重大问题的决定》要求健全自然资源用途管制制度。《中共中央 国务院关于加快推进生态文明建设的意见》要求完善自然资源资产用途管制制度,明确各类国土空间开发、利用、保护边界,实现能源、水资源、矿产资源按质量分级、梯级利用。《中共中央 国务院生态文明体制改革总体方案》要求将用途管制扩大到所有自然生态空间,严禁任意改变用途。近年来,各级水行政主管部门通过制定水资源规划、严格用水总量控制和水功能区管理、加强水资源论证和取水许可等措施,初步形成了水资源用途管制框架体系。但是水资源用途管制的顶层设计还不够清晰,管理制度尚不健全,管理能力亟待提高,迫切需要加快落实中央决策部署,加强水资源用途管制。

(二) 建设生态文明的重要抓手

水资源是生态环境的控制性要素,保障生态需水是建设生态文明的基础支撑。长期以来,我国经济社会发展付出的水资源、水环境代价过大,导致一些地方出现河道断流、地下水超采、水污染严重、水生态退化等生态环境问题。亟须按照建设生态文明的要求,加强水资源用途管制,严控经济社会发展用水总量，倒逼经济社会发展转方式、调结构，确保生态基本需水，保护和修复水生态环境。

（三）统筹各行业用水、保障经济社会健康发展的必然要求

随着经济社会快速发展，在严格用水总量控制的条件下，各行业对水资源各种用途间的竞争将日趋激烈，亟须加强水资源用途管制，统筹考虑各行业用水需求，保证生活用水，保障粮食生产合理需水，优化配置生产经营用水，充分发挥水资源的多重功能，以水资源节约集约利用和可持续利用，保障粮食安全和供水安全，支撑经济社会快速健康发展。

（四）建立水权制度的重要基础

开展水资源使用权确权登记，必须加强水资源用途管制，在水资源总量中厘清经济社会发展用水和生态用水的用途边界，并在经济社会发展用水中进一步厘清生活、农业、工业等不同行业用水的用途边界，以此为基础确认取用水户的水资源使用权，明确取用水用途。但若开展多种形式的水权交易流转，必须严格管控水资源用途变更，防止农业、生态和居民生活用水被挤占。

四、土地用途管制制度经验借鉴

土地用途管制起步较早，目前已形成了较为系统的制度体系。在水资源用途管制制度研究中，既要合理借鉴土地的做法，也要看到水资源和土地的特性差异。

（一）土地用途管制制度的主要内容

土地用途管制制度是指国家为保证土地资源的合理利用，经济、社会和环境的协调发展，通过编制土地利用总体规划划定土地利用区，确定土地使用限制条件，土地的所有者、使用者必须严格按照国家确定的用途利用土地，违者将受到严厉处罚的制度。[①] 土地用途管制制度是由一系列的具体制度和规范组成的。

归纳起来，土地用途管制制度的主要内容包括：一是按用途将土地进行分类，作为用途管制的基础。《中华人民共和国土地管理法》（以下简称《土地管理法》）第 4 条将土地分为农用地、建设用地和未利用地三类，作为实行用途管制的基础。二是严格土地利用总体规划，作为用途管制的依据，包括

---

① 参见孙佑海：《〈土地管理法〉1998 年修订之回顾》，载《中国环境法治》2008 年卷。

全国和省级土地利用总体规划、县乡级土地利用总体规划等。三是建立农用地转用审批、土地征收审批和补偿、基本农田保护等制度,严格限制农用地转为建设用地,有效保护农用地,并对耕地实行特殊保护。四是通过建设用地总量控制、土地利用年度计划等制度,严格控制建设用地总量。五是严格建设用地的具体用途管制,要求建设单位按照约定或规定使用土地,严格建设用地变更用途审批等,确保按照规定的用途使用土地。六是确立土地垂直管理体制,健全土地调查、土地统计、国家土地督察等配套制度,为实施用途管制提供强有力的措施保障。

(二) 水资源与土地的特性比较及用途管制的异同分析

水资源和土地既有相同或类似之处,也存在明显的差别。两者的相同或类似之处,使得水资源用途管制可以借鉴土地用途管制中的部分经验;而两者的差异之处,则要求实行有差别的用途管制方式和措施,并在相关制度设计时予以体现。

1. 水资源与土地的共性及可供借鉴的用途管制经验

水资源与土地都属于自然资源,都具有数量的有限性、分布的不平衡性、质量的差异性、资源间的联系性等特征,为了实现资源的合理利用和优化配置,促进经济、社会和环境的协调发展,都应严格实行用途管制。这也是生态文明制度建设的内在要求。

为此,土地用途管制制度的基本经验,例如,明确用途管制制度在我国土地管理中的核心地位、强调土地利用规划在土地用途管制中的基础性作用、实行严格的土地利用总量控制、严格限制土地用途变更、健全土地用途管制的法制保障体系、创新相关技术管理手段等,可以在健全水资源用途管制制度时予以借鉴。

2. 水资源与土地的差异及用途管制的特殊性

水资源具有与土地明显不同的特性。这决定了水资源用途管制与土地用途管制存在很大的差别。在开展具体的制度设计时,需要从水资源的特殊性出发,构建符合水资源特性的用途管制制度。

(1) 土地用途具有易确定性,可以通过土地利用总体规划明确每一块土地的用途。但水资源具有流动性、多功能性、综合利用性等特性,水资源用途很难由某个单一的规划进行确定,需要依据三条红线控制指标、水资源规划、水功能区划、江河水量分配方案、各行业水量分配等,从水量、水质、水能、水域、水体等多个角度统筹确定水资源用途。

（2）土地用途具有排他性和唯一性，分为农用地、建设用地和未利用地三类。但水资源具有多功能性、综合利用性，往往需要同时统筹考虑供水、发电、航运、渔业、湿地、生态、纳污等多种功能，协调好生活、生产经营和生态环境用水，充分发挥水资源的综合效益。

（3）土地的位置具有固定性，水资源具有流动性、区域关联性，水资源的开发利用和用途管制需要兼顾上下游、左右岸和有关地区之间的利益。

（4）土地的数量具有确定性，水资源数量则具有不确定性，水资源用途管制需要明确用水优先序，并实行水量统一调度和年度取用水计划管理。

（5）水资源具有利害两重性，水资源的用途要兴利和除害相结合，服从防洪的总体安排。土地的利用不具有此特性。

（6）土地功能的发挥具有相对独立性，但水资源与作为载体的江河湖泊水域岸线不可分割，水资源开发利用与水利工程的功能不可分割，因此，水资源用途管制需要与河湖水域岸线的用途管制以及水利工程的功能发挥统筹考虑。

五、水资源用途管制制度建设的思路和重点

参考土地用途管制的做法，结合我国国情、水情和水资源的特殊性，本文拟将水资源用途管制的基本思路表述为以下四方面：一是依据最严格水资源管理制度和水资源相关规划，明确水资源用途，控制水资源开发利用总量；二是优先保障城乡居民生活用水，严格保护基本生态用水和农业用水，优化配置生产经营用水；三是严格限制开发利用河湖水域岸线空间，有序实现河湖休养生息；四是严格水资源用途变更管制，确保按照确定的用途开发利用和使用水资源。这四个方面分别表示水资源用途管制的四个层面：第一个层面是水资源用途确定制度，这是用途管制的前提和基础；第二个层面是从生活、生态、生产“三生”用水角度，明确水资源用途管制的各自侧重点；第三个层面是从水和盆的关系角度，提出对河湖水域岸线空间的用途管制要求；第四个层面是对取用水户的要求。

（一）依据最严格水资源管理制度和水资源相关规划，明确水资源用途，控制水资源开发利用总量

明确水资源用途和控制水资源开发利用总量是用途管制的前提和基础。基于水资源的流动性、多功能性、综合利用性、利害两重性等特性，需要按照各流域和各区域的水资源和水环境承载能力，依据最严格水资源管理制度中

的三条红线控制指标、水资源综合规划、各种专项水资源规划、水功能区划、水量分配方案、水中长期供求规划等,从水量、水质、水能、水域、水体等多个角度统筹确定水资源的用途,控制可开发利用水资源的总量。在水量方面,需要从区域取用水总量、分类取用水总量(生活、生产、生态)、分行业取用水总量(工业、农业、服务业)、取用水户取用水总量等方面确定水资源用途和控制总量;在水质方面,需要从水功能区及其限制纳污能力等方面确定水资源用途和控制纳污总量;在水能方面,需要按照水资源综合规划、水能资源开发利用规划等确定水资源用途和控制水能开发利用总量;在水域方面,需要依据水域利用规划、水功能区划等确定水资源用途和控制总量;在水体方面,需要按照水生态环境保护需要确定水资源用途。

基于水资源用途管制的需要,需要在现有的水资源规划和配置制度基础上,调整或增加以下内容:一是调整水资源规划编制思路,补充水资源可开发利用总量、分类分行业用水总量、生态环境用水保障等内容,以此作为水资源用途管制的依据;二是调整水功能区划编制思路,除了考虑水质要求之外,进一步统筹考虑水量、水质、水生态的管理目标要求;三是实行规划水资源论证制度,根据水资源和水环境承载能力合理确定区域经济社会发展布局,实现"以水定城、以水定地、以水定人、以水定产"的空间均衡理念;四是明确区域内各水源的具体用途;五是水权确权过程中要区分生活、农业、工业、服务业、生态等用水类型,明确水资源用途,并在相关权属证书中予以记载。

(二) 优先保障城乡居民生活用水,严格保护基本生态用水和农业用水,优化配置生产经营用水

区分各种水资源用途,实行各有侧重的管制,这是水资源用途管制的核心内容。基于水资源的不确定性、多功能性、综合利用性等特性,需要从居民生活用水、基本生态用水和农业用水、生产经营用水等方面实行不同的用途管制。

1. 优先保障城乡居民生活用水

保障城乡居民生活用水在用途管制制度里具有优先性。优先保障城乡居民生活用水需要从以下几方面考虑:一是确定饮用水水源、水源地,包括备用水源、备用水源地,既包括《水法》《水污染防治法》中规定的饮用水水源保护区,也包括水功能区的饮用水源区;二是对饮用水水源和水源地采取严格的保护措施;三是优水优用,确保优质水资源优先用于居民生活用水;四是旱情紧急情况下的水量调度措施等。

2. 严格保护基本生态用水和农业用水

保障基本生态用水和农业用水是水资源用途管制的重点环节，也是生态文明制度建设的基本要求。

保障基本生态用水需要从以下几方面综合考虑：一是生态流量保障制度，包括确定重要河道断面的生态流量、重点湖泊的生态水位；在调蓄径流、调度水资源、开展跨流域调水时，应当按照生态流量或生态水位保障要求，制订水量调度方案，并按照规定权限审批后组织实施。二是特殊区域的保障制度，即在江河源头区、海水入侵区、地下水超采区等生态敏感区或者生态脆弱区开发利用水资源，应当优先考虑维系生态的用水需求，在保障基本生态用水需求的前提下，合理开发利用水资源，确定水资源使用用途。三是深层地下水保护制度，国家应当将深层承压水作为战略储备水源，除了人畜饮水应急外，一般不得开采使用。有条件的地区，对已经开采或者应急开采后，应当采取适当措施进行回补。四是生态补水制度，通过调水措施，对严重缺水影响生态系统稳定的江河湖泊、湿地，地下水严重超采区，地面沉降区实行生态补水。五是生态保障监测制度，包括建立水生态系统监测监控系统，掌握水生态系统情况，维护水生态系统稳定，发现有危及水生态系统稳定的情形时，应当及时停止危害行为，并采取相应补救措施。六是生态保障考核制度，逐步建立水生态保障状况的监督考核机制。实行最严格水资源管理制度的考核，应当将保障生态用水需求、水生态系统的稳定性和完整性纳入考核指标。

保障基本农业用水的重点是根据本地实际情况，在用水总量控制指标中合理确定基本农业用水总量。要通过进一步明确灌区的用水总量指标，开展灌区水量分配、对农村集体经济组织水塘水库中的水资源使用权进行确权等工作，明确农户的灌溉用水权，确保基本农业用水。

3. 优化配置生产经营用水

优化配置生产经营用水，既包括河道外的取用水，也包括河道内的发电、航运、渔业等用水。要在行业用水总量指标范围内，控制工业（含服务业）企业取水许可审批总量，缺水地区要严格限制人造滑雪场、高尔夫球场、高档洗浴场所等高耗水项目发展。要进一步规范取水许可管理，科学核定许可水量，发放取水许可证，明确工业（含服务业）企业的取水权。取水许可证中载明的取水用途，不得擅自变更调整。

（三）严格限制开发利用河湖水域岸线空间，有序实现河湖休养生息

江河湖泊是水资源的重要载体，对河湖水域岸线空间实行用途管制是水资源用途管制的应有之义。落实党的十八届三中全会“有序实现河湖休养生

息”的要求,相关用途管制的核心是严格限制开发利用河湖水域岸线空间。

（1）严格水功能区管理,确立水功能区影响论证制度,进行水资源开发利用、废污水排放、航运、旅游以及河道管理范围内项目建设等可能对水功能区有影响的涉水活动,有关单位在提交的取水许可申请、入河排污口设置申请等行政审批申请文件中,应当就涉水活动对水功能区水质、水量、水生态的影响进行论证,并提出预防、减缓、治理、补偿等措施。

（2）实行岸线分区管理制度,综合考虑水资源规划、水功能区划、采砂管理规划、岸线利用管理规划等,将岸线划分为保护区、保留区、限制开发区、开发利用区,严格分区管理。

（3）健全禁止河湖围垦制度,严格限制建设项目占用水域,防止现有水域面积衰减。

（4）建立占用水域补偿制度。建设项目确需占用水域的,应按照消除对水域功能的不利影响、等效替代的原则,实行占用补偿。探索建设项目占用水域的补偿方式,制定相应的补偿管理办法。要把占用水域补偿措施作为河道管理范围内建设项目工程建设方案审查的重要内容,与建设项目同步实施。

（四）严格水资源用途变更管制,确保按照确定的用途开发利用和使用水资源

对水资源用途变更实行严格管制,是确保水资源能够按照确定的用途进行开发利用和使用的重要措施。

（1）明确禁止用途变更的情形。禁止基本生态用水转变为工业等生产用途,禁止农业灌溉基本水量转变为非农业用途。禁止严重影响城乡居民生活用水安全的水资源用途变更,以及可能对第三者或者社会公共利益产生重大损害且没有采取有效补救措施的水资源用途变更。

（2）严格规划调整中的水资源用途变更。规划调整涉及水资源用途变更的,应当重新进行规划水资源论证,确保水资源用途管制目标的实现。

（3）严格水权交易中的水资源用途变更。取用水户因水权交易需要变更水资源用途的,审批机关在办理取水权变更手续时,应当对用途变更进行严格审核,综合考虑用途变更可能对水资源供需平衡、生态与环境、社会公共利益、利害关系人的利益带来的影响,涉及社会公共利益和可能对第三方造成重大影响需要听证的,应当向社会公告并举行听证,防止农业、生态或居民生活用水被挤占。

六、健全水资源用途管制制度的对策建议

2016年7月,水利部发布了《关于加强水资源用途管制的指导意见》,明确了加强水资源用途管制工作的重要性和紧迫性、总体要求、主要任务和保障措施,是今后一段时期水资源用途管制工作的重要指导性文件。在落实该指导意见基础上,需要进一步探索和积极推进相关法规建设和能力建设,逐步建立健全水资源用途管制制度体系。

(1) 积极开展水资源用途管制工作试点。推动、引导水权试点地区和一些水资源管理基础条件较好的地区率先开展用途管制制度建设试点,抓准水资源用途管制的关键环节和主要问题,为建立健全水资源用途管制制度提供实践经验支撑。

(2) 积极推进水资源用途管制相关法规建设。一方面,要在目前推动制定的地下水管理条例、水功能区监督管理办法等水法规中,从地下水管理和保护、水功能区监督管理等各自层面规定水资源用途管制的内容;另一方面,要适时启动《水法》修订研究,从法律层面上构建系统的水资源用途管制制度。

(3) 进一步强化能力建设。一方面,抓紧完善水资源监测、用水计量与统计制度,建立取、用、供、排水计量设施,建立现代化水资源监测系统;另一方面,建设和完善水利信息采集、传输网络及综合数据库,加快水利信息化综合体系建设,为水资源用途管制工作奠定良好的技术基础。

从物权法立法争议看水权制度建设*

备受关注的《物权法(草案)》从倡议到五审已历时12年。其间,有关修订和审议的纷争此起彼伏,既反映了物权法立法的艰难,也反映了多元化利益整合的复杂。水权在总体上属于物权范畴,分析物权法立法争议对水权制度建设有着重要的借鉴意义。

一、争议焦点

物权法立法争议涉及各个层面,从原则性规定到各种细节问题,都存在不同声音,争议焦点包括以下几大方面:

(一) 关于物权法的调整对象

传统观念认为物权法仅调整财产归属关系,我国物权法对此应否突破?有人坚持传统,认为物权法仅调整财产归属关系,重在解决财产归谁所有。但大部分人认为,物权法不仅要调整财产归属关系,而且要调整财产利用关系,不仅要解决财产归谁所有,而且要解决如何能够物尽其用。

(二) 关于物权法结构

是否延续大陆法系物权法的“所有权—他物权”结构,在物权法立法中存有争议。大部分人认为物权法仍应以所有权为中心进行构建,在结构上应包括所有权、用益物权、担保物权和占有。但也有人认为应以财产归属和财产利用两个中心进行构建,在结构上仅包括所有权和利用权。

(三) 关于公私财产保护

到底以保护私有财产为主,还是以保护公有财产为主,是物权法面临的最大争议之一。在《物权法(草案)》修改过程中,保护公产、私产两方面的声音都在加强。一种观点认为物权法是私法,应以保护私有财产为主,另一种观点则认为物权法应当突出对社会主义公有财产的保护,不能强调对私有财

---

* 本文作者为陈金木、吴强。原文首次印发在水利部发展研究中心《参阅报告》第67期(2006年9月25日);公开发表在《水利发展研究》2006年第12期。

产的保护。同时,有一种折中的观点认为应当在平等保护的前提下,加大对公有财产的保护力度。

(四) 关于国有资产的特别保护

相当一部分人认为,物权法要体现平等保护原则,不宜强调对国有资产的保护。但也有很多人认为,面对近年来屡屡发生的国有资产流失大案,为了切实防止国有资产流失,应当加大对国有资产保护的力度。

(五) 关于公共利益的明确

《物权法(草案)》(三次审议稿)曾规定,政府可以基于公共利益的需要,征收、征用单位和个人的不动产或者动产,但应当给予合理补偿。此处的"公共利益"应否明确?一种观点认为,哪些事项属于公共利益难以具体列举,也不宜列举,必要时可以根据不同情况由单行法律作规定。但同时有很多人认为,应对公共利益进行界定,如果难以界定,则应当对公共利益界定的程序作出一般性规定,以防止政府滥用征收征用的权力。

(六) 关于土地问题

争议集中在两个方面:一是土地承包经营权可否抵押?宅基地使用权可否转让?虽然有人认为应予以允许,以解决农民贷款难等实际问题,但更多的人认为应予以说"不",以防止因此产生的一系列社会问题,影响农村稳定。二是土地使用权到期后如何处理?少数人认为国家可以无偿收回,多数人则认为,为了让老百姓安居,应当自动续期。

二、争议实质

深层次看,物权法立法争议反映了不同的物权制度建设路径。这些路径可分别从政治立场和学术脉络上分析。

在政治立场上,关键是对公有制的态度。我国的物权制度引进于大陆法系,但如何使在私有制基础上发展起来的物权制度适合于公有制条件下运行,需要在考虑公有制的合理性后进行重构,由此便可能产生不同的路径。一种是不认同公有制的"私有化"路径,虽未直接否定公有制,但认为物权法是私法,故应以保护私有财产为主,不宜强调对国有资产的保护。更有甚者,觉得物权立法老是把财产分为国有的、集体的、个人的,认为这是苏联意识形态的产物。在物权法立法过程中,就有相当一部分人把物权法看做是修改宪法的前奏,希望物权法能够突破宪法的一些规定。另一种是认同公有制的

"公有化"路径。此路径又有两种进路,一是"形式"的公有化进路,强调在物权法中应当坚决突出对社会主义公有财产的保护,不能强调对私有财产的保护,否则就是违反宪法,背离社会主义基本原则,开历史倒车。二是"实质"的公有化进路,认为物权法不仅应当在形式上强调对公有财产的保护,更应当在理念上、精神上,在具体的物权制度设计上符合宪法的内涵,符合公有制的要求。在公有制已解决财产归属的情况下,问题重点已不再是财产归属,而是财产利用。因此,要满足公有制对物权法的要求,仅仅在物权法中明确国家所有权、集体所有权或者给予一些特殊保护是不够的,而应当通过确立和维护财产利用权,进而更好地保护公有财产的所有权。为此,除了构建财产归属这一传统的物权制度之外,还应当建立统一的、独立的物权利用制度。

在学术脉络上,关键是看继受何种物权理论。作为一种舶来品,我国的物权理论在面对国外的多种物权理论时需要有所取舍,由此便形成多种路径:一是"德式"路径,即以德国、日本和我国台湾地区的物权理论为基础,借鉴、模仿大陆法系的物权制度和实践。认为物权法重在调整财产归属关系,在结构上应包括所有权、用益物权、担保物权和占有者,即属于此种路径。二是"俄式"路径,即按照苏俄社会主义法律传统构建我国物权制度。认为物权法应当突出对社会主义公有财产的保护,不能强调对私有财产的保护者,即属于此种路径。三是综合路径,即强调在综合吸收大陆法系物权理论和英美法系财产法理论的基础上,根据现代社会财产归属和财产利用同等重要的实际情况,构建财产归属和利用的二元结构体系。认为物权法同时调整财产归属和财产利用,在结构上仅包括所有权和利用权者,即属于此种路径。

三、争议影响

在物权法立法过程中,各种不同声音均得以自由表达。开门立法,不仅彰显了民主,而且使物权法更加理性、更加科学。透过《物权法(草案)》条文的修改,物权法立法争议不仅影响了物权具体制度的变化,而且逐步塑造出我国独特的物权理念。

从最新的《物权法(草案)》上看,物权法立法争议对物权具体制度的影响表现在:

(1)在调整对象上,强调不仅要调整财产归属,而且要调整财产利用。

(2)在结构上,仍坚持所有权、用益物权、担保物权和占有的结构。

(3)在公私财产保护上,既强调要维护公有制为主体、多种所有制经济共同发展的国家基本经济制度,又强调对国家、集体和私有财产的平等保护。

(4) 在国有资产的特别保护上,鉴于目前国有资产受侵害严重,进一步加大了对国有资产的保护力度。

(5) 在公共利益的明确上,最终仍未对"公共利益"作出界定,理由是在不同领域内,在不同情形下,公共利益是不同的,情况相当复杂,难以作出界定。

(6) 在土地承包经营权抵押和宅基地使用权转让上,坚持了此前的立场:"不开口子"。在土地使用权到期后的处理上,明确规定为自动续期。

在物权制度的具体变化中,我国独特的物权理念已逐步形成。

(1) 在政治立场上,坚持了公有化路径,并从形式上的坚持逐步转向实质上的坚持。体现在:在强调公私平等保护从而宣示出坚持公有制的同时,虽未完全建立统一的、独立的物权利用制度,但已将公有制对物权法的要求分散规定在所有权、用益物权等具体章节中。

(2) 在学术脉络上,既在整体上延续了最初的"德式"路径,又大量吸收了综合路径。体现在:强调物权法同时调整财产归属和财产利用,但又按照所有权、用益物权、担保物权和占有的结构而非财产归属和利用的二元结构设计物权法,同时在具体内容上力求解决中国特有的物权问题,而这显然又大大偏离了"德式"传统,比以往更带有"中国味"。

四、物权法立法对水权制度建设的借鉴

(一) 立足宪法,坚持水资源国家所有,并在水权制度建设中寻求如何实质性地保障水资源的国家所有权

正如物权法强调维护宪法、维护我国基本经济制度一样,水权制度建设也必须立足于宪法,坚持水资源国家所有。当然,此种坚持不能仅仅是形式上的坚持,还应当是实质上的坚持。由于水资源利用涉及个人生存以及生态、环境等社会公共利益,因此,水资源国家所有不仅意味着国家可以征收水资源费,更重要的还在于国家应当通过此种所有权确保人民安全用水,确保生态安全、环境安全,使水资源支撑经济社会的可持续发展。在政府代为行使水资源国家所有权的情况下,此种责任也转移到了政府及其职能部门。可见,对政府特别是水行政主管部门而言,实质上坚持水资源国家所有不仅意味着可以代表国家进行取水许可并征收水资源费,更重要的还在于,其应当对水权人利用水资源进行监管,以保证水资源国家所有权责任的实现。因此,如何确立政府部门合理的行为规则,从而使其能够恰到好处地履行所有者权责,将是水权制度建设的关键。

（二）立足现代，站在物权发展的时代潮流上，坚持从以所有为中心到以利用为中心构建现代水权制度

我国水权制度建设的目标主要是在政府宏观调控下引入市场机制优化配置水资源，以提高水资源利用效率，进而保障经济社会可持续发展。就此而言，“水权”一词的重心就不仅仅是水资源的所有权，更重要的还是水资源的使用权。在这种情况下，水权制度建设就不能仍以所有为中心，强调水资源使用权是从水资源所有权中分离出来的部分权能。因为按照所有权权能分离论，从所有权“分离”出部分权能的使用权，只能依附于所有权，听命于所有权的意志。此逻辑在水资源所有权由政府代为行使的情况下，将进一步演绎为水资源使用权人必须听命于政府及其职能部门的状态。政府及其职能部门对于水资源使用权人利用水资源，需要行使其所谓的所有者职权，可以决定水资源使用权人利用水资源过程中的重大事项。如此，则水权制度建设仍将意味着政府及其职能部门的一种“放权”。事实上，在所有权框架下探讨使用权，使水资源使用权依附于水资源所有权，必然使水资源的利用关系性质不明、地位不定、基本规则不清，从而导致法律保护不力，使水资源使用权人利用水资源时心存疑惑和不安，从而影响水资源利用的规模和作用。果真如此，则水权制度建设将背离基本方向，通过水权制度建设促进水资源优化配置、提高用水效率的努力也将难以实现。

因此，水权制度建设的思路应当是在坚持水资源国家所有的基础上，以水资源高效利用为中心进行构建。如此，则需要在水权基本观念突破的基础上进行法律制度上的一系列突破。在此过程中，最大的难点将是水权基本观念的更新以及水权价值准则的选择。就水权基本观念的更新而言，最重要的就在于要认识到：水资源使用权的形成及其行使中的各种限制均来源于法律的明确规定或者当事人的明确约定，因此，其并不比所有权矮一截，而是能够与所有权“平起平坐”的一种独立的权利。换言之，水资源使用权并非从水资源所有权中分离出部分权能而形成的权利，水资源使用权也并非要附属于水资源所有权，而应当是一种独立的、具有自己完整权能（包括占有、使用、收益、处分）的权利。事实上，任何一种能够称得上“权利”的权利都具有自己完整的权能，而不可能只具有其他权利的部分权能。尽管水资源使用权的行使要受到很多限制，但这种限制并非来源于所有权意志的限制，而应当来源于法律的明确规定或者当事人的明确约定。因此，水权制度建设就应当把重点放在确立和维护水权人合理的水资源使用权，使水权人有足够的能力对抗和排除所有权代表和非水权人的非法干预和侵害，从而保证水资源利用效益

的最大化。如果说政府部门对水资源利用的监管意味着一种公平,水权人利用水资源则意味着一种效率。由于公平与效率是矛盾的统一体,过分关注其中的一个,将意味着对另一个的牺牲,因此,如何处理公平与效率之间的矛盾,将成为水权制度建设的最大难题。

(三) 立足水情,着眼于解决水资源利用过程中的实际问题,建构具体的水权制度

在这方面,物权法对各种立法争议的处理,对于具体水权制度的建设是有借鉴意义的。例如,对公私财产进行平等保护,意味着水资源所有权的利益和水资源使用权的利益都应得到平等重视;加大对国有资产的保护力度,意味着在水权制度建设中不能采取私有化或变相私有化等方式,贱卖因水资源利用而形成的各种国有资产;对公共利益未进行明确界定而留给单行法律作规定,意味着水权制度建设需要对公共利益进行界定;对农村土地承包经营权抵押和宅基地使用权转让说"不",意味着水权转让应当根据实际需要稳妥推进;对住宅建设用地使用权期满后的处理,意味着水权期满后可以采取自动续期的方式处理等。

(四) 大胆创新,勇于实践,并在理论上不断总结提高,早日构建有中国特色的社会主义水权制度

在物权法起草过程中,中国人民大学王利明教授主持的《物权法草案建议稿》曾在"用益物权"一章的第七节规定了"特许物权",其中第 380、381 条就有取水权的规定。但在二次审议稿之后的各次物权法草案中,均删除了此规定,使水权不再出现于物权法草案之中。对此,立法机关给出的理由是:我国已经制定了水法等法律,进一步完善有关取水权的法律规定,可以通过修改有关法律解决;同时,国外立法实践也是在单行法中规定特许物权的。可见,物权法已明确将水权的有关问题留给水法及相关法律解决,而这将给水权制度建设留下很大空间。目前,我国水权理论研究不断深化,水权实践逐步深入,但还需在实践中进一步完善。因此,在水权制度建设过程中,还有待于进一步大胆创新,勇于实践,并在理论上不断总结提高,以早日构建有中国特色的社会主义水权制度。

《物权法》缘何规定取水权而未规定水权*

我国《物权法》于2007年10月1日起正式实施。作为确认财产、利用财产和保护财产的基本民事法律,《物权法》的实施不仅是我国经济生活中的一件大事,而且是我国民主法治建设中的一件大事,在我国法治进程中具有里程碑的意义。就水权而言,我国《物权法》有两个特点:一是未对水权作出一般规定;二是对水资源国家所有权和取水权等与水权相关的内容进行了规定。本文的主旨,一是探讨《物权法》未对水权作出一般规定的深层次原因,并简单分析水权制度构建的关键;二是探讨《物权法》规定取水权的意义。由于《物权法》对水资源国家所有权的规定只是重复了《宪法》《水法》中的规定,本文暂不作分析。

一、水权制度在《物权法》中的反映

在《物权法》制定过程中,有学者建议《物权法》应当对水权进行规定。其理由是:"随着现代物权法向以自然资源利用权为核心发展的趋势,水权的内容也变得以水资源使用权为主,而且客观上已经成为现代社会一种重要的物权。民法正是通过对水权产生、变更和终止的规定,来实现对行使水权的有效规范,以防止对水资源的浪费和破坏。"①然而,全国人大法律委员会所起草的七个物权法草案审议稿及全国人大最终通过的《物权法》,均未明确规定"水权"。

尽管未明确规定水权,但《物权法》也从以下几个方面对与水权紧密相关的问题作出了规定:

(1) 重申了《宪法》的规定,明确水流为国家所有(《物权法》第46条)。

---

* 本文作者是王晓娟、陈金木。原文首次印发在水利部发展研究中心《参阅报告》第84期(2007年11月5日);公开发表在《水利发展研究》2008年第1期。

① 全国人民代表大会常务委员会法制工作委员会民法室编著:《物权法立法背景与观点全集》,法律出版社2007年版,第566页。

(2) 将取水权纳入用益物权[1]的范围，即在“用益物权”编的“一般规定”中规定了依法取得的取水权受法律保护(《物权法》第 123 条)。

(3) 基于《水法》仅规定了跨行政区域的自然流水的利用实行水资源配置制度，但对于不跨行政区域的自然流水之利用未作规定，《物权法》作了补充规定：“对自然流水的利用，应当在不动产的相邻权利人之间合理分配。对自然流水的排放，应当尊重自然流向。”(《物权法》第 86 条第 2 款)

(4) 在《中华人民共和国民法通则》(以下简称《民法通则》)有关相邻关系规定的基础上，对用水、排水的相邻关系作出了细化，明确“不动产权利人应当为相邻权利人用水、排水提供必要的便利”(《物权法》第 86 条第 1 款)，并规定“不动产权利人因用水、排水、通行、铺设管线等利用相邻不动产的，应当尽量避免对相邻的不动产权利人造成损害；造成损害的，应当给予赔偿”(《物权法》第 92 条)。

此外，《物权法》中的一些规定，尽管不是针对水权而制定的，但适用于水权的配置、行使和保护。例如，《物权法》第 118 条规定，国家所有或者国家所有由集体使用以及法律规定属于集体所有的自然资源，单位、个人依法可以占有、使用和收益。由此可推及，在农村集体经济组织的水塘和由农村集体经济组织修建管理的水库中的水之上，可以设定用益物权，由单位、个人占有、使用和收益。又如，《物权法》对共有财产的规定，对于农村集体经济组织处置其所有的水塘、水库中的水的使用权也具有规范作用。同样，有关用益物权的一般规定中关于用益物权权能、权利行使以及权利保护的规定，对于取水权也具有同样的效力。[2]

还有一点值得关注的是，《物权法》第 8 条规定：“其他相关法律对物权另有特别规定的，依照其规定。”由此可见，虽然《物权法》本身未对水权作出明确规定，但却为将来修改《水法》时增加有关水权的内容提供了空间。

---

① 用益物权：据郭明瑞所编《中华人民共和国物权法释义》(中国法制出版社 2007 年版)一书，用益物权是权利人对他人所有的不动产或者动产，依法享有占有、使用和收益的权利。用益物权是以对他人所有的物为使用、收益的目的而设立的，因而被称作“用益”物权。用益物权制度是物权法律制度中一项非常重要的制度，与所有权制度、担保物权制度等，一同构成了物权制度的完整体系。

② 参见熊向阳：《物权法与水权制度建设》，载 2007 年 5 月 11 日《中国水利报》。

二、《物权法》未对水权作出一般规定的影响及原因探析

(一)《物权法》未对水权作出一般规定的影响

按照《物权法》第 5 条“物权的种类和内容,由法律规定”的物权法定主义,水权未能在物权的一般法《物权法》中进行规定,将带来以下影响:

(1) 水权在目前并非法定的一种物权,不能直接适用有关物权保护的规定。

(2) 目前“水权”尚难以作为正式的法律概念,而只能作为学术上的用语。由此,“水权分配”“水权转让”等提法难以成为正式的法律概念。

(3) 类似于物权是对物的各种权利(包括所有权、用益物权、担保物权等),水权也可以理解为“对水资源的各种权利”,包括水资源所有权、取水权、用水权等。

在“水权”不能作为法定物权的情况下,水权制度建设只能分别从水资源所有权、取水权、用水权等方面进行推进,而缺乏统一的权威性的法律规定的支撑。而这种分别推进水权制度建设的做法,容易产生各种制度之间相互脱节甚至相互冲突等一些深层次的问题。

(二)《物权法》未对水权作出一般规定的原因

《物权法》缘何未规定水权?全国人大法律委员会对此并未给予正式解释,本文试图在学理范畴内给予初步回答。

1. 从立法技术层面看,《水法》与《物权法》之间存在相互制约

《水法》与《物权法》之间的相互制约,在一定程度上导致了水权未能得到规定,这从《水法》的立法过程中可见一斑。

在 1988 年《水法》中,仅仅规定了水资源所有权,没有水资源使用权的概念,更没有水权的概念。对此,有关部门的解释是:这主要是因为我国长期实行计划经济体制,资源由国家统一调配给企业组织生产,没有必要也不可能明确界定企业或者组织对自然资源的使用权,更不要说对公民私人财产权的保护了。基于此,在《水法》修订过程中,有人建议,既然林权、土地使用权等概念都已经为法律所确认,水权的立法也应尽早提上议事日程。然而,从 2002 年修订后的《水法》上看,水权问题几经争议,最后除强化了水资源国家所有和明确提出取水权的概念外,在很大程度上仍保留了 1988 年《水法》的规定。对此,有关部门的解释是:水权属于物权的一种,而我国目前的物权立法仍处于研究过程中,这方面的问题暂时以不涉及为宜,加上取水权转让的问题比较复杂,目前各方面条件尚不成熟,水资源分配是采用许可证方式行

政审批,而转让则是市场经济机制,在目前分配还没有采用竞价等市场化方法前,很容易产生问题,为了鼓励节水,可以考虑对节约用水指标的给予奖励,但最好不要在《水法》中规定对取水权的转让制度,可以在实践中摸索。[①]

由此可以认为,在《水法》修订时,囿于水权属于物权的一种,立法者希望留给正在起草过程中的《物权法》进行规定,但《物权法》在制定过程中又囿于《水法》未对水权作出规定,而放弃了对水权的规定。

2. 从理论层面上看,水权的内涵和外延等尚需在实践中不断完善

汪恕诚部长于2000年提出"水权"概念之后,尽管水权理论研究不断深化,但总体上看,目前理论界对水权的研究还不够成熟,"水权"的内涵及外延等一些基础性理论问题以及水权制度建设的一些关键问题争议还比较大,理论上还未达成共识。在水权制度实践方面,目前除了东阳—义乌水权转让、张掖节水型社会建设及大凌河、霍林河初始水权分配试点等探索之外,其他地区水权分配和转让的实践尚不够充分。

然而,任何一个概念和理论的提出,都需要有一个过程,需要在实践的基础上反复总结并不断完善。这对于水权来说也是如此。目前,水权及水权理论,在我国尚属于新生事物,即使在国外也是处于不断修正完善之中。在这种情况下,"水权"的内涵及外延等一些基础性理论问题以及水权制度建设中一些关键问题的解决,既无法套用其他权利理论,也无法照搬国外经验,而需要伴随我国水权实践的开展而不断深入。法律规定主要是对既有的比较成熟的经验进行法律上的确认。在水权理论还需在实践中进一步完善的情况下,《物权法》未明确规定水权也在情理之中。

3. 从制度层面上看,物权法系基于经济理性而设计,而水权则很难单纯依靠经济理性作出制度上的安排

《物权法》未规定水权,还有更深层次的原因,即传统物权法与水权之间存在着理念上的脱节。换言之,物权法系基于经济理性而设计,而水权很难单纯依靠经济理性作出制度上的安排。在传统的物权体系中,物权包括所有权、用益物权和担保物权。其中,所有权主要规范所有人与非所有人之间的关系,重在解决物的归属,以实现"定纷止争";用益物权主要规范所有人、用益权人、非用益权人三者之间的关系,担保物权主要规范所有人、担保权人、非担保权人之间的关系,两者均重在解决物的利用,以实现"物尽其用"。物权法之所以能够实现"定纷止争""物尽其用"的目的,乃在于一方面将人视为"经济人",着眼于人的经济理性;另一方面将物视为"经济物",着眼于物的经济价值,从而根据"成本最小化—收益最大化"原理进行一系列制度安

---

① 参见曹康泰主编:《中华人民共和国水法导读》,中国法制出版社2003年版,第23—24页。

排。正因为如此,物权法被视为市场经济中资源配置的基本规则。值得注意的是,由于在一般的物中,物权人对物的占有、使用、收益、处分没有或很少有外部不经济性,因此,物权法基于经济理性对各当事人的权利义务进行制度安排后,基本上可以实现资源的优化配置。

然而,同一般的物相比,水资源及其开发利用有自己的特殊性:第一,水资源是流动的,而且具有流域性;第二,水资源不仅具有经济价值,而且具有生态价值和社会价值①;第三,水资源的开发利用,包括取水、用水、排水,都可能存在明显的外部性,即水资源开发利用者在独享水资源的经济价值的同时,容易产生负面的影响(如过量取水而导致水资源短缺加剧、过量排污而导致水污染加剧等),而这种影响却由各种确定的与不确定的外部性影响者来承担;第四,在水资源国家所有的情况下,所有人是国家;而国家在行使水资源所有权时,还需要由政府作为所有权代表。

水资源及其开发利用的上述特性,使得水权的制度设计中至少需要考虑以下四对关系(图1)。

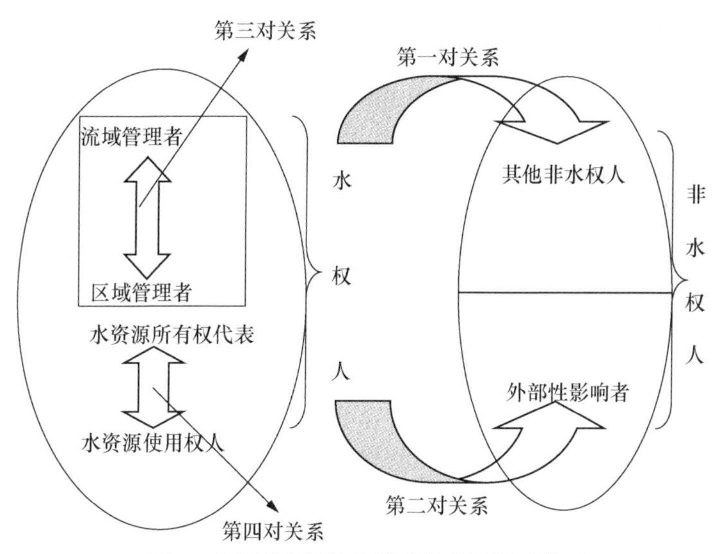

图1　水权制度设计中需要考虑的四对关系

(说明:图中水权人包括水资源所有权代表和水资源使用权人,其中,水资源所有权代表实际上又包括流域管理者和区域管理者。非水权人则包括外部性影响者及其他非水权人)

---

① 水资源是基础性的自然资源和战略性的经济资源,是生态环境的控制性要素,在国民经济和国家安全中具有重要的战略地位。

上述四对关系是否能够运用经济理性作出制度安排，需要具体分析：

第一对关系：水权人与一般的非水权人之间的关系。此关系的关键在于：解决水资源的归属，从而实现“定纷止争”，克服目前因水资源产权不清而造成的“公有地悲剧”。由此，可以认为第一对关系主要着眼于水资源的经济价值，可以基于经济理性进行制度设计。

第二对关系：水权人与外部性影响者之间的关系。此关系的关键在于：水权人应当尽量克服或消除水资源利用所带来的外部性，从而维护外部性影响者的权利。从许多地区因过量取水与过量排污而造成水资源短缺和水污染严重，甚至造成“有河皆干、有水皆污”的窘境来看，传统法律制度显然尚未妥善解决此问题。这是因为，为了克服水资源利用所带来的外部性，传统法律制度采取的办法，就是否认水权的私权性，亦即从公法的角度出发，直接以公法手段对水权加以限制，如限制所有权、限制使用权、限制契约自由等等。这种办法虽然直接，也简单可行，但也存在一些明显的弊端，包括成本巨大、个人的积极性被严重抑制、政府滥用权力造成更大的环境资源破坏等。为此，有必要换种思路，在承认水权的私权性的同时，思考如何将公法义务纳入私权之中，从而使水资源开发利用的外部性内部化。显然，要使水权人具有保护水资源生态价值和社会价值的外部压力，除了政府的行政权力限制之外，最重要的莫过于明确赋予外部性影响者特定的法定权利，使其可以直接依据法律对水权人开发利用水资源进行外部约束。目前法学界已经基本承认外部性影响者所应当具有的这种法定权利就是环境权。问题在于，环境权本身也迥异于传统的物权，其本身尚存在诸多难题需要理论上给予解答。可以预见，如果理论上和实践上无法对外部性影响者的环境权作出清晰的理论界定和妥善的制度安排，水权制度的建设也将举步维艰，即使勉力为之，也必然存在重大的制度缺陷。由此可知，水权人与外部性影响者之间的关系，很难单纯依靠经济理性进行制度安排，故无法纳入传统的物权体系。

第三对关系：所有权代表内部之间的关系，在我国目前主要是流域管理者与区域管理者之间的关系。此关系的关键在于，妥善设计好“流域管理与行政区域管理相结合的水资源管理体制”，以约束区域取水许可审批权，避免区域过量配置取水权。其具体工作内容之一就是尽快完善用水总量控制制度，包括水量分配制度、对区域用水总量的监督管理制度、取水许可总量控制指标及其他控制指标确定和管理制度、免于取水许可的其他取水的管理制度、公共供水系统总量控制制度、重要江河的水量调度制度等。显然，此关系的处理，也难以单纯按照经济理性进行制度安排，故难以纳入传统的物权体系。

第四对关系:所有权代表与水资源使用权人之间的关系。此关系的关键是:确立所有权代表的妥当的行为规则,从而使其不伤害水权人对水资源的独立利用,但又能够监督水权人,使水资源的开发利用所带来的外部性内部化,确保防洪安全、供水安全、生态安全等,实现可持续发展水利。显然,此关系的处理,更难以单纯按照经济理性进行制度设计,难以纳入传统的物权体系。

三、《物权法》规定取水权的意义

《物权法》对取水权的规定,尽管是根据《水法》进行的一般性确认,但这种确认具有重要的意义。

1. 明确了取水权的用益物权性质

《物权法》将取水权规定于"用益物权"编的一般规定中,在法律上明确了取水权的用益物权性质,从而为多年来关于取水权属性的讨论画上了一个句号。在《物权法》之前,尽管《水法》对取水权作出了规定,但这种规定还主要是从行政管理的角度进行规范的,取水权的物权属性并不明确,财产权利的内容也不完善,更缺少相应的民事救济措施,因此实践中也出现了一些侵犯取水权人合法权益的行为。在这种情况下,《物权法》将取水权明确为用益物权,其实是对取水权作出了衔接性的规定,明确了取水权受《物权法》以及相关法律的保护。

2. 使取水权作为财产权受法律保护

按照物权的私权保护原理及《物权法》的相关规定,取水权作为一种财产权利受法律保护有了基本的保障。这是因为,按照《物权法》第 123 条的规定,"依法取得的取水权受法律保护",因此,根据特别法优于一般法的原则,在《水法》等法律未对取水权的权利保护作出规定时,可以适用《物权法》的有关规定。而根据《物权法》"用益物权"编的一般规定,取水权作为用益物权的一种,取水权人依法对水资源具有占有、使用和收益的权利;取水权人行使权利时,在遵守法律有关保护和合理开发利用资源规定的情况下,所有权人不得干涉;取水权人因权利范围内的水资源被征收、征用,致使其取水权消灭或者影响取水权行使的,取水权人有权依照《物权法》的有关规定获得相应补偿。

3. 对水行政主管部门的行政行为提出了更高的要求

这是因为,虽然取水权是经过水行政主管部门许可设立的,但由于经过许可设立的取水权同时受到《物权法》的保障,考虑到水资源所具有的特殊性、公权和私权之间界限的一定模糊性的导致的行政管理和监督的范围、内容、手段、方法不易把握,因此在一定程度上取水权与物权所具有的长期稳定性以及权利保护的内在要求可能存在一定的冲突,而一旦权利受到侵害,权利人还有权提起行政诉讼。[①] 为此,水行政主管部门有必要按照《物权法》以及《取水许可和水资源费征收管理条例》等法律法规的精神,进一步探索如何对取水权进行更好的管理和监督。

4.《物权法》的颁布对开展水权制度建设提出了新的课题

基于水资源的特殊性,取水权与一般的用益物权有所不同,因此《物权法》并未对取水权作出详细规定。对此,全国人大法律委员会给出的理由是,我国已经制定了《水法》等法律,进一步完善有关取水权的法律规定,可以通过修改有关法律解决;同时,国外立法实践也是在单行法中规定特许物权的。由此,在将来修改《水法》等有关法律以完善取水权的法律规定时,既需要对《物权法》进行一定的突破,但又必须使其符合《物权法》的基本精神。而这对于开展水权制度建设提出了新的课题。例如,在用益物权设定上,根据《物权法》和其他水法律法规,取水权主要是基于水资源量设定的用益物权。但是,水资源是具有综合属性和功能的自然资源,尽管其他属性和功能的开发利用都与量密不可分,但取水权本身并不能完全适用于对其他属性和功能的开发利用,是否在水资源的其他属性和功能之上再设定、怎样设定用益物权,还需要深入研究、大胆探索和充分实践。[②] 又如,按照《物权法》的规定,用益物权人只享有占有、使用和收益的权利,但不具有处分的权利。显然,这在土地资源领域是适用的,但却无法完全适用于水资源领域。因为取水权人对取来的水资源,无论是自己使用还是出售给他人使用,均需要对取来的水资源进行处分,而这已经在一定程度上突破了传统用益物权的内涵,需要理论上的大胆突破和实践上的大胆创新。

5. 未来取水权制度建设应在物权法基础上全面考虑

《物权法》系基于经济理性对取水权作出的规定,但将来在发展取水权制度,如允许取水权转让时,需要进行更为全面的考虑。取水权终究不是一般的物权,而需要渗透进一定的公法义务,因而,取水权的内容至今尚未能完全确定下来。这一方面,使取水权制度有进一步发展的需要;另一方面,也要求在发展取水权制度,如允许取水权转让时,需要进行更为全面的考虑,尤其

① 参见熊向阳:《物权法与水权制度建设》,载2007年5月11日《中国水利报》。
② 同上注。

是需要妥当考虑取水权行使过程中可能产生的外部性。可以预见,对取水权转让而言,外部性影响起初还主要是转让区域水量减少的外部影响,因此,在一定限度内,该外部性尚不明显,水资源的经济价值与生态价值产生的冲突还比较少,甚至可以说,由于水资源利用效率的提高,水资源的经济价值与生态价值还可能呈现“双赢”。因此,在取水权转让的初期阶段,值得考虑的问题主要是如何通过妥当的制度设计,从而提高用水效率并释放出水资源的经济价值。然而,今后随着取水权转让的推进,其外部性影响将越来越明显,而且除了水量减少的外部性之外,还将可能包括水环境容量减少而带来的各种外部性,由此问题将可能变得更为复杂、棘手。这是开展水权制度建设所必须预先考虑的。

初始水权分配制度的建设与完善*

《取水许可和水资源费征收管理条例》与《水量分配暂行办法》的颁布实施,对于建设我国初始水权分配制度起着至关重要的作用。然而,对于初始水权分配制度而言,除了取水许可制度和水量分配制度这两个最重要的支撑性制度之外,还需要进一步建立健全相关制度。本文的主旨就是在界定初始水权分配制度的基础上,回顾初始水权分配制度建设进程,并分析如何进一步完善初始水权分配制度。

一、初始水权分配制度界定

之所以在"水权"一词之外进一步提出"初始水权"的概念,源于我国独特的水权实践。在我国,1988 年《水法》和 1993 年《取水许可制度实施办法》均未规定取水权转让问题。2000 年以后,伴随着水权理论的提出,出现了东阳与义乌之间的水权转让实践。作为我国水权转让的"第一例",东阳义乌水权转让在赢得许多掌声的同时,也受到了一些质疑,其中最主要的就是东阳向义乌转让的水权是否本应当属于东阳可出让的水权。由此便产生了一个问题,即水权转让实践中,有必要先明晰转让方的水权,如果转让方取得的水权是公平的,则可以合理转让其水权,否则可能造成另一种不公平。为了与转让中的水权相区别,便将首次得到有效确认的水权称为"初始水权"。

按照通常理解,水权包括水资源所有权和水资源使用权。水资源所有权不存在初始问题,因此所谓初始水权只能是在水资源使用权层面上理解。在水资源使用权层面,初始水权是指国家明晰给用水户的各种水资源使用权。由此,初始水权分配制度就是指以明晰初始水权为核心的各种制度的总称。

(一)初始水权分配的核心制度

(1)确定最大水资源可利用量,与之相对应的是水资源综合规划制度。

(2)确定区域水量份额,即确定区域生活、生产可消耗的水量份额或者取用水水量份额,与之相对应的主要是水量分配制度。在确定区域水量份额

---

* 本文作者为李晶、陈金木、王晓娟。原文收入周英主编:《2008 年中国水利发展报告》,中国水利水电出版社 2008 年版。

时,需要保障生态用水和公共用水,并根据满足未来发展用水需求和国家重大发展战略用水需求而预留出一定的水量份额,因此还应当有生态用水保障制度、公共用水保障制度和预留水量管理制度。此外,在水量分配制度之外还可能存在临时性、应急性用水,因此临时用水、应急用水管理制度也应包括在其中。

(3) 明晰用水户取用水权利,与取水权相对应的主要是取水许可制度。由于《水法》和《取水许可与水资源费征收管理条例》明确规定,农村集体经济组织及其成员使用本集体经济组织的水塘、水库中的水不需办理取水许可,因此,还应包括免于取水许可的其他取水权制度。此外,非消耗水的水资源使用权,如使用水体、水面等用水许可制度还有待于建立并完善。

在上述制度中,水资源综合规划、水量分配和取水许可等三个制度属于初始水权分配的支撑性制度。

(二) 初始水权分配的配套制度

根据《水法》《取水许可和水资源费征收管理条例》等法律法规规定,结合初始水权分配制度建设的实际需要,初始水权分配尚需要以下配套制度:

1. 总量控制制度

初始水权分配的核心制度均与总量控制紧密相关,甚至可以认为初始水权分配是嵌入在总量控制中的制度。总量控制制度的目的是在水量分配的基础上,确定行政区域取用水总量控制指标,并落实对区域和用水户取用水的监测、审计和控制等措施,将区域和用水户用水控制在合理范围之内。总量控制的实施,不仅需要有总量控制指标,更需要有总量控制手段。总量控制制度具体包括水资源综合规划制度、水量分配制度、对区域用水总量的监督管理制度、取水许可总量控制指标及其他控制指标确定和管理制度、免于取水许可的其他取水的管理制度、公共供水系统总量控制制度、重要江河的水量调度制度等。

2. 水资源论证制度

《取水许可和水资源费征收管理条例》第 11 条规定了取水许可中的水资源论证制度,即"建设项目需要取水的,申请人还应当提交由具备建设项目水资源论证资质的单位编制的建设项目水资源论证报告书。论证报告书应当包括取水水源、用水合理性以及对生态与环境的影响等内容"。由此,水资源论证制度也是初始水权分配中的重要制度。

3. 初始水权确认制度

权利的确认是保证权利的重要基础,只有受保护的权利才能被认为是明晰的,因此初始水权的确认是完成初始水权分配的重要措施。

4. 取(用)水权人权利保障制度

“没有救济就没有权利。”因此取水权人权利保障制度是初始水权分配制度的应有之义。根据取用水主体及取用水原因的不同,可以将取(用)水权人的权利保障制度进一步区分为一般取水权人的权利保障制度、农民用水权保障制度以及临时、应急取水人权利保障制度。

5. 用水优先序与用水补偿制度

水资源使用权有取水权、用水权、临时用水的权利等多种形态,当这些权利发生冲突时,需要确定用水的优先顺序和用水补偿,因此用水优先顺序与用水补偿制度也成为初始水权分配制度的重要内容。

6. 水资源有偿使用制度

水资源有偿使用制度是指在水资源为国家所有的法律制度下,基于所有者的权益,为促进水资源的节约、保护和合理利用,保障水资源的可持续利用,国家向取用水资源的单位和个人收取资源调节和补偿性质的水资源使用费的制度。

根据以上分析,可以对初始水权分配制度作出框图(图1)。

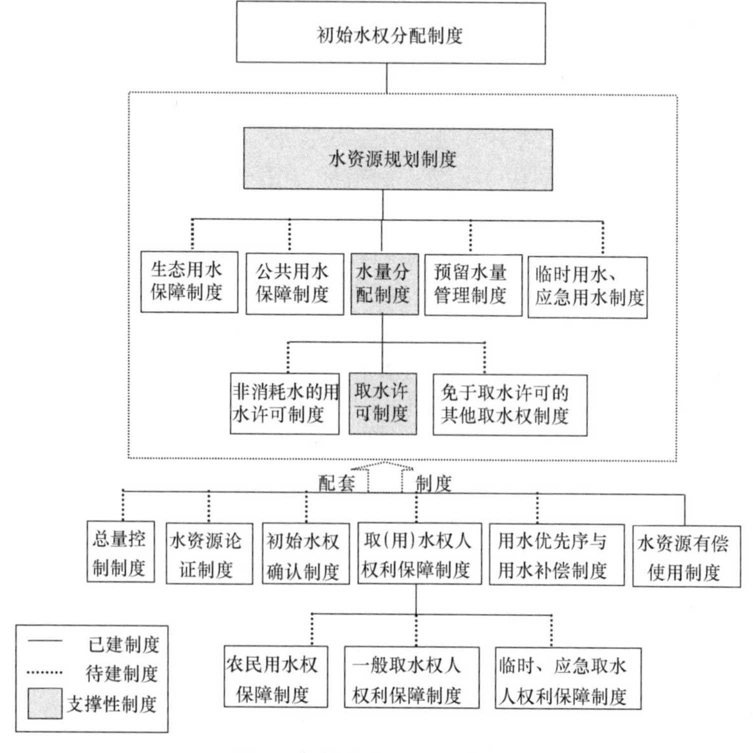

图1 初始水权分配制度框图

二、初始水权分配制度建设回顾

1988年《水法》确立了取水许可制度等与初始水权分配相关的一些制度,但当时还没有初始水权分配的概念和理论。2000年之后,伴随着水权概念的提出以及水权理论的研究,开展了东阳与义乌水权转让实践,初始水权分配制度建设也逐步提出。2002年《水法》对原《水法》作了重大修订,并以法律的形式明确规定了水资源规划制度、水量分配制度、取水许可制度、水资源有偿使用制度一系列制度,初步规范了初始水权分配制度的各项内容,但是还非常宏观,缺乏可操作性。

伴随着水权理论研究的不断深化,实践中开展了黄河、黑河、塔里木河、永定河水量分配,内蒙古自治区、宁夏回族自治区两区水权转换试点,霍林河、永定河、大凌河流域水权明晰,张掖、绵阳、大连、西安等42个国家级和约100个省级节水型社会建设试点。江西省在完成抚河流域水量分配试点后,全面启动了赣江、信江、饶河和修河等4条大江大河的水量分配工作,黄河流域率先启动了流域水量分配方案,并细化到支流和地区的工作。同时,《黄河水权转换管理实施办法(试行)》(2004年6月29日)、《水利部关于水权转让的若干意见》(水政法〔2005〕11号)、水利部《关于印发水权制度建设框架的通知》(水政法〔2005〕12号)等规范性文件也相继出台。形势的发展使得《取水许可制度实施办法》(1993年国务院第119号令)已经严重不适应《水法》的新要求和初始水权分配制度建设的需要,《水法》中规定的水量分配制度也亟须进一步规范。在这种情况下,2006年,国务院颁布实施《取水许可和水资源费征收管理条例》(国务院令第460号),落实了《水法》总量控制和定额管理的要求,进一步规范了取水许可审批程序,明确了取水权可以依法有偿转让,强化了监督管理和法律责任,使取水许可制度和水资源有偿使用制度得到了进一步落实。2007年,水利部颁布了《水量分配暂行办法》(水利部令第32号),对跨省、自治区、直辖市的水量分配,以及省、自治区、直辖市以下其他跨行政区域的水量分配的原则、分配机制、主要内容等,作了比较全面的规定。从制度设立的角度上看,《取水许可和水资源费征收管理条例》和《水量分配暂行办法》的出台,以及全国主要江河水资源配置和《全国水资源综合规划》工作的基本完成,使目前初始水权分配制度的三个基本环节均有了制度性支撑,确立了我国初始水权分配的基本制度。

与此同时,水利部和当时的国家计委颁布了《建设项目水资源论证管理办法》(2002年3月24日水利部、国家计委令第15号),要求直接从江河、湖泊或地下取水并需申请取水许可证的新建、改建、扩建的建设项目,应当由业主单位按规定进行建设项目水资源论证,编制建设项目水资源论证报告书。此办法与之前的《占用农业灌溉水源、灌排工程设施补偿办法》(水利部、财政部、国家计委水政资〔1995〕457号)一道共同支撑了初始水权分配制度的建设。值得注意的是,2007年10月1日起实施的《中华人民共和国物权法》,在"用益物权"编的"一般规定"中规定了依法取得的取水权受法律保护,从而明确了取水权的物权性质,对初始水权分配制度的建设具有深远意义。

三、完善初始水权分配制度的建议

制度建设需要包括建立、试行、推广、全面实施等多个阶段。就此而言,尽管初始水权分配制度已经基本建立,但目前水量分配制度还有待于在实践中推行,取水许可制度还有待于在实践中进一步完善。除此之外,有必要针对当前初始水权分配中的重点与难点问题,进一步完善初始水权分配制度。

(一)妥当协调水权的公共性与物权性关系

1. 水权的公共性与物权性

水权不仅具有公共性,而且具有物权性,二者在实践中可能存在着各种各样的矛盾。一是承认水权的物权性,必然要承认水权基于物权性质具有排他性和垄断性;而承认水权的公共性,则要求水权必须建立在用水行政许可(赋予权利的行政决定)之上。如此,体现水权物权性的排他性与体现水权公共性的非排他性自然存在着冲突。如何解决二者的冲突,成了理论和实践中无法回避的问题。二是水权物权性保障的关键在于通过培育水市场,使水权交易能够在较低的交易成本的基础上顺利进行,而水权交易和水市场的运行在理论上必然会产生各种"市场失灵",而这对于水权公共性而言必将带来各种损害。三是水权公共性有余、物权性不足,是我国水权制度的现状,在此过程中,要克减水权公共性、充分增加水权的物权性,在很大程度上还只能依靠政府的行政力量来推动。然而,由政府推动建立的水市场和水权交易,又容易成为一种变相的"管理的交易""行政权的交易"。可见,水权公共性如果发挥不当,将对水权物权性的发挥造成损害。因此,有必要协调水权物权性与公共性关系,使水权在确保公共性的同时,充分发挥水权的物权性。可以认为,水权公共性与物权性的协调,将成为今后我国初始水权分配制度建设的核心难题。此问题解决得好,必将高度释放水权制度建设所内含的经济效益、社会效益。当然,此难题的解决,需要随着实践的不断推进和理论的不断探讨,逐步加以解决。

2. 水权物权性与公共性协调的实现

笔者认为,水权物权性与公共性相协调的目标应当是:一方面,既要充分保障水权的物权性,又要避免市场失灵,使水权物权性保障损害公共利益和第三方利益;另一方面,既要充分保障水权的公共性,又要避免政府失灵,使水权配置和运行富有效率。

由此,现阶段协调二者的重点工作可能包括以下方面:一是在属于水权物权性发挥作用的领域,政府的行政干预应当逐步退出,交给水权人根据市场需要进行水权交易。二是政府在逐步退出水权交易领域之后,应当加强监管,但主要应当运用法律、经济等手段。政府监管的首要任务是在实现总量控制目标的同时,为水权人之间的交易提供便利,并通过各种制度的提供,降低水权交易的交易成本,从而保护公共利益和第三方利益。三是针对水权交易所可能导致的外部性问题,应当加强第三方保护的制度建设。

(二)完善总量控制制度

总量控制具体包括对用水户初始水权总量的控制和区域用水总量的控制。前者又包括取水许可总量控制和免于取水许可的取水权总量控制。目前,对需要办理取水许可的用水户的监督管理以《取水许可和水资源费征收管理条例》为依据,在制度设计上相对容易。但对于免于取水许可部分的用水,尤其是农村集体经济组织及其成员使用本集体经济组织的水塘、水库中的水,目前的监督管理还非常薄弱,甚至连这部分水的总量尚未完全调查清楚,还有待于进一步开展工作。除此之外,总量控制最困难的地方在于对区域取用水总量的控制。对区域用水总量的控制,实质就是对地方人民政府水行政主管部门乃至地方人民政府责任的落实。对于超指标取用水的区域,上一级人民政府水行政主管部门不可能也难以深入到用水户层面进行越权处理。因此必须有严格的监控措施和责任追究措施,才能使地方人民政府超越取用水最大化倾向,自觉承担其控制本区域用水总量的责任。要实现这一目的,必须要建立起有效监控的法律制度。[1]

(三)加强用水户尤其是农民的权利保障制度

尽管《物权法》已经明确规定依法取得的取水权受法律保护,但目前对

---

① 参见熊向阳、郭永胜、刘宇敏:《明晰初始水权的法律制度建设设想》,载周英主编:《2006 中国水利发展报告》,中国水利水电出版社 2006 年版。

取水权的权利保障制度还非常欠缺,包括《水法》《物权法》《取水许可与水资源费征收管理条例》等法律法规均未明确规定取水权的权利内容和权利救济制度。实践中,用水户尤其是农民用水被随意挤占的现象还非常严重。《占用农业灌溉水源、灌排工程设施补偿办法》虽然规定占用农业灌溉水源、灌排工程设施需要履行严格的程序,并给予相应的补偿,但实践中执行效果还非常差。由此,在水资源开发利用和管理的决策中,因社会利益受损而引起的社会矛盾时有表现。而在解决这些社会矛盾时,由于层级多、程序复杂以及相关行政责任难以落实等多种因素,使行政部门对社会问题响应迟缓,常常导致问题扩大化。在一些水资源开发利用项目中,农民因无法通过当地政府解决实际问题而利益受损,通过扩大事态甚至是实施破坏行为表达诉求的例子并不鲜见。因此,在下一步的初始水权分配制度建设过程中,有必要按照水权的物权性要求,探索确立水权的权利内容和权利保障机制,切实加强用水户尤其是农民的水权保障。

(四)健全水资源论证制度

《水法》第23条规定,“国民经济和社会发展规划以及城市总体规划的编制、重大建设项目的布局,应当与当地水资源条件和防洪要求相适应,并进行科学论证”,但2002年由水利部和国家发改委联合发布的《建设项目水资源论证管理办法》第2条仅规定了对于直接从江河、湖泊或地下取水并需申请取水许可证的新建、改建、扩建的建设项目(以下简称建设项目),建设项目业主单位(以下简称业主单位)应当按照本办法的规定进行建设项目水资源论证,编制建设项目水资源论证报告书。由此,一方面,导致了实践中不少水资源管理人员将水资源论证作为取水许可制度组成部分;另一方面,也导致了水资源论证制度适用的范围还比较狭窄,使水资源论证制度未真正发挥作用:包括为国民经济和社会发展规划以及城市总体规划的编制、重大建设项目的布局的水资源论证报告书及审批意见,是审批国民经济和社会发展规划以及城市总体规划的编制、重大建设项目的布局的水资源技术支撑;建设项目水资源论证报告书及审批意见是审批取水许可的技术依据。因此,各流域机构、各级水行政主管部门还应当在认真做好建设项目水资源论证工作的同时,积极探索开展国民经济和社会发展规划以及城市总体规划的编制、重大建设项目布局水资源论证的有效途径,进一步健全和完善建设项目水资源论证制度。

(五)建立生态用水保障制度

尽管《水法》《取水许可和水资源费征收管理条例》《水量分配暂行办法》

等都明确了生态用水，总量控制制度中也有生态用水的内容，但目前生态用水保障制度还基本处于空白，流域机构维护河流健康的河流代言人角色还缺乏制度保障。生态用水保障制度涉及面广，不仅需要专门的管理主体，而且需要有水量调度、责任追究等相关制度。因此，在初始水权分配制度建设中，有必要进一步研究河流健康指标体系，制定和完善河流生态用水标准和生态调度管理等相关政策，探索建立生态用水保障制度。

（六）其他制度建设

初始水权分配制度的完善，除了上述重点与难点问题之外，还需要进一步研究和解决下列问题：一是探索建立预留水量管理制度。《水量分配暂行办法》已经规定了为满足未来发展用水需求和国家重大发展战略用水需求，可以在水量分配中预留一定的水量份额。对于这些预留的水量份额如何管理，有必要进一步根据实践需要进行相关的制度建设。二是探索建立健全临时用水、应急用水管理制度。临时用水和应急用水难以简单地用权利进行分析，但其又会对水量分配、取水许可制度实施等带来重大影响，因此有必要探索建立健全临时用水、应急用水管理制度。三是探索建立全国统一的水权登记制度，使免于取水许可的取水权也能在法律上得到确认。四是完善水资源有偿使用制度，解决目前水资源费同时具有水资源税特点所存在的不足，明确水资源费具有水资源补偿费的性质，相应的，对于生态补偿的部分则应通过征收水资源税的方式来实现。因此，有必要对水资源费征收制度进行完善，研究税费改革方案。

关于完善河湖权属管理制度的思考*

河湖权属管理是河湖管理的重要内容。现有法律法规从各自立法目的出发，对河湖权属和相关管理进行了各种规定，但也存在河湖权属分割、权属管理主体多元、权属管理事项不衔接、部分权属管理法规缺失等问题，亟待加强相关法规建设，健全和完善河湖权属管理制度。

一、河湖权属与河湖权属管理制度的内涵

（一）河湖权属的内涵

河湖是江河湖泊的统称，包括河道、湖泊、人工水道、行洪区以及水库、洼淀、沟汊等与河流沟通的静态贮水地。河湖权属是指与河湖相关的各种权利及其归属状态。河湖具有行洪排涝、蓄水灌溉、供水发电、渔业养殖、旅游景观、休闲娱乐、航运、纳污、生态等多种功能。同时，伴随着河湖开发利用和保护，不断固化形成大量的基础设施。由此导致河湖管理中涉及多种权属，并主要有三类：一是河湖相关资源权属，包括水资源、河湖水域资源、河湖土地资源、河湖岸线资源、水能资源、砂石资源、内河航运资源、渔业资源、湿地资源等权属；二是河湖相关设施权属，包括大坝、公路、铁路、港口、军事设施等权属；三是河湖生态环境权属，包括公民享有的河湖良好生态环境权以及国家作为河湖生态环境所有者的生态环境管理权。

（二）河湖权属管理制度的内涵

河湖权属管理制度是指政府及其职能部门对河湖相关权属进行确认、保护和监管的各种制度。主要包括三方面：一是河湖相关资源权属管理制度，即对河湖范围内各种可开发利用的资源权属进行确认、保护和监管；二是河湖相关设施权属管理制度，即对河湖相关基础设施的权属进行确认、保护和监管；三是河湖生态环境权属管理制度，主要是基于生态环境权属保障需要，对河湖生态环境进行管理和保护，维护河湖健康和可持续发展。

---

* 本文作者为陈金木、吴强、林进文。原文首次印发在水利部发展研究中心《参阅报告》第391期（2015年1月19日）；公开发表在《水利发展研究》2015年第2期。

(三) 河湖权属管理制度和河湖管理制度的关系

河湖管理是个大的概念，强调对河湖开发利用进行管理和保护以及对各种涉河湖行为进行规制，实现兴利除害。河湖权属管理制度从权属入手，强调对河湖开发利用与保护中的各种权属进行确认、保护和监管。两者的关系是：一方面，对河湖进行管理，必须界定和落实相关各方在河湖开发利用与保护方面的权利和义务，因此，河湖权属管理是河湖管理的重要内容；另一方面，河湖管理的范围要比河湖权属管理的范围宽，除了对各种权属进行确认、保护和监管之外，河湖管理者还要基于社会公共利益的角度，对各种涉河湖行为进行规制，如从防洪要求出发开展河湖整治、河湖清障、河湖保护等。

二、河湖权属管理制度现状

目前，中央层面与河湖相关的法律法规主要包括：一是《水法》《中华人民共和国防洪法》（以下简称《防洪法》）、《水污染防治法》《中华人民共和国渔业法》（以下简称《渔业法》）、《土地管理法》《中华人民共和国矿产资源法》《中华人民共和国港口法》（以下简称《港口法》）、《中华人民共和国公路法》（以下简称《公路法》）、《中华人民共和国铁路法》（以下简称《铁路法》）、《中华人民共和国环境保护法》（以下简称《环境保护法》）、《中华人民共和国航道法》（以下简称《航道法》）等法律；二是《中华人民共和国河道管理条例》（以下简称《河道管理条例》）、《取水许可和水资源费征收管理条例》《长江河道采砂管理条例》《中华人民共和国航道管理条例》（以下简称《航道管理条例》）、《中华人民共和国自然保护区条例》（以下简称《自然保护区条例》）、《公路安全保护条例》《铁路安全管理条例》《风景名胜区条例》等行政法规；三是《入河排污口监督管理办法》《湿地保护管理规定》等部门规章。这些法律、法规规定了河湖相关资源、设施和生态环境等权属管理制度。

(一) 河湖资源权属管理制度

1\. 河湖水资源权属管理制度

主要是《水法》《取水许可和水资源费征收管理条例》等确立的水资源国家所有权制度、取水许可、水资源费征收管理等各项水资源使用权制度。

2\. 河湖水域资源权属管理制度

既包括《水法》《河道管理条例》等确立的水域所有权和使用权、水域保护、水域统一规划和综合利用制度；也包括《渔业法》《港口法》《中华人民共和国军事设施保护法》（以下简称《军事设施保护法》）、《中华人民共和国野生动物保护法》等确立的渔业水域、港口水域、军事水域以及野生动物自然保护区水域等不同功能水域的相关制度。

3. 内河航运资源权属管理制度

主要是《航道法》《航道管理条例》、《国内水路运输管理条例》等确立的航运综合规划制度以及航运经营许可、航运经营监管以及航运税费等相关制度。

4. 水能资源权属管理制度

主要是《水法》《取水许可和水资源费征收管理条例》等确立的水能资源权属及相关管理制度,包括水能资源开发、水电站建设、水电站调度等。

5. 河湖土地资源权属管理制度

河湖土地是指河道整治计划用地、堤防用地、防洪区范围内土地等涉及河湖管理与保护范围内的土地。既包括《水法》《防洪法》等确立的河湖土地规划协调制度、禁止围湖造地、围垦河道制度等一般性制度,也包括根据不同河湖土地功能所确立的河道管护用地、养殖水面用地、防洪抢险用地、港口建设用地以及大中型水利水电工程建设相关土地等各项具体的权属管理制度。

6. 河道砂石资源权属管理制度

既包括《河道管理条例》确立的河道采砂许可及管理收费等一般性制度,也包括《航道法》确立的航道和航道保护范围内禁止非法采砂制度,以及《长江河道采砂管理条例》确立的长江河道采砂管理制度。

7. 河湖渔业资源权属管理制度

主要是《渔业法》《中华人民共和国渔业法实施细则》等确立的渔业规划与渔业权保护制度、渔业资源增殖和保护制度、养殖证与捕捞许可制度、捕捞限额制度等。

8. 排污权属管理制度

主要是《水污染防治法》等确立的排污许可制度、排污费征缴制度等。

9. 湿地资源权属管理制度

主要是《关于特别是作为水禽栖息地的国际重要湿地公约》《湿地保护管理规定》等确立的湿地资源利用、湿地占用、重要湿地、一般湿地等管理与保护制度。

(二)河湖设施权属管理制度

1. 大坝权属与管理制度

主要是《水库大坝安全管理条例》等确立的大坝管理体制、大坝建设制度、大坝管理与安全保护制度等。

2. 涉河公路权属与管理制度

主要是《公路法》《中华人民共和国公路管理条例》(以下简称《公路管理条例》)、《中华人民共和国公路安全保护条例》等确立的公路规划、公路建设、公路养护、路政管理、监督检查等制度。

3. 涉河铁路权属与管理制度

主要是《铁路法》《铁路安全管理条例》等确立的铁路运输营业、铁路建设、铁路安全与保护等制度。

4. 内河港口权属与管理制度

主要是《港口法》所确立的港口规划与建设、港口经营、港口安全与监督管理等制度。

5. 涉河军事设施权属与管理制度

主要是《军事设施保护法》等确立的军事禁区与军事管理区的划定、军事禁区的保护、军事管理区的保护、未划入军事禁区和管理区的设施的保护、管理责任等制度。

(三) 河湖生态环境权属管理制度

河湖是生态环境的重要组成部分,良好的河湖生态环境也是公民享有环境权的重要内容。河湖生态环境权属相关制度包括:

1. 水资源保护制度

主要是《水法》等确立的水功能区管理、入河排污口管理、饮用水水源保护区等制度。

2. 水污染防治制度

主要是《水污染防治法》等确立的对水污染进行预防和处置的各项制度。

3. 自然保护区制度

主要是《自然保护区条例》确立的自然保护区建设、自然保护区管理等制度。

4. 风景名胜区制度

主要是《风景名胜区条例》确立的风景名胜区设立、规划、保护、利用和管理等制度。

以现有法律法规为依据,结合河湖管理相关权属的种类,可以给出如下河湖管理相关权属现行制度体系(见图1)。

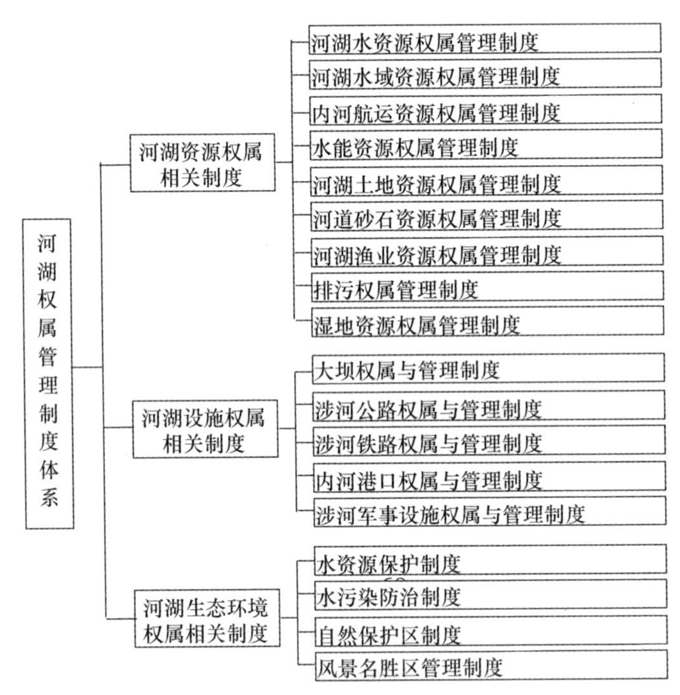

图1　河湖管理相关权属现行制度体系图

三、河湖权属管理制度存在的问题

受河湖资源环境功能多、基础设施种类多等所决定，河湖权属管理制度种类多样，相关法律法规复杂。总体上看，河湖权属管理相关法律、法规在制定时大多考虑到了与其他权属管理的协调，但受制于法律起草主体多元的部门立法体制等因素，河湖权属管理制度也存在不少问题。

（一）河湖资源存在权属分割和缺失现象，容易造成权属之间的冲突

目前涉及河湖资源管理的部门包括水利、渔业、交通、土地、矿产、环保、公路、铁路、港口、林业等部门，可以说是各管一摊。各主管部门在进行权属管理时，主要依据各自领域的法律法规和各自编制的规划，但这些法规和规划之间的协调配合不足，结果导致各种自然资源使用权之间也缺乏协调。以砂石资源权属管理为例，《河道管理条例》规定：在河道管理范围内采砂的，应当报经河道主管机关批准，并交纳河道采砂管理费；《中华人民共和国矿产资源法实施细则》则将砂石纳入矿产资源之中，并规定了矿产资源补偿费。

这两个条例的规定导致了实践中对河道采砂的管理权限划分存在很大争议。又如,对于河道管理范围内的土地利用,《防洪法》和《河道管理条例》规定了河道管理范围的划定,但河道管理范围内的土地与河道管理单位之间的关系并不明确;《河道管理条例》将沙洲纳入河道管理范围,但对于沙洲的开发利用缺乏相关规定。实践中,部分单位和个人擅自开发利用沙洲,但由于缺乏法律根据,难以进行处理。此外,在水域、滩地、岸线等其他资源有偿使用方面,法规制度尚存在缺失,导致河湖水域岸线过度开发利用,违法侵占河湖水域岸线现象严重。

(二)河湖设施管理和保护范围存在交叉或重叠,容易造成管理边界不清

划定管理和保护范围是河湖相关设施权属管理的基本依据。现有法律法规要求依法划定河道管理范围、航道保护范围、水工程管理和保护范围、防洪工程设施管理和保护范围、大坝管理和保护范围、水文监测环境保护范围、城镇排水与污水处理设施保护范围,并对堤防安全保护区、公路建筑控制区、铁路线路安全保护区的划定进行了规定。这些管理和保护范围之间,可能存在着一定的交叉或重叠,容易造成管理边界不清。例如,《河道管理条例》规定了河道管理和保护范围,新出台的《航道法》规定了航道保护范围,而这将可能出现同一河道上既存在河道管理和保护范围,又存在航道保护范围的现象,可能带来管理不衔接的问题。又如,《水法》规定:"国家所有的水工程应当按照国务院的规定划定工程管理和保护范围";《防洪法》规定:"属于国家所有的防洪工程设施,应当按照经批准的设计,在竣工验收前由县级以上人民政府按照国家规定,划定管理和保护范围";《水库大坝安全管理条例》规定:"兴建大坝时,建设单位应当按照批准的设计,提请县级以上人民政府依照国家规定划定管理和保护范围,树立标志"。但是,目前国家尚没有就水工程管理和保护范围、防洪工程设施管理和保护范围、水库大坝管理和保护范围的划定出台相关规定。

(三)河湖生态环境权属管理事项不衔接,影响到河湖保护的效果

河湖是统一的生命体,需要综合运用水资源管理、水污染防治等制度进行管理。目前对于水资源保护和水污染防治等,从法律条文和部门"三定"规定上看,水行政主管部门负责水资源保护,环保部门负责水污染防治,二者的职责是清楚的。但在实践中,水资源保护与水污染防治之间尚存在很多不协调现象。造成这种现象,与现有法律规定之间本身就存在不协调密切相关。以水功能区管理为例,《水法》规定水行政主管部门或者流域管理机构

应当向环境保护行政主管部门提出水功能区水域的限制排污总量意见,但对该意见,环境保护行政主管部门是否必须采纳以及如何采纳等,相关法律法规都没有作出明确规定,存在不衔接问题。

四、对策建议

为落实党的十八届三中全会"有序实现河湖休养生息"的要求,建立严格的河湖管理制度,促进河湖管理从粗放管理向精细管理转变,维护河湖健康生命,笔者针对河湖权属管理制度存在的问题,提出以下对策建议。

(一) 健全河湖规划约束机制

根据《防洪法》,建立健全河道规划治导线管理制度;完善河湖管理、河道采砂、岸线保护等规划,为河湖管理与保护提供规划依据;实行河湖水域岸线、河道采砂、水能资源等河湖开发利用和保护分区管理,明确河湖开发利用和保护要求,完善河道等级划分,充分发挥河湖功能,有序推进河湖休养生息等。

(二) 开展河湖确权划界,推进河湖"蓝线"管理

进一步推进河湖管理范围、水利工程管理和保护范围确权划界工作,划定河湖管护"蓝线",严格"蓝线"范围内的项目建设和人类活动,切实保护河湖岸线资源和确保水利工程安全运行等。

(三) 研究推进河湖生态空间,统一确权登记和用途管制

按照党的十八届三中全会关于自然生态空间统一确权登记的精神,研究推进河湖生态空间统一确权登记,形成归属清晰、权责明确、监管有效的河湖资源资产产权制度。考虑到河湖资源资产产权制度极其复杂,建议按照健全国家自然资源资产产权制度的精神,在开展河湖管理范围、水利工程管理和保护范围确权划界工作基础上,先行开展水资源资产产权制度建设。当前的重点是积极稳妥地推进水资源资产评估、确权登记、资产有偿使用、资产流转、资产审计、用途管制等制度建设,确立水行政主管部门在水资源资产管理中的主体地位,为赢得在相关体制改革中更多的话语权和主动权打好基础。

(四) 加强相关法规建设

目前,交通、铁路、渔业等其他领域非常强调通过法律法规建设,使相关权属管理制度规范化、法制化。如近年来,有关部门已经推动制定出台了《航道法》(2014 年)、《公路安全保护条例》(2011 年)、《铁路安全管理条例》

(2013年)等法律、法规，对航道保护范围划定、航道内采砂、公路桥梁跨越的河道上下游采砂、铁路桥梁跨越处河道上下游采砂等河湖权属管理进行了规定。相比之下，水行政主管部门作为河湖主管机关，却主要依据1988年的《河道管理条例》等作为河湖权属管理依据，相关法规建设比较滞后。为了适应河湖管理的新形势和新要求，有必要加快河湖管理相关法规制定或修订工作。从河湖权属管理制度的完善角度看，当前法规建设的重点包括如下方面：

1. 修订《河道管理条例》

要对河道工程确权划界进行规定，明确河道管理范围内土地与河道管理单位之间的关系；要将沙洲纳入河道管理范围，对沙洲的开发利用进行规定；要明确规定河湖水域管理制度和岸线开发利用制度，实行占用水域补偿制度等。

2. 研究制定《湖泊保护条例》

要进一步完善湖泊管理体制和机制；完善湖泊保护规划制度，促进湖泊功能协调发展；完善湖泊水资源管理制度，统筹各类需求，促进湖泊水资源合理利用与有效保护；完善湖泊水域、岸线利用与保护制度，统筹经济社会发展与湖泊保护要求；完善湖泊水生态保护制度，维护湖泊生态系统稳定，保证湖泊健康等。

3. 研究制定《水功能区管理条例》

考虑到水功能区法规需求的迫切性，当前可推动与环境保护部、国家发展改革委员会共同制定部门联合规章《水功能区监督管理办法》。水功能区监督管理立法要以解决当前水功能区监督管理中存在的突出问题为重点，明确流域管理机构和地方水行政主管部门的水功能区分级监督管理权限，确定不同水功能区的分类管理要求，将水功能区作为水行政主管部门涉水管理的重要平台，将入河排污口作为水资源保护和水污染防治的重要结合点，强化水功能区和入河排污口监督管理对水资源保护和水污染防治的倒逼作用。

4. 制定《河道采砂管理条例》

要理顺河道采砂管理体制，明确水行政主管部门和矿产资源主管部门之间的职责划分；突出河道采砂规划的地位和作用，将其作为河道砂石资源开发、利用和管理的基本依据，统筹防洪安全与砂石资源利用、流域与区域等的关系；对河道采砂许可等管理行为予以规范，如参考《长江河道采砂管理条例》的做法，对于河道采砂，应当交纳河道砂石资源费，不再交纳河道采砂管理费和矿产资源补偿费等。

5. 其他法规建设

包括研究制定水工程管理和保护范围、防洪工程设施管理和保护范围、水库大坝管理和保护范围划定方面的法规或标准;并在其他法律法规制定中充分考虑河湖管理需要,注意将与河湖管理有关的内容纳入其中,丰富和完善河湖管理制度。

第二部分

水利法治

水资源法律制度现状*

一、水资源概述

（一）水资源的含义

水是生存之本、文明之源、生态之要。地球上的水分布在海洋、冰川、雪山、湖泊、沼泽、河流、大气、生物体、土壤和地层中，它们相互作用并不断交换，形成一个完整的水系统。全球总水量的97.5%是咸水，而能参与全球水循环、在陆地上逐年可以得到恢复和更新的淡水资源，数量仅为全球水储量的0.2%。这部分淡水与人类的关系最密切，且具有经济利用价值。这部分陆地上可供人们使用的淡水就是通常所说的水资源，一般包括地表水和地下水。地表水主要有河流和湖泊水，由大气降水、冰川融水和地下水补给，经河川径流、水面蒸发、土壤入渗的形式排泄；地下水为储存于地下含水层的水量，由降水和地表水的下渗补给，以河川径流、潜水蒸发、地下潜流的形式排泄。① 考虑到地表水与地下水之间互相联系且相互转化，不能分割管理，必须加强统一配置、管理和保护。我国《水法》明确规定："本法所称水资源，包括地表水和地下水。"值得注意的是，为了缓解水资源短缺，近年来世界各国越来越重视非传统水资源的开发利用。这些非传统水资源包括雨水、洪水、经过再生处理的废污水、淡化后的海水、空中水等。

（二）我国水资源的特点

水资源是基础性的自然资源和战略性的经济资源，是生态环境的控制性要素，在国民经济和国家安全中具有重要的战略地位。我国是一个干旱缺水严重的国家。与其他自然资源相比，我国的水资源具有以下几个特征：

（1）水资源总量丰富，但人均水资源严重匮乏。我国的淡水资源总量为28 000亿立方米，占全球水资源的6%，名列世界第四位。但是，我国的人均

---

* 本文作者为陈金木、吴强。原文收入农业部人事劳动司、农业部产业政策与法规司、农业部管理干部学院编：《农业领导干部学法用法读本》（第三版），法律出版社2015年版。

① 参见黄建初主编：《中华人民共和国水法释义》，法律出版社2003年版。

水资源量只有2 300立方米,仅为世界平均水平的1/4,在世界上名列第121位,是全球人均水资源最贫乏的国家之一。扣除难以利用的洪水径流和散布在偏远地区的地下水资源后,我国现实可利用的淡水资源量则更少,仅为11 000亿立方米左右,人均可利用水资源量仅约为900立方米。

(2)地区分布不均,水土资源组合不平衡。长江流域及其以南地区,水资源约占全国水资源总量的80%,但耕地面积只为全国的36%左右;黄、淮、海流域,水资源只有全国的8%,而耕地则占全国的40%。

(3)年内分配不均,年际变化大,连丰、连枯年份比较突出。我国大部分地区冬春少雨,夏秋雨量充沛,降水量大都集中在5—9月,占全年雨量的70%以上,且多暴雨。黄河和松花江等河流,近70年来还出现连续11—13年的枯水年和7—9年的丰水年。

(三)水资源法律制度的调整对象

水资源法律制度的调整对象是开发、利用、节约、保护、管理水资源的各种行为。对于这些行为,目前尚无统一界定。按照通常理解,开发水资源是通过各种工程措施(如兴建水坝、建设取水设施等)对水资源进行的一种活动,以达到利用水资源的目的。利用水资源是指通过抽取、灌溉、航运、发电、养殖等途径,将特定质量和数量的水资源用作不同的用途,以满足人类饮用、工农业生产、生态系统的维护等不同的需求,实现水资源的经济、社会和生态环境价值,包括消耗性利用和非消耗性利用两种。节约水资源是通过各种工程措施和非工程措施,减少用水过程中的损失和浪费,提高水资源的使用效率。保护水资源是通过各种工程措施和非工程措施,防止水污染与水量枯竭,避免对水资源造成损害。管理水资源是对开发、利用、节约、保护水资源活动的动态管理以及对水资源的权属管理等。

水资源法律制度的内容体现为对各种开发、利用、节约、保护、管理水资源行为进行调整和规范过程中形成的各种法律制度。目前我国水资源法律制度的基本体系是:以水资源管理体制为支撑,以水资源权属制度为基础,涵盖水资源规划制度、水资源配置与调度制度、水资源开发利用制度、水资源节约制度、水资源保护制度、地下水管理与保护制度等在内的较为系统的有机整体。

(四)水资源管理体制

目前,我国实行流域管理与行政区域管理相结合、统一管理与分级管理相结合的水资源管理体制。

1. 流域管理与行政区域管理相结合的水资源管理体制

我国《水法》明确规定实行流域管理与行政区域管理相结合的水资源管理体制。目前我国已经针对长江、黄河、淮河、海河、珠江、松辽、太湖等国家确定的重要江河、湖泊建立了流域管理机构,其职能也由最初的负责规划编制、组织重大工程建设等比较单一的职能,发展到组织流域规划编制、负责控制性和跨省水利工程的建设与管理、负责流域水资源的统一管理和调配、水位、流量、水质监测、制订流域防洪方案以及省际水事纠纷调处等比较综合的职能。

2. 水行政主管部门统一管理与分级管理相结合的水资源管理体制

依据《水法》的规定,国务院水行政主管部门负责全国水资源的统一管理和监督工作,包括对水资源实行统一规划、统一配置、统一调度、统一实行取水许可制度和水资源有偿使用制度等;县级以上地方人民政府水行政主管部门依法负责本行政区域内水资源的统一管理工作。

3. 其他有关部门按照职责分工负责水资源开发、利用、节约和保护的有关工作

依据《水法》的规定,国务院有关部门按照职责分工,负责水资源开发、利用、节约和保护的有关工作。县级以上地方人民政府有关部门按照职责分工,负责本行政区域内水资源开发、利用、节约和保护的有关工作。

二、水资源权属制度

水资源权属制度是水资源所有权和因占有、使用水资源而产生的各种相关财产权益(如取水权)的统称。水资源权属制度的建立和完善是制定各种水事法律规范、设定水事法律关系中权利义务关系的基础。目前我国水资源权属制度的主要内容为:

(一)水资源属于国家所有

按照我国《宪法》第9条的规定:“矿藏、水流、森林、山岭、草原、荒地、滩涂等自然资源,都属于国家所有,即全民所有。”《水法》据此进一步规定:“水资源属于国家所有。水资源的所有权由国务院代表国家行使。农村集体经济组织的水塘和由农村集体经济组织修建管理的水库中的水,归各该农村集体组织使用。”

(二)作为水资源使用权的一种,依法取得的取水权受法律保护

按照《水法》和《取水许可和水资源费征收管理条例》的规定,直接从江

河、湖泊或者地下取用水资源的单位和个人,除了家庭生活和零星散养、圈养畜禽饮用等少量取水之外,均应当依法向水行政主管部门或者流域管理机构申领取水许可证,并交纳水资源费,取得取水权。依法获得取水权的单位或者个人,通过调整产品和产业结构,改革工艺、节水等措施节约水资源的,在取水许可的有效期和取水限额内,经原审批机关批准,可以依法有偿转让其节约的水资源,并到原审批机关办理取水权变更手续。

(三) 依法取得的其他水资源使用权

除了取水权之外,水资源的使用权还包括养殖使用权、发电使用权、航运使用权、水上娱乐使用权等。这些权利的取得及其内容,主要由《渔业法》《中华人民共和国电力法》《国内水路运输管理条例》等法律、法规进行规定。

三、水资源规划制度

水资源规划法律制度是与水资源规划制定权限、制定程序、规划的效力与实施等有关的法律制度的总称。目前我国水资源规划制度的主要内容为:

(一) 水资源规划的体系

我国水资源规划的体系包括国家规划、流域规划和区域规划。国家规划是指全国水资源战略规划;流域规划包括流域综合规划和流域专业规划;区域规划包括区域综合规划和区域专业规划。其中,综合规划是指根据经济社会发展需要和水资源开发利用现状编制的开发、利用、节约、保护水资源和防治水害的总体部署;专业规划则是指防洪、治涝、灌溉、航运、供水、水力发电、竹木流放、渔业、水资源保护、水土保持、防沙治沙、节约用水等规划。流域范围内的区域规划应当服从流域规划,专业规划应当服从综合规划。

(二) 水资源规划的编制

国家确定的重要江河、湖泊的流域综合规划,由国务院水行政主管部门会同国务院有关部门和有关省、自治区、直辖市人民政府编制,报国务院批准。跨省、自治区、直辖市的其他江河、湖泊的流域综合规划和区域综合规划,由有关流域管理机构会同江河、湖泊所在地的省、自治区、直辖市人民政府水行政主管部门和有关部门编制,分别经有关省、自治区、直辖市人民政府审查提出意见后,报国务院水行政主管部门审核;国务院水行政主管部门征求国务院有关部门意见后,报国务院或者其授权的部门批准。其他江河、湖泊的流域综合规划和区域综合规划,由县级以上地方人民政府水行政主管部门会同同级有关部门和有关地方人民政府编制,报本级人民政府或者其授权的部门批准,并报上一级水行政主管部门备案。专业规划由县级以上人民政府有关部门编制,征求同级其他有关部门意见后,报本级人民政府批准。其中,防洪规划、水土保持规划的编制、批准,依照《防洪法》《水土保持法》的有关规定执行。

(三) 水资源规划的效力和修订

水资源规划一经批准,必须严格执行。经批准的规划需要修改时,必须按照规划编制程序经原批准机关批准。

四、水资源配置与调度制度

水资源配置与调度制度是与水资源配置和水资源调度有关的法律制度的总称。目前,我国的水资源配置与调度制度主要体现为水资源宏观调配(通过制定和执行跨流域、跨省、跨市、跨县的水中长期供求规划来实现)制度、水量分配制度和水量调度制度等。下面对水量分配制度和水量调度制度进行重点分析。

(一) 水量分配制度

水量分配制度是指在一个流域内,根据流域内各行政区域的用水现状、地理、气候、水资源条件、人口、土地、经济结构、经济发展水平、用水效率、管理水平等各项因素,将水资源可利用总量或者可分配的水量向行政区域进行逐级分配,确定各行政区域生活、生产可消耗的水量份额或者取用水水量份额,形成水量分配方案的制度。按照我国的法律规定,调蓄径流和分配水量,应当依据流域规划和水中长期供求规划,以流域为单元制订水量分配方案。跨省、自治区、直辖市的水量分配方案由流域管理机构商有关省、自治区、直辖市人民政府制订,报国务院或者其授权的部门批准后执行;其他跨行政区域的水量分配方案由共同的上一级人民政府水行政主管部门商有关地方人民政府制订,报本级人民政府批准后执行。黄河是我国七大江河中第一个制订并实施水量分配方案的流域。除了黄河之外,国务院已经批复了永定河干流水量分配方案、漳河水量分配方案,并授权水利部批复了大凌河水量分配方案,广东省、江西省、陕西省等部分省份主要江河的水量分配方案相继经省人民政府批复实施,等等。

(二) 水量调度制度

按照《水法》规定,县级以上地方人民政府水行政主管部门或者流域管理机构应当根据批准的水量分配方案和年度预测来水量,制订年度水量分配方案和调度计划,实施水量统一调度;有关地方人民政府必须服从。目前黄河、黑河干流、陕西省渭河等已经实施了水量统一调度制度,并由《黄河水量调度条例》《黑河干流水量调度管理办法》《陕西省渭河水量调度办法》等法规、规章予以明确规定。跨流域的水量调度,也称跨流域调水。我国的跨流域调水工程众多,包括南水北调、引滦入津、引滦入唐、引黄济青、引黄入晋、东北的北水南调工程、引江济太等。应急情况下的水量调度,是指发生严重干旱、重大水污染、重大工程事故等应急事件后实施的水量调度。按照《中华人民共和国抗旱条例》的规定,发生干旱灾害,县级以上人民政府防汛抗旱指挥机构或者流域防汛抗旱指挥机构可以按照批准的抗旱预案,制订应急水量调度实施方案,统一调度辖区内的水库、水电站、闸坝、湖泊等所蓄的水量;有关地方人民政府、单位和个人必须服从统一调度和指挥,严格执行调度指令。

五、水资源开发利用制度

水资源开发利用制度是对开发、利用水资源进行调整和规范的各种法律制度的总称。在目前的水法律法规中,与水资源开发利用有关的制度主要包括取水许可制度、建设项目水资源论证制度、水资源有偿使用制度等。

(一)取水许可制度

取水许可制度是国家基于水资源的所有者和管理者的双重身份,授权水行政主管部门或者流域管理机构代表国家,对直接从江河、湖泊或者地下取用水资源的单位和个人进行审查,许可其取水的一项制度。根据《水法》和《取水许可和水资源费征收管理条例》的规定,直接从江河、湖泊或地下取用水资源的单位和个人,除了五种法定情形外,都应当申领取水许可证,并按照规定的时间、地点、数量等要求取用水。这五种法定情形是:

(1)农村集体经济组织及其成员使用本集体经济组织的水塘、水库中的水的。

(2)家庭生活和零星散养、圈养畜禽饮用等少量取水的。

(3)为保障矿井等地下工程施工安全和生产安全必须进行临时应急取(排)水的。

(4)为消除对公共安全或者公共利益的危害临时应急取水的。

(5)为农业抗旱和维护生态与环境必须临时应急取水的。取水许可申请由流域管理机构或者县级以上地方人民政府水行政主管部门进行审批。

取水许可证有效期限一般为5年,最长不超过10年。有效期届满,可以依法办理延续手续。

(二) 建设项目水资源论证制度

对于直接从江河、湖泊或地下取水并需申请取水许可证的新建、改建、扩建的建设项目,业主单位应当依法进行建设项目水资源论证,编制建设项目水资源论证报告书。建设项目水资源论证报告书,应当包括建设项目概况、取水水源论证、用水合理性论证、退(排)水情况及其对水环境影响分析、对其他用水户权益的影响分析以及其他事项。从事建设项目水资源论证工作的单位,必须取得相应的建设项目水资源论证资质,并在资质等级许可的范围内开展工作。

(三) 水资源有偿使用制度

水资源有偿使用制度是国家基于水资源的所有者和管理者的双重身份,为实现所有者权益,保障水资源的可持续利用,对直接取用江河、湖泊或者地下水资源的单位和个人征收水资源费的一种制度。根据《水法》和《取水许可和水资源费征收管理条例》的规定,取水单位或者个人应当依法交纳水资源费。取水单位或者个人超计划或者超定额取水的,对超计划或者超定额部分累进收取水资源费。水资源费由取水审批机关负责征收;其中,流域管理机构审批的,水资源费由取水口所在地省、自治区、直辖市人民政府水行政主管部门代为征收。

六、水资源节约制度

水资源节约制度是指与节约水资源、提高水资源使用效率有关的法律制度的总称。目前我国的水资源节约制度主要包括:

(一) 用水总量控制与定额管理相结合的制度

我国对用水实行总量控制和定额管理相结合的制度。总量控制是水资源管理的宏观控制指标,目前我国主要通过取水许可管理来实施用水总量控制制度。按照《取水许可和水资源费征收管理条例》的规定,流域内批准取水的总耗水量不得超过本流域水资源可利用量;行政区域内批准取水的总水量,不得超过流域管理机构或者上一级水行政主管部门下达的可供本行政区域取用的水量。其中,批准取用地下水的总水量,不得超过本行政区域地下水可开采量,并应当符合地下水开发利用规划的要求。定额管理是水资源管理的微观控制指标,是确定水资源宏观控制指标总量控制的基础。

(二)用水计量与水费收缴制度

《水法》明确规定,用水应当计量,并按照批准的用水计划用水。用水实行计量收费和超定额累进加价制度。按照《水利工程供水价格管理办法》的规定,水利工程供水逐步推行基本水价和计量水价相结合的两部制水价。各类用水均应实行定额管理,超定额用水实行累进加价。供水水源受季节影响较大的水利工程,供水价格可实行丰枯季节水价或季节浮动价格。

(三)工业、农业和城市用水节约制度

工业用水节约方面,要求工业用水应当采用先进技术、工艺和设备,增加循环用水次数,提高水的重复利用率;国家逐步淘汰落后的、耗水量高的工艺、设备和产品。农业用水节约方面,要求各级人民政府应当推行节水灌溉方式和节水技术,对农业蓄水、输水工程采取必要的防渗漏措施,提高农业用水效率。城市用水节约方面,要求城市人民政府应当因地制宜采取有效措施,推广节水型生活用水器具,降低城市供水管网漏失率,提高生活用水效率;加强城市污水集中处理,鼓励使用再生水,提高污水再生利用率。

(四)节水设施"三同时"制度

新建、扩建、改建建设项目,应当制订节水措施方案,配套建设节水设施。节水设施应当与主体工程同时设计、同时施工、同时投产。

七、水资源保护制度

水资源保护制度是指与保护水资源、防止水源枯竭或者水污染有关的法律制度的总称。目前我国的水资源保护制度主要包括水功能区制度、饮用水水源保护制度、入河排污口管理制度、地下水保护制度以及其他有关的水污染防治制度等。下面重点对前三种制度进行分析。

(一)水功能区制度

县级以上人民政府水行政主管部门或者流域管理机构应当依法会同有关部门拟订江河、湖泊的水功能区划,报有关人民政府或者其授权的部门批准。水功能区分为水功能一级区和水功能二级区。水功能一级区分为保护区、缓冲区、开发利用区和保留区四类。水功能二级区在水功能一级区划定的开发利用区中划分,分为饮用水源区、工业用水区、农业用水区、渔业用水区、景观娱乐用水区、过渡区和排污控制区七类。县级以上人民政府水行政

主管部门或者流域管理机构应当按照水功能区对水质的要求和水体的自然净化能力,核定该水域的纳污能力,向环境保护行政主管部门提出该水域的限制排污总量意见。县级以上地方人民政府水行政主管部门和流域管理机构,应当对水功能区的水质状况进行监测,发现重点污染物排放总量超过控制指标的,或者水功能区的水质未达到水域使用功能对水质的要求的,应当及时报告有关人民政府采取治理措施,并向环境保护行政主管部门通报。

(二) 饮用水水源保护区制度

省、自治区、直辖市人民政府应当划定饮用水水源保护区,并采取措施,防止水源枯竭和水体污染,保证城乡居民饮用水安全。饮用水水源保护区分为一级保护区和二级保护区;必要时,可以在饮用水水源保护区外围划定一定的区域作为准保护区。在饮用水水源保护区内,禁止设置排污口。在饮用水水源保护区内,还应当遵守《水污染防治法》有关禁止或者限制可能污染饮用水水体活动的规定。

(三) 入河排污口管理制度

在江河、湖泊新建、改建或者扩大排污口,应当经过有管辖权的水行政主管部门或者流域管理机构的同意,由环境保护行政主管部门负责对该建设项目的环境影响报告书进行审批。

八、贯彻实施水资源法律制度应注意的问题

(一) 以“节水优先、空间均衡、系统治理、两手发力”的新时期水利工作方针为指引,实行最严格的水资源管理制度

2011 年,中共中央、国务院发布了《关于加快水利改革发展的决定》(即 2011 年中央一号文件),明确要求实行最严格的水资源管理制度,包括确立“三条红线”——水资源开发利用控制红线、用水效率控制红线、水功能区限制纳污红线,建立“四项制度”——用水总量控制制度、用水效率控制制度、水功能区限制纳污制度、水资源管理责任和考核制度。2012 年,国务院出台《关于实行最严格水资源管理制度的意见》,明确了实行最严格水资源管理制度的主要目标是:确立水资源开发利用控制红线,到 2030 年全国用水总量控制在 7 000 亿立方米以内;确立用水效率控制红线,到 2030 年用水效率达到或接近世界先进水平,万元工业增加值用水量(以 2000 年不变价计)降低到 40 立方米以下,农田灌溉水有效利用系数提高到 0.6 以上;确立水功能区限制纳污红线,到 2030 年主要污染物入河湖总量控制在水功能区纳污能力

范围之内,水功能区水质达标率提高到95%以上。2014年3月,习近平总书记在听取水安全汇报时提出了“节水优先、空间均衡、系统治理、两手发力”的新时期水利工作方针,为强化水治理、保障水安全指明了方向,是做好水资源管理工作的科学指南。在贯彻实施水资源法律制度时,应当自觉以“节水优先、空间均衡、系统治理、两手发力”的新时期水利工作方针为指引,努力推进最严格水资源管理制度的施行。

(二) 以流域水资源统一管理和区域水务一体化管理为方向,推进水资源管理体制机制改革

(1) 要强化城乡水资源统一管理,对城乡供水、水资源综合利用、水环境治理和防洪排涝等实行统筹规划、协调实施,促进水资源优化配置。

(2) 要进一步完善流域管理与区域管理相结合的水资源管理制度,建立事权清晰、分工明确、行为规范、运转协调的水资源管理工作机制。

(3) 要进一步完善水资源保护和水污染防治协调机制。

(三) 以加强立法和执法监督为保障,规范水资源管理行为

(1) 要加强水资源管理法规标准体系建设。需要抓紧开展节约用水管理、地下水资源管理、水资源保护和规划水资源论证管理等方面的立法工作,建立适合我国国情和水情的较为完备的水资源管理法规体系。尽快制定当前亟须的水资源保护、地下水管理等标准,进一步完善水资源管理技术标准体系。

(2) 要强化监督管理。严格执行已有的涉水法规,规范行政行为,重点加强取水许可和水资源费征收使用、节水管理、入河排污口审批等制度落实情况的专项检查,严厉查处违法取用水、破坏水资源等行为,做到有法必依、执法必严和违法必究。

实行最严格水资源管理制度的立法对策*

实行最严格的水资源管理制度,亟待强化水资源管理立法。本文在梳理水资源管理立法现状和存在问题的基础上,分析比较了水资源管理立法的两种路径,建议抓紧开展《水资源管理条例》的立法工作,并对其定位和需要确立的关键制度进行了分析。

一、实行最严格水资源管理制度亟待加强立法

实行最严格的水资源管理制度是党中央、国务院的战略决策部署,也是当前水利工作的重中之重。实行最严格水资源管理制度的核心,是划定水资源开发利用控制红线、用水效率控制红线、水功能区限制纳污控制红线等"三条红线",并通过用水总量控制制度、用水效率控制制度、水功能区限制纳污制度、水资源管理责任和考核制度等"四项制度",推进三条红线控制指标的落实。从法律制度建设角度上看,实行最严格水资源管理制度,尚需要进一步理清各级政府之间、部门之间、流域与区域之间以及水行政主管部门与社会公众之间的权利义务关系:

1. 上下级政府之间

需要在三条红线控制指标的划定、实施以及考核等问题上进一步明确责权划分。

2. 部门之间

水行政主管部门是水资源管理的主管部门,但在城市再生水、雨水、矿井水、淡化海水等非常规水资源的管理问题上,尚需要与建设、海洋等部门进一步理顺管理体制。

3. 流域与区域之间

需要在水资源配置与调度、水资源论证、地下水管理、水功能区管理、水生态补偿以及水资源管理责任和考核等问题上进一步明确责权划分,流域管理与行政区域管理相结合的水资源管理体制有待进一步建立健全。

---

* 本文作者为陈金木、梁迎修。原文发表在《人民黄河》2014 年第 1 期。

4. 水行政主管部门与社会公众之间

围绕地下水管理与保护、水资源调度、水权制度建设、节约用水、水功能区管理、饮用水水源地管理等水利社会管理问题，尚需要尽快明确水利部门的管理职责、权限以及管理相对人（社会公众）的权利义务，赋予水行政主管部门在行政处罚、行政强制措施等方面的手段和界限。要解决这些利益主体之间的权限划分，强化水资源方面的社会管理，除了采取行政、经济措施之外，亟待按照“依法行政”“依法治水”的要求，强化水资源管理立法。

《中共中央 国务院关于加快水利改革发展的决定》明确提出要“建立健全水法规体系，抓紧完善水资源配置、节约保护、防汛抗旱、农村水利、水土保持、流域管理等领域的法律法规”。《国务院关于实行最严格水资源管理制度的意见》也明确要求，要“抓紧完善水资源配置、节约、保护和管理等方面的政策法规体系”。这为强化水资源管理立法提供了直接的政策依据。

二、水资源管理立法现状与存在的问题

目前《水法》已经确立了水资源开发、利用、节约、保护等基本制度；《取水许可和水资源费征收管理条例》在取水许可和水资源费征收管理方面对《水法》进行了细化，极大地推进了取水许可和水资源费征收的有关工作；《中华人民共和国水文条例》（以下简称《水文条例》）《中华人民共和国抗旱条例》（以下简称《抗旱条例》）《黄河水量调度条例》《太湖流域管理条例》等行政法规，对水文管理、抗旱应急调度、黄河水量调度以及太湖流域的水资源管理等进行了规定，成为水资源管理立法的重要组成部分。《建设项目水资源论证管理办法》《水量分配暂行办法》《三峡水库调度和库区水资源与河道管理办法》《黑河干流水量调度管理办法》等部门规章以及《水功能区管理办法》等规范性文件，对建设项目水资源论证、水量分配以及三峡水库调度和库区水资源、黑河干流的水量调度、水功能区管理等进行了规定，成为水资源管理立法的重要补充。

总体上看，现有水法律法规为加强水资源管理提供了重要的法律依据，但与实行最严格水资源管理制度的立法需求相比还存在不足：

（1）规划水资源论证、地下水管理与保护、非常规水资源管理、饮用水水源地管理、水生态补偿、水资源管理责任和考核等领域尚存在着立法空白。

（2）《水法》中确立的流域管理与行政区域管理相结合的水资源管理体制、水权管理、水功能区管理、水资源调度、节约用水管理、地下水管理等制度，尚需要抓紧开展相关配套立法。

(3) 由水利部颁行的《水功能区管理办法》等,法律效力层级低,适用范围有限,亟待上升到行政法规层面上予以规定。

三、推进水资源管理立法的路径选择

按照实行最严格水资源管理制度的要求推进水资源管理立法,有两种路径可供选择。

(一) 路径1:“分领域分别制定法规”路径

即区分水资源论证、节约用水、地下水管理与保护、水功能区管理、城市水源地管理与保护、城市污水处理回用等水资源管理的不同领域,分别推进相关行政法规的立法工作。目前有关部门正在组织开展水功能区管理条例、水资源论证管理条例、节约用水条例、地下水管理条例、城市污水处理回用条例、城市水源地管理与保护条例、水资源保护条例等行政法规的立法前期研究,采取的就是此种路径。

(二) 路径2:“综合性法规+配套性部门规章”路径

一方面,按照实行最严格水资源管理制度的要求和开展《水法》配套立法的要求,抓紧研究出台水资源管理领域的综合性法规——“水资源管理条例”,由国务院在行政法规层面上确立规划水资源论证、水功能区管理、地下水管理与保护、节约用水、水资源调度、非常规水资源管理、饮用水水源地管理、水生态补偿、水资源管理责任和考核等水资源管理与保护的基本制度,满足最严格水资源管理制度的基本立法需求;另一方面,依据“水资源管理条例”所确立的基本制度,由水利部在部门规章层面上进一步开展配套性法律制度建设。

(三) 两种路径各有的优缺点

路径1的优点在于,各单行法规均属于对水资源管理具体领域的规定,更具有针对性和可操作性。但路径1也存在着明显的不足。首先,考虑到国务院立法资源的有限性,以及这些条例在立法领域上的单一性,要同时在水资源管理领域推动出台六部至七部行政法规,绝非短时期内所能奏效。《取水许可和水资源费征收管理条例》立法过程的艰难就可见一斑。其次,更为重要的是,除了这些领域之外,水资源管理工作中还存在一些非常重要的问题,如非常规水资源利用、水生态补偿、水资源管理责任与考核等,也亟待在行政法规层面上予以立法,而路径1显然无法满足此种要求。

路径2的优点在于，可以尽快由国务院在行政法规层面上确立最严格水资源管理的各项基本制度，从而既可以“一揽子”满足最严格水资源管理制度的立法需求，又可以为水利部开展相关配套规章建设提供上位法依据。当然，路径2也存在一定的缺点，如一些制度规定可能比较宏观，可操作性可能存在一定的缺陷等。但这些缺陷可以通过由水利部出台配套规章等方式予以弥补。

综合比较，路径2综合考虑了水资源管理的立法需求与立法资源的有限性，较为合理可行。当然，路径2的选择，并不排除路径1的合理性。因此，建议抓紧研究制定《水资源管理条例》，并适时开展其他行政法规和配套规章的建设。

四、《水资源管理条例》的定位和需要规定的关键制度

《水资源管理条例》（以下简称《条例》）的基本定位为：《水法》在水资源管理领域的综合性配套法规，全面反映最严格水资源管理制度的立法需求，对“三条红线、四项制度”进行系统规定，对流域管理与行政区域管理相结合的水资源管理体制以及水功能区管理、饮用水水源地管理、节约用水管理等《水法》中规定的制度进行细化和补充，对规划水资源论证、地下水管理与保护、非常规水资源管理、水生态补偿等制度在行政法规层面上予以确立，为水利部进一步开展水资源管理配套规章建设提供支撑。

按照上述定位，《条例》与《水法》《取水许可和水资源费征收管理条例》等法律法规的关系为：首先，《水法》是《条例》的上位法，《条例》是《水法》的细化和补充，属于《水法》的配套性法规。其次，鉴于《取水许可和水资源费征收管理条例》已经对取水许可和水资源费征收进行了详细规定，《条例》只需简要提及即可。为此，《条例》将作为水资源管理领域的一般法，《取水许可和水资源费征收管理条例》等将作为水资源管理领域的特别法，二者相辅相成，相得益彰。

建议《条例》就如下关键制度作出规定：

1. 完善流域管理与行政区域管理相结合的水资源管理体制

明确规定流域管理机构和区域水行政主管部门之间在流域用水总量控制、规划水资源论证、水资源调度、地下水管理与保护、水功能区管理、水生态补偿、水资源管理责任和考核等方面的责权划分。

2. 建立健全水资源统一管理制度

进一步明晰水行政、建设、国土资源、海洋等部门在水资源管理方面的事

权,将城市再生水、雨水、矿井水、淡化海水等非常规水资源纳入水资源统一管理范畴。

3. 推进《水法》在行政法规层面的制度建设

通过对《水法》规定的水资源管理和保护制度在行政法规层面上的细化和补充,进一步确立水功能区管理、饮用水水源地管理、节约用水管理中的重要制度。其中,水功能区管理应当包括水功能区的划定与调整、水功能区水域的水量控制和纳污控制目标、水功能区管理措施(包括水量保护措施、水质保护措施以及缓冲区、保护区的特殊管理措施等)、水功能区管理的监测和考核制度等。饮用水水源地管理应当包括饮用水水源地工程建设管理、饮用水水源地污染防治、水量和水质监测、应急管理等。节约用水管理应当包括节水管理体制、计划用水管理(包括节水指标的下达与调整等)、水权管理、超定额与超计划累进加价收费制度、水平衡测试制度、高耗水产业限制制度、节水监督与管理制度等。

4. 在行政法规层面落实最严格水资源管理制度的各项要求

按照实行最严格水资源管理制度的立法需求,在行政法规层面上确立三条红线划定以及规划水资源论证、地下水管理与保护、非常规水资源管理、水生态补偿、水资源管理责任和考核等基本制度。其中,三条红线划定制度应当包括流域、区域不同层级的红线划定与调整主体、程序;规划水资源论证制度应当包括需要开展水资源论证的规划类型、规划水资源论证主体、程序以及规划水资源论证单位的资质管理等;地下水管理与保护制度应当包括地下水规划、地下水调查评价、地下水开发利用的分区管理制度(开采潜力区、采补平衡区、一般超采区、严重超采区)、凿井管理制度、地下水保护制度、地下水监测与预警制度等;非常规水资源管理制度应当包括城市再生水、雨水、矿井水、淡化海水等与常规水资源的统筹配置、调度以及相关工程建设与管理制度等;水生态补偿制度,应当包括与水有关的生态补偿主体、对象、补偿标准、补偿程序等;水资源管理责任和考核制度应当包括水资源管理责任主体、考核主体、考核程序、考核结果处理等。

5. 水资源的社会管理

按照强化水利社会管理的要求,建立健全水资源社会管理制度。规定社会公众在水资源开发、利用、节约、保护方面的权利义务,赋予水行政主管部门在行政处罚、行政强制措施等方面的手段和界限。

推进生态文明建设 水资源管理立法亟待先行*

法律是国家意志的体现,是实行最严格水资源管理制度和建设生态文明的重要保障。经过多年的法制建设,我国已初步构建以《水法》为核心的水资源管理法规体系,为实行最严格水资源管理制度和推进生态文明建设提供了支撑。其中,《水法》确立了水资源开发、利用、节约、保护等基本制度,《水污染防治法》确立了水污染防治的主要制度;《取水许可和水资源费征收管理条例》《水文条例》《淮河流域水污染防治暂行条例》《黄河水量调度条例》《太湖流域管理条例》等行政法规,《建设项目水资源论证管理办法》《水量分配暂行办法》《黑河干流水量调度管理办法》等部门规章,以及《水功能区管理办法》等规范性文件,确立了相关领域或流域的取水许可、水文管理、水量调度等水资源管理制度,成为水资源管理立法的重要组成部分。

当前,我国水危机仍很严重,水资源短缺、水污染严重、水生态破坏仍是生态文明建设的明显短板。从本质上看,我国的水危机已不单纯是水的问题,而是由"自然—人—水—人"这一结构链所形成的社会问题:人多水少、水资源时空分布不均的自然因素和最严格水资源管理制度尚未有效落实的人为因素相互叠加,造成水资源、水环境和水生态的破坏,进而对人类自身造成严重危害。在此过程中,规划水资源论证、地下水管理与保护、水资源调度、节约用水管理、水生态补偿等领域的制度缺位,跨行政区与跨部门之间未形成高效的协调合作机制,以及公众参与不足,成为问题的症结所在。显然,要在深层次上解决我国的水危机,推进生态文明建设,尚需要强化水资源管理立法,使各有关主体能够在公平合理的制度框架下采取行动。

从实行最严格水资源管理制度和推进生态文明建设的内在法律需求上看,当前和今后一段时期,水资源管理立法应当抓住重点,有策略地推进。在立法重点上,需要抓紧完善规划水资源论证、地下水管理与保护、饮用水水源地管理、水功能区管理、水资源调度、节约用水管理、非常规水资源管理、水生

---

* 本文作者为陈金木。原文公开发表在2013年3月22日《中国水利报》。

态补偿、水资源管理责任和考核等方面的制度,明确各级政府、各有关部门、用水单位、社会公众等主体的权利义务边界,并特别建立跨行政区与跨部门的协调合作机制。同时,提高法律的科学性、可操作性,并加强公众在立法和执法过程中的参与和监督。在立法策略上,由于立法资源有限,可考虑综合性立法和分领域的单项立法相结合,区分轻重缓急,在大力推进水资源管理综合性法规出台的同时,推进节约用水、水功能区管理、地下水管理等领域的单项立法。并采取“自上而下”和“自下而上”相结合的路径,在国家层面上推进相关法规建设,做好顶层设计,并由各地结合实际,先行探索开展相关水资源管理立法,这不仅可以及时满足各地的法律需求,而且可以因地制宜,积累经验。

关于推进流域立法的思考*

开展流域立法是推进流域管理的关键举措，也是完善我国流域管理与行政区域管理相结合的水资源管理体制的必然要求。目前流域立法已经取得了令人鼓舞的成效，同时也面临着一些突出问题。本文在梳理分析这些成效与问题的基础上，对流域立法中的一些关键问题予以思考，并对当前如何推进流域立法提出建议。

一、流域立法的发展过程及其成效

我国流域立法起步于20世纪80年代中后期。经过20多年的艰苦努力，几经曲折，取得了一定的成效。

（一）流域立法的发展过程

我国的流域立法始于20世纪80年代中后期。1988年1月，我国颁布了《水法》，规定"开发利用水资源和防治水害，应当按流域或者区域进行统一规划。规划分为综合规划和专业规划"，并对流域综合规划的编制进行了明确。这是首次在法律层面涉及流域管理问题。1988年6月，国务院颁行的《河道管理条例》，首次在行政法规中提出了长江、黄河、淮河、海河、珠江、松花江、辽河等大江大河的主要河段，跨省、自治区、直辖市的重要河段，省、自治区、直辖市之间的边界河道以及国境边界河道，由国家授权的江河流域机构实施管理。

20世纪90年代中期，加强流域管理已经成为普遍共识，而且被认为是加强涉水事务管理的主要手段。鉴于流域管理法律依据不足，流域立法被提上重要议事日程。1997年，在水利部主持下，由长江水利委员会（以下简称长委）牵头、多个流域机构共同成立的联合课题组开展了流域管理法前期研究，取得了不少研究成果，有些研究成果被及时吸收到当时正在制定的防洪法之中。1997年8月颁布的《防洪法》明确规定："国务院水行政主管部门在国家

---

* 本文作者为刘文、陈金木、王建平。原文首次印发在水利部发展研究中心《参阅报告》第137期（2009年11月2日）；公开发表在《经济要参》2010年第9期。

确定的重要江河、湖泊设立的流域管理机构,在所辖范围内行使法律、行政法规规定和国务院水行政主管部门授权的防洪协调和监督管理职能。"这不仅进一步强化了流域管理,而且使流域管理机构的法律地位、法律授权第一次有了正式的法律依据,流域管理的重要作用亦得到了广泛认可。在推动流域管理法研究的同时,《水法》修订是重要契机。经过各方努力,2002 年修订的《水法》,确立了流域管理与行政区域管理相结合的水资源管理体制,纳入了流域管理的基本原则,确立了流域管理的基本制度框架,有关流域管理的理念、体制、职责、原则得到了较为完整的表述。

针对特定流域的突出问题开展专门立法,是流域立法发展中突出的亮点和特点。这些流域专门立法,除了 1995 年施行的《淮河流域水污染防治暂行条例》、1999 年施行的《珠江河口管理办法》等少数法规和规章之外,大部分均颁布实施于 2002 年及其之后。包括 2002 年施行的《长江河道采砂管理条例》、2003 年公布并于 2010 年修改的《长江河道采砂管理条例实施办法》、2005 年施行的《黄河河口管理办法》、2006 年施行的《黄河水量调度条例》、2008 年施行的《三峡水库调度和库区水资源与河道管理办法》、2009 年施行的《黑河干流水量调度管理办法》《海河独流减河永定新河河口管理办法》等。这些法规和规章细化了《水法》确定的流域管理的基本制度,增加了针对性和可操作性,强化了流域管理。

除了国家层面的立法之外,有立法权的地方人大及其常委会和地方人民政府也针对流域管理颁发了地方性法规、地方政府规章。如《上海市黄浦江上游水资源保护条例》(1997 年)、《广东省东江西江北江韩江流域水资源管理条例》(2008 年)、《陕西省渭河水量调度办法》(2008 年)等。由于本文主要意旨在于对国家层面的流域立法进行回顾和展望,因此下文主要以国家层面的流域立法为基础展开分析。

(二)流域立法成效

经过多年的努力,流域立法取得了很大进展,收到了很大成效。体现在:

1. 与流域管理有关的法律、法规、规章及其他规范性文件初步形成体系

总体上看,目前流域立法主要有以下两部分:一是《水法》《防洪法》《水土保持法》《水污染防治法》《取水许可和水资源费征收管理条例》《中华人民共和国防汛条例》(以下简称《防汛条例》)、《水文条例》《抗旱条例》《水量分配暂行办法》《水资源费征收使用管理办法》等适用于全国范围的法律、法规、规章已经逐步纳入流域管理内容,并将流域管理作为相关水管理的重要组成部分;二是以《淮河流域水污染防治暂行条例》《长江河道采砂管理条

例》《黄河水量调度条例》三个行政法规以及《黄河河口管理办法》《珠江河口管理办法》《长江河道采砂管理条例实施办法》《三峡水库调度和库区水资源与河道管理办法》《黑河干流水量调度管理办法》《海河独流减河永定新河河口管理办法》等部门规章为代表的专项流域立法,解决了长江、黄河、淮河、珠江、海河等流域面临的紧迫性水管理问题。

2. 流域管理的突出问题基本有法可依

流域防洪抗旱、水资源管理及流域管理中的一些突出问题基本有法可依,极大推进了相关流域管理工作的开展

一是依据《防洪法》《防汛条例》《河道管理条例》《抗旱条例》等,流域机构在流域防洪抗旱方面的职责得到明确规定;二是依据《水法》《取水许可和水资源费征收管理条例》《水资源费征收管理办法》等,流域取水许可、水资源费征收、水资源论证等水资源管理基本有法可依;三是依据《长江河道采砂管理条例》《长江河道采砂管理实施办法》《黄河水量调度条例》《黄河河口管理办法》《珠江河口管理办法》《海河独流减河永定新河河口管理办法》等,长江的采砂管理、黄河的水量调度,以及黄河、珠江、海河独流减河永定新河的河口管理等突出问题也有法可依,体现了流域管理的权威,达到了流域管理的目的。

3.《太湖管理条例》等流域立法正在积极推进

经过多年努力,《太湖管理条例》(送审稿)已经由水利部正式上报给国务院。《太湖管理条例》(送审稿)从太湖流域经济社会可持续发展的高度,创新了流域管理体制、机制,强化了流域防洪和水资源的统一调度,确立了基于水功能区纳污能力的污染物排放总量控制制度,促进了水资源保护与水污染防治的有效衔接,细化了水域、岸线管理与保护,明确了水资源水环境监测,这是目前报送到国务院法制办的首部跨行政区域单一流域综合管理的立法法案,在流域综合管理方面迈出了重要步伐。积极推进《太湖管理条例》的及时出台,将在流域立法中树立起新的里程碑,对其他流域综合管理立法也将产生积极的示范、推动作用。

4. 流域立法项目储备初步形成,立法前期工作不断深化,立法后评估逐步开展

在流域立法项目储备方面,目前黄委、长委等流域机构制定了本流域的水法规体系建设规划。例如,黄委结合黄河流域治理需要,将黄河法、黄河防汛与河道管理条例、黄河流域水资源保护条例、黑河流域管理条例、黄河源区管理办法、东平湖管理办法、黑河下游滩区蓄滞洪区运用补偿管理办法等作

为立法优先项目;长委结合长江治江需要,将长江法、长江水资源管理与保护条例、三峡水库管理条例、长江河口管理办法、丹江口水库管理办法等作为立法储备项目。同时,根据立法规划,近年来流域立法前期工作得到不断加强,“黄河法”“长江法”等立法项目前期论证不断深入,形成了一系列研究成果。此外,淮河水利委员会开展《南四湖管理条例》立法研究、珠江水利委员会开展《珠江水量调度条例》立法研究、松辽水利委员会开展《尼尔基水库管理办法》立法研究、海河水利委员会开展《漳河水量调度管理办法》《永定河官厅水库上游水量调度管理办法》等,相关立法工作也在积极推进。

二、流域立法面临的问题

尽管流域立法取得了令人鼓舞的成效,为进一步推进流域立法工作奠定了坚实的基础。但从流域管理的实际需要上看,目前流域立法仍然面临着一些突出问题。

(一) 流域立法总体滞后

目前,流域水法规建设仍然滞后于流域水利改革和发展的实践进程,流域水法规体系仍然不够健全。从广义上看,流域管理是指对流域水土资源的开发、利用和保护以及对流域生态系统进行的综合管理,其内容不仅涉及水管理,而且涉及流域内国土、城市建设、生态系统的修复和环境保护等内容。受制于现行体制,目前的流域立法还主要限于涉水管理。然而,即便是涉水管理,流域立法也存在诸多缺位问题,尤其是在部分流域突出的个性水问题得不到有效规范。

在长江流域,目前突出的法律制度建设需求主要体现在:围绕治江战略,开展长江流域综合管理制度、长江流域梯级水库群优化调度制度建设;根据长江水资源保护需要开展水资源保护制度建设;根据丹江口水库管理与调度运行要求开展相关制度建设,以及对长江河口进行综合整治管理等。在黄河流域,目前突出的法律制度建设需求主要体现在:围绕治黄战略,开展黄河流域综合管理制度和黄河河道管理制度建设;根据南水北调和防洪需要,开展东平湖及滞洪区管理制度建设;开展黄河下游滩区管理及蓄滞洪区运用补偿制度建设,以解决下游滩区 180 多万民众的生活生产发展要求,以及对黄河源区进行生态环境保护等。在淮河流域,目前突出的法律制度建设需求主要体现在:围绕治淮需要,开展淮河流域综合管理制度、淮河流域水污染防治制度和淮河流域行蓄滞洪区建设管理制度建设;根据南水北调和南四湖水事矛盾解决需要,开展南四湖管理制度建设。在海河流域,目前主要是永定河官厅水库上游水量调度和漳河水量调度管理制度建设,以及漳卫南运河河口管理制度建设。在珠江流域,主要是根据压咸补淡需要,解决好珠江水量调度问题。在松辽流域,主要是尼尔基水库库区管理和库区水量调度制度问题。在太湖流域,主要是太湖流域综合管理制度、综合调度制度以及水资源保护与水污染防治制度建设问题。

(二) 流域立法之间的衔接有待提高

1. 流域水资源保护与水污染防治之间的协调不足

突出体现在:一是在水功能区管理上,《水法》中的由水利部门核定水域纳污能力并向环保行政主管部门提出水域限制排污总量意见的规定,在《水污染防治法》中未能得到有效衔接,导致水污染防治规划和总量控制管理不能有效体现水域对纳污能力的限制;二是在入河排污口管理上,有些排污口设置从水资源保护的角度上看不可行,但已通过环境保护部门的排污许可,也容易产生不衔接的问题;三是由于在点源、面源污染防治及生态环境修复措施等方面缺乏流域管理层面上的统筹,导致部门各自为政,水环境保护效果不佳;四是在省界水质监测上,存在流域机构与环保部门的两套监测数据,影响了水资源管理的效率和权威。

2. 自然保护区条例与水法规之间的衔接不够

如《自然保护区条例》明确规定"禁止任何人进入自然保护区的核心区",由此,当自然保护区设置在特殊水域时,就面临着自然保护区与水功能区、防洪管理、河道管理等之间的矛盾。实践中就存在着自然保护区划定与流域机构和水行政主管部门的河湖管理脱节等问题,导致自然保护区设置未考虑河湖治理等客观需要,同时基于自然保护区的管理需要,限制河道管理人员进入和河道防洪整治工程建设,制度间存在明显冲突和不衔接之处。

(三) 流域立法部分内容规定笼统

在流域立法方面,存在着流域职责不清或流域与区域结合点不明确问题。主要有四种情形:一是流域管理机构的职责既有法律授权也有职能,但是具体职责不明确,如在省际边界河流的管理职能、流域水资源保护等方面;二是流域管理机构在许多方面缺少法律授权,由水利部一事一委托,难以有效系统地实施管理,如在水土保持管理、水工程建设管理、流域性的专业规划编制、跨流域调水管理等方面;三是流域管理机构虽有法律授权,但在职能划分上,与地方的管理职能存在争议。如长江口滩涂圈围工程等涉河建设项目管理、吹填造地的采砂管理、鄱阳湖区的建设项目管理等;四是流域管理机构的管辖范围虽有水利部的授权,但对具体管理事项的管理权限并未划定,如对西南诸河的管理,除取水许可管理权限有明确界定外,其他管理事项均未明确。

(四)流域立法论证的科学性有待进一步加强

科学立法是我国《立法法》确立的一项基本原则,也是中央部门立法要始终自觉追求的目标。近年来,围绕"黄河法""长江法"等的立法研究,比较注意对立法的事实必要性论证方面,但对立法的法律必要性论证却明显薄弱,具体表现为,立法的论证环节明显断裂,立法的法律理由或有缺失。

三、进一步推进流域立法的思考

(一)流域立法需要同时处理好国家与地方以及部门之间的复杂利益关系

一般的水利立法与其他领域的立法类似,主要包括两个层面:一是国家层面,即确立适用于全国范围内的水管理制度,包括水资源管理、水务管理、水生态与水环境管理、水灾害管理、水利工程建设与管理、水行政许可与执法监督管理等;二是地方层面,即确立适用于本行政区域内的水管理制度。

然而,流域立法既不同于一般的国家立法,也不同于一般的地方立法,而是介于二者之间、具有特殊性质的立法。这是因为,流域本身不是行政区域,而是集水区域,往往同时涵盖多个行政区域,像长江流域、黄河流域等,甚至同时涵盖多个省、自治区或直辖市。不同行政区域之间基于上下游、左右岸之间的关系,而在水资源、水环境、水生态、水灾害方面的利益纠葛,往往在流域立法中集中体现出来,进而使流域综合管理和流域立法困难重重。在改革过程中,伴随着中央权力下放以及地方分权,区域对水资源基本形成的分割化控制倾向,使得后来的流域立法变得更为复杂和艰难。

问题的复杂性还在于,我国现行立法体制具有明显的部门化倾向,且部门之间的沟通协调机制还不够健全。而在流域立法过程中,往往同时涉及多个部门。尤其是从流域层面考察水资源时,水往往同时具有多种功能,包括资源功能(水量、水能、水运等)、生态功能、环境功能等,这些功能密不可分,却又往往由不同部门主管。由此,在流域立法过程中,往往需要同时处理多个部门之间的复杂利益关系问题。

(二)流域立法需处理好流域管理的共性和个性问题

我国七大流域存在很多共性问题,包括流域防洪、流域水资源管理、流域水污染防治、流域水土保持、流域河道管理等,都具有很多共性。例如,在流域防洪方面,都需要编制流域防洪规划,都需要在流域层面上进行防洪抗灾等。这些共性问题的存在,使得流域立法中可以颁行适用于全国范围内各流域共用的一般性法律法规,如《水法》《防洪法》《水污染防治法》等。

更为重要的是,从总体上看,我国七大流域虽然存在很多共性问题,但个性问题更突出,问题与解决方案也存在诸多差异。例如,黄河"水多、水少、水脏、水浑"四大水问题并存,其中又以水资源短缺和水土流失最为严重;同时,黄委直管工程、直管河道多,中下游河道滩区内又有180多万人口居住。又如,长江的核心问题是防洪问题;除了防洪问题之外,长江的水资源保护问题也不容忽视,虽然长江水环境污染尚未达到非常严重的程度,但其对国家的经济社会发展影响深远,因此,如何进行带有预防性质的长江流域水资源保护立法,意义重大而且影响深远;此外,长江水丰,如何在水丰地区开展水资源管理,也无先例可循。可见,流域个性问题的凸显,使得在流域立法过程中需要高度重视流域专门立法。从实践情况上看,目前在流域管理过程中,一般性法律不如针对具体河流、具体问题的立法执行得好。

(三)"母子联动"是推进流域立法的有效模式

在流域管理共性问题多而个性问题更为凸显的背景下,推进流域立法,较为理想的立法模式是"母子联动"模式。在流域立法中,所谓"母法"是指针对流域共性问题的立法,其中,涵盖多个领域的为"大母法"(如《水法》),只涵盖某一领域的为"小母法"(如《防洪法》)。所谓"子法",是指针对某一具体流域个性问题的立法,其中涵盖多个领域的为"大子法"(如《太湖管理条例》),只涵盖某一领域的为"小子法"(如《黄河水量调度条例》《长江河道采砂管理条例》等)。所谓"母子联动"模式,是指流域立法需要同时从"母法"和"子法"两个层面推进。

1. 在母法层面上,可以将流域共性问题在较高层级的法律、行政法规上予以明确

从母法的角度上看,目前突出的问题体现在流域水土保持以及河道管理等方面,体现在法律、行政法规层面上,即如何进一步贯彻落实《水法》中规定的流域管理与行政区域管理相结合的水资源管理体制,而这其实就是进一步充实流域管理的小母法。值得讨论的是,在大母法层面上,除了《水法》之外,是否需要进一步制定适用于各流域、各领域水问题的"流域管理法"?

调研组认为,各流域机构近期应抓紧制定有各自特点的本流域立法,全国统一的"流域管理法"尚需时日。原因有二:一是从可行性上看,只有在大

多数重要江河流域已制定有各自特点的本流域立法的基础上，只有从特殊性中总结出一般性的规律，制定“流域管理法”才具有可行性；二是从必要性上看，作为一般性法律，“流域管理法”只能重点规范各流域管理中的共性问题，如流域管理体制以及防洪、水资源管理、水资源保护、水土保持、河道管理等方面的制度。在这些制度中，除了水土保持之外，其他大多已经在《水法》《防洪法》《水污染防治法》《河道管理条例》等法律、法规中得到规范。因此，如果将来流域水土保持问题纳入《水土保持法》修订内容之中，近期再制定统一的“流域管理法”意义不大。当然，随着经济社会的发展，如果将来将流域管理视为广义的流域综合管理概念，即不仅包括水管理，还包括与流域水管理紧密相关的国土资源管理、产业布局、生态环境保护等，“流域管理法”的制定将更加必要。

2. 在子法层面上，有必要针对流域个性问题开展专门立法

由于不同流域面临的问题差异很大，为了使立法具有针对性和可操作性，有必要针对流域个性问题开展专门立法。值得讨论的是，“长江法”和“黄河法”这两个分别适用于长江流域和黄河流域的大子法是否必要？答案是肯定的。原因在于：首先，制定“长江法”和“黄河法”是保护、治理、开发和利用长江、黄河水资源，实现长江、黄河水资源可持续利用的迫切需要；其次，制定“长江法”“黄河法”是加强长江、黄河流域综合管理，完善长江、黄河流域水管理方式，推进长江、黄河水利法制建设的迫切需要；再次，制定“长江法”“黄河法”是解决长江、黄河特殊问题，确保三峡和南水北调等工程充分发挥效益，实现全国水资源优化配置的迫切需要。

（四）流域立法在处理流域管理体制时需要先易后难，重点突破，循序渐进

当前，制约流域立法开展的核心难题在于如何在不同流域具体落实流域管理与区域管理相结合的水资源管理体制？该问题可以进一步归纳为如何对流域管理机构进行准确定位？目前水利部三定方案已经将流域管理机构定性为水利部的派出机构，但从流域管理的长期趋势上看，尚需要在现有体制基础上进行突破，以真正破解我国流域管理的体制难题。例如，在长江流域，从未来发展趋势上看，设立综合性的、具有实体性质和流域重大事项决策职能的流域管理委员会，将有利于真正落实流域管理与行政区域管理相结合的水资源管理体制。

当然，流域管理体制的确立受制于国家行政体制的架构，需要结合国家行政管理体制改革的进程而逐步推进。例如，在长江流域，在流域管理体制的创新上，可以采取三步走：

第一步,建立健全协商机制,创设协商平台,这已经逐步开始尝试;

第二步,在协商机制基础上,设立带有委员会性质的机构,即松散的、不作重大决策的委员会,委员会常设机构设在长江水利委员会;

第三步,在第二步的基础上,创设理想的、具有实体性质和流域重大事项决策职能的流域管理委员会。

四、进一步推进流域立法的建议

(一) 尽快出台流域立法框架体系

流域立法需要按照"突出重点、先易后难、累积经验、逐步推广"的原则推进。在水利部层面上,建议尽快出台流域立法框架体系。其重点在于:

1. 针对流域管理的共性问题,在流域一般性法律、法规中予以规定

如在《河道管理条例》等适用于全国范围内的法律、法规、规章中考虑增加流域管理问题,并将流域管理与区域管理相结合的水资源管理体制落实到不同领域的水利立法之中。

2. 针对不同流域的个性问题,在流域特别立法中予以专门考虑。

结合目前各流域存在的突出问题,建议在流域特别立法中,将《淮河流域水污染防治暂行条例》(修改),以及需要制定的珠江水量调度条例、南四湖管理条例、长江流域水资源保护条例、丹江口水库管理与水量调度管理办法、长江河口管理办法、东平湖管理办法或东平湖蓄滞洪区管理办法、黄河下游滩区管理办法、黄河源区管理办法、淮河流域行蓄滞洪区建设管理办法、永定河官厅水库上游水量调度管理办法、漳河水量调度管理办法、漳卫南运河河口管理办法、尼尔基水库管理办法等,作为流域立法框架体系中的关键性内容。

(二) 加强流域立法前期研究,提高流域立法论证的科学性,形成梯次项目储备

1. 拓宽立法前期研究主体,发挥比较优势

构建由水利部政策法规司、流域管理机构以及科研机构等主体共同组成的流域立法前期研究主体,充分发挥和整合不同主体之间的比较优势,有针对性地设置流域立法前期研究项目。

2. 发挥研究中心、大专院校、科学院所等专业研究机构的支撑作用

如水利部发展研究中心近年来就积极参与了《抗旱条例研究》《太湖管理条例研究》《南水北调用水管理条例研究》《农村饮用水管理条例研究》《长

江法立法必要性研究》《海河、独流减河、永定新河河口管理办法研究》《江河流域管理法立法研究》等立法的前期工作。

3. 提高流域立法论证的科学性

在流域立法的必要性论证方面,需要明确区分事实必要性论证与法律必要性论证,把法律必要性论证作为立法建议的独立的和充分的依据。具体而言,法律必要性论证要明确分析和回答如下四个问题:现有问题是否需要法律解决;现有法律能否满足相关问题的法律需求;通过修改现有法律能否满足相关问题的立法需求;如果需要制定新法,哪一层次的新法能够满足相关问题的法律需求。除了必要性论证之外,可以进一步考虑进行不可行性论证,即如果不进行相关层面的立法,将会带来哪些严重后果,从而从反面支撑立法的必要性。

(三) 加强流域立法宣传和立法跟踪评估,为修改完善相关法律法规提供支撑

1. 加强流域立法宣传

一方面,可以创造良好的流域立法氛围,为即将研究制定的流域立法造势,也容易引起相关方面重视;另一方面,可以为已经出台的立法积极宣传,使立法切实推动流域管理的开展。

2. 积极开展流域立法跟踪评估

开展流域立法跟踪评估是使流域性法律法规更好地为流域管理服务,促进和提高流域立法质量的重要制度。建议通过问讯调查、专题报告、调查评估、对照检查等方法,重点对流域立法的实用性、可操作性以及是否对流域管理工作起促进作用、是否需要在今后作进一步修改等方面开展跟踪评估。在这方面,《长江河道采砂管理条例》的立法评估已经起到了良好的示范作用,可予以进一步推广。

南水北调工程运行管理的立法对策*

南水北调工程是我国特大型跨流域水资源配置工程,其建成后的运行管理涉及长江、黄河、淮河、海河四大流域以及调水区和受水区江苏、山东、湖北、河南、河北、北京、天津等多个省(直辖市),需要统筹工程管理与保护、水资源配置、水量调度、用水管理、水资源保护、水污染防治等多个领域,兼顾防洪、供水、发电等多种功能,关系到中央和地方多个层次,水利、环保和发展改革等多个部门,政府、工程管理单位和社会公众等多重主体的责、权、利划分,利益格局高度复杂而且协调任务艰巨,亟须通过颁布行政法规,使各方能够在公平合理的制度框架下采取行动。可以说,南水北调工程运行管理方面的行政法规,将直接决定工程的良性运行以及效益的充分发挥,其重要性绝不亚于工程本身。2008 年 10 月,国务院南水北调工程建设委员会第三次全体会议明确要求水利部抓紧《南水北调供用水管理条例》的起草工作。水利部也已将该项工作提上重要的议事日程。

与南水北调工程运行管理相关的立法,最终政策取向都在于确保工程的良性运行和效益的充分发挥。从大的方面上看,南水北调工程能否良性运行、效益能否充分发挥,最主要的问题是如何在"管理、保护好工程"的基础上,确保"把水顺利调过来"且"调过来的水是好水",进而"把水顺利卖出去",并保障"调过来的水能够用好",从而最终实现"四横三纵"的水资源优化配置格局。基于此,本文站在南水北调工程运行管理的角度,按照现有法律及相关政策精神探讨相关立法对策,供相关决策参考。需要说明的,南水北调包括东、中、西三条线路,但目前只开工建设东线、中线,因此下文仅就东线和中线工程建成后的运行管理进行分析。

一、关于"管理、保护好工程"的行政立法

"管理、保护好工程"的立法关键在于,确立工程管理体制框架,并区分工程类型划定具体的管理和保护范围,相应地加强社会管理。

---

* 本文作者为陈金木、王晓娟。原文首次印发在水利部发展研究中心《参阅报告》第 149 期(2009 年 12 月 29 日);公开发表在《水利发展研究》2010 年第 9 期。

"管理、保护好工程"有两方面含义:一是指南水北调各种相关工程(包括新建工程、新挖渠道以及输水涉及的原有天然河道、湖泊、水库等)都能由适合的管理部门或者单位(以下简称工程管理单位)进行良好的管理;二是指各种单位和个人都能保护工程设施,实现工程安全。为此,需要在建立健全工程管理体制的基础上,妥善解决工程管理和工程设施保护过程中可能面临的各种问题,包括工程新旧资产处理、工程管理单位内部机制运作、工程运行费用承担、工程管理范围和保护范围划定、工程管理范围和保护范围内的各种社会管理、工程日常管理、工程维修养护和工程抢修制度设计等。在这些问题中,工程新旧资产处理的内容复杂、政策性强,可由国家出台相关政策予以明确;工程管理单位内部运作机制可以通过《中华人民共和国公司法》(以下简称《公司法》)等已有的法律法规予以规范;工程日常管理、工程维修养护和工程抢修制度等,则需要通过行政法规确立制度框架,并通过配套规章进行具体规范。在行政法规层面上,"管理、保护好工程"的关键在于:

(一)根据东、中线工程不同情况确立不同的工程管理体制

南水北调东线和中线工程的管理模式存在很大区别。东线工程目前实行按省分段管理,江苏、山东省界(际)工程独立管理;中线主体工程则区分水源工程和干线工程实行统一管理,配套工程按省分别管理。

根据此种工程管理模式,需要在行政法规层面确立相应的工程管理体制。其中,东线工程主要分三部分:一是对东线江苏省、山东省境内的南水北调工程,可分别由本省组建的南水北调工程管理单位负责运营管理;二是对江苏省、山东省界(际)的南水北调工程,可由淮河水利委员会组建的工程管理单位按照授权负责运行管理;三是对东线工程输水涉及的原有河道、湖泊和相关工程,可沿用既有的管理体制。中线水源工程、干线工程,可分别由中线水源工程管理单位、中线干线工程管理单位负责运营管理。对于东、中线相关配套工程,可由相关省级人民政府确定工程管理单位负责运营管理。

(二)对不同类型工程的管理与保护范围划定及相关的社会管理

《水法》第43条明确规定:"国家对水工程实施保护。国家所有的水工程应当按照国务院的规定划定工程管理和保护范围。"在国务院尚未对国家所有的水工程出台专门的工程管理和保护范围划定办法之前,为了使南水北调工程管理和保护范围的划定有法可依,进而为各种相关的社会管理确立明确边界,有必要区分工程的不同类型进行不同的规范。对于新建工程和新挖河道(渠道)的管理和保护范围,相关设计文件已经明确了相关划定方法,直

接将其上升为法规规定即可。对于输水涉及的原有天然河道、湖泊、水库,则需要进行区分:已经划定管理范围的,可继续按原办法执行;尚未划定管理范围的,可考虑按照所在地省(直辖市)人民政府规定的标准划定管理范围。

同时,为了保障工程设施安全,需要在工程管理和保护范围内加强社会管理,实行严格的工程设施保护制度。如目前《防洪法》《河道管理条例》对河道管理范围内的基本建设进行了规定,但主要侧重于保障防洪安全。根据南水北调工程运行管理实际需要,尚需进一步从工程安全和供水安全角度对河道管理范围内的基本建设作进一步规范。

二、关于“把水顺利调过来”的行政立法

“把水顺利调过来”的立法关键在于,采取指令性方式进行水量调度,并从依据、决策、执行、监测、应急五个层面进行具体规范。

“把水顺利调过来”意味着需要对南水北调之水进行统一调度,并保障水量调度的权威,实现调度安全。为此,需要在建立健全水量调度管理体制的基础上,妥善解决水量调度中可能面临的各种问题,确保水量调度科学合理,包括妥善进行水量调度决策、有效组织实施水量调度、合理进行水量调度监测、必要时强化应急水量调度等。在行政法规层面上,为了把水统一调度好,并保证水量调度的权威,关键在于:

(一)采取指令性方式开展水量调度

南水北调水量调度之所以需要采取指令性方式,而不能采取协商性方式,主要取决于以下原因:一是水量调度属于水资源管理范畴,是实现水资源优化配置的具体途径,本身具有行政管理色彩,需要以指令性方式实施,以保障水量的统一调度和水量调度的权威;二是南水北调工程的水量调度直接关系到各省(直辖市)分水指标的落实,为了保障南水北调水量调度的顺利进行,需要以指令性方式进行水量调度;三是水量调度尚未具体涉及买卖水范畴,无须遵从协商性的市场机制要求。

(二)从依据、决策、执行、监测、应急五个层面对水量调度进行具体规范

1. 水量调度依据

开展南水北调水量调度,需要依据国务院批准的各省分配水量指标,按照水源来水情况丰增枯减,并综合平衡受水区报送的用水计划建议和各工程管理单位报送的运用调度建议方案。

2. 水量调度决策

南水北调水量调度涉及多个流域、多个省(直辖市)之间的复杂利益关系,需要采取精细化调度。可考虑按照年度水量调度计划和月、旬水量调度方案以及实时调度指令相结合的方式进行水量调度。

3. 水量调度执行(即水量调度的组织实施)

水量调度的组织实施需要结合东、中线工程的不同管理模式分别规范。中线水源工程和中线干线工程,需要实行统一调度,可直接明确由水利部组织实施南水北调水量调度。东线南四湖、东平湖以及江苏、山东省内工程,由于南水北调的水量规模远远小于既有河湖的现有调度水量,难以实行统一调度,可明确由相关流域管理机构或者相关省人民政府水行政主管部门在调度现有河湖水量时,负责保障南水北调水量的调度需求。

4. 水量调度监测

根据调水的实际情况,需要对水量和水质进行统一监测,并明确不同断面、不同口门的监测主体和日常监测的主体。其基本原则是:省界(际)控制断面等关键断面的水量、水质由相关流域管理机构进行监测,必要时会同相关省人民政府水行政主管部门监测;各分水口门由干线工程管理单位和相关省(直辖市)人民政府水行政主管部门共同监测;各工程管理单位负责日常监测。

5. 应急水量调度

在出现严重供水危机、出现重大工程事故风险、发生重大工程事故、发生重大水污染事件等紧急情况时,水利部应当按照南水北调应急水量调度预案,组织实施南水北调工程应急水量调度。

三、关于"保障调过来的水是好水"的行政立法

"保障调过来的水是好水"的立法关键在于,一方面,针对治污严峻形势规定更为严格的水污染防治制度,并使《水法》与《水污染防治法》的规定相衔接;另一方面,区分调水期与非调水期,对调水期规定进一步的水质保障措施。

南水北调供水目标以受水区城市供水为主,兼顾农业和生态用水。切实保障调水水质是工程能否有效运行的重要前提。"保障调过来的水是好水",意味着需要加强水资源保护和水污染防治,确保水质符合调水要求,实现水质安全。针对南水北调防污治污的严峻形势,尤其是东线水污染严重的实际情况,要保障南水北调的调水水质,关键在于:

(一) 确立水污染物排放总量控制制度，使《水法》与《水污染防治法》的规定相衔接

目前《水法》与《水污染防治法》在水资源保护与水污染防治上的不衔接之处，主要体现在《水法》水功能区划制度中所规定的水利部门提出水域限制排污总量意见，在《水污染防治法》中未能明确作为相关水域排污总量控制的依据。究其原因，除了《水法》和《水污染防治法》的考虑重点不同之外，更重要的还在于《水污染防治法》仅确立了重点水污染物排放总量控制制度，而未确立水污染物排放总量控制制度。鉴于水质直接关系到南水北调工程调水的成败，国务院也已明确了"先治污，后通水"的调水原则，因此，有必要在南水北调工程相关水域中明确实施水污染物排放总量控制制度，并在此基础上实现《水法》和《水污染防治法》的衔接。

(二) 区分中线和东线的不同情况，规定更为严格的水污染防治制度

针对东线治污的严峻形势，应当规定比《水污染防治法》更严格的水污染防治制度，包括明确规定在东线水源取水口附近一定的水域和陆域应当依法划定饮用水水源保护区；在洪泽湖、骆马湖、南四湖、东平湖湖区实行人工养殖总量控制制度；在输水干线大堤或者设计洪水位淹没线以内的区域范围内不得设置排污口，原有的排污口应当限期拆除等。针对中线水资源保护要求，应当明确规定中线工程水源和输水线路的水体水质按照国家地表水环境质量标准总体Ⅱ类水的标准控制，规定丹江口水库库区及总干渠两侧应当依法划定饮用水水源保护区等。

(三) 区分调水期与非调水期，对调水期规定进一步的水质保障措施

南水北调工程并非常年调水。对于调水期和非调水期，水质保障要求存在不同。这在东线工程表现得更为突出。为此，需要区分调水期和非调水期，并对调水期规定进一步的水质保障措施。

首先，结合东线工程调水实际情况，可明确东线工程调水开始前15天起至调水结束可以作为调水期进行特殊管理，并规定调水期内东线输水干线水体水质不得低于国家地表水环境质量标准的Ⅲ类标准。其次，明确调水期间汇入输水干线河道、湖泊的水体水质应当满足调水水质保障要求。如不能满足调水水质保障要求的，有关地方人民政府应当责令相关排污单位限制排污直至停止排污。必要时，有关流域管理机构或地方人民政府水行政主管部门应当通知有管辖权的地方人民政府，由有关地方人民政府责令相关排污单位限制生产直至停产。此外，需要对调水期间输水干线河道、湖泊上的船舶作

出明确规定,要求其不得向水体排放残油、废油,不得倾倒垃圾以及从事其他可能污染水体的活动。

四、关于“把水顺利卖出去”的行政立法

“把水顺利卖出去”的立法关键在于,明确规定两部制水价并使外调水与当地水形成合理比价,同时规定供水协议的签订须经受水区政府授权。

“把水顺利卖出去”,意味着受水区能够排除各种不利因素(如外调水成本偏高等),履行承诺,自觉地按照其分水指标购买南水北调水。在行政法规层面上,为了使南水北调水能够顺利卖出去,关键在于:

(一)使目前各方认可的两部制水价进一步规范化、制度化

目前,总体可研批复中明确的基本水费(而非基本水价)和计量水价相结合的计算方式,与原先的两部制水价定义有所不同,但为了使沿用多年的概念保持连贯,仍然可沿用两部制水价的提法。对于两部制水价,须明确受水区以省(直辖市)为单位按年度交纳基本水费,按月交纳计量水费。同时,两部制水价的有关内容,即基本水费、计量水价、水费结算方式等,需要在相关供水协议中进行具体明确。

(二)通过水价调节使外调水与当地水形成合理比价,避免水价“畸高畸低”

目前,调水工程中所存在的外调水水价偏高、调过来的水卖不出去,进而一方面使工程闲置,另一方面又继续大量超采地下水,并大量挤占农业和生态用水的现象,主要原因在于外调水与当地水未能形成合理的比价,进而造成外调水水价“畸高”而当地水水价“畸低”。为此,在南水北调工程运行管理过程中,有必要要求受水区进行水价调节,尤其是进行水资源费征收标准调节,使外调水与当地水能够形成合理的比价,进而使南水北调水能够顺利卖出去。

(三)受水区按照市场机制签订供水协议时,应当体现政府的意志

为此,可以区分中线和东线,明确中线由“受水区省(直辖市)人民政府或者其授权的部门和单位”与“南水北调中线干线工程管理单位、中线水源工程管理单位”签订供水协议;东线由山东省人民政府或者其授权的部门和单位,就南水北调东线调水,与江苏省人民政府或者其授权的部门和单位、东线省界(际)工程管理单位”签订联合供水协议。对于东线,还需要对东平湖的调水签订供水协议,可明确由山东省人民政府或者其授权的部门和单位,

就南水北调东线利用东平湖的调水，与东平湖管理单位签订供水协议。此外，为了应对东线二期工程供水需要，需对将来的省际供水协议留有空间，可明确其他东线南水北调省际调水的供水协议，由相关省级人民政府或者其授权的部门和单位之间签订。

五、关于“保障调过来的水能够用好”的行政立法

“保障调过来的水能够用好”的立法关键在于，受水区合理配置好外调水与当地水，并在厉行节约用水的基础上严格控制地下水超采。

“调过来的水能够用好”，意味着受水区能够把按照分水指标购买的、属于本行政区域的外调水量，进一步在行政区域内配置好，从而最终置换出挤占的农业用水和生态用水，逐步恢复生态环境，从而避免一方面大量调水，另一方面还大量浪费水。在行政法规层面上，为了保障调过来的水能够用好，关键在于：

（一）受水区应当合理配置水资源，促进南水北调水的优先使用和当地水的合理利用

为了保障受水区优先使用南水北调水，需要明确受水区应当制订本行政区域内南水北调水的使用总体方案，通过计划用水的方式将本省分水指标向下分解到市、县，最终层层分解到具体的用水户。

（二）受水区应当按照“先节约，后调水”的原则，厉行节约用水

受水区县级以上地方人民政府需要加强节约用水监督管理，实行用水总量控制和定额管理相结合的制度，大力推广节水技术，使用节水设施和设备，减少输水损失，提高水的利用效率和效益。

（三）受水区应当严格控制地下水开采

受水区严格控制地下水超采是南水北调用水管理的核心内容之一。水利部已组织开展南水北调受水区地下水压采总体方案编制工作，拟报送国务院审批后实施。为了保证地下水压采工作的权威性，有必要将其上升到行政法规层面予以明确，同时，需进一步明确，受水区各省级人民政府水行政主管部门应当组织制订地下水压采实施计划，报本级人民政府批准后实施，并报国务院水行政主管部门备案。

南水北调受水区地下水保护刍议*

南水北调东、中线受水区地表水资源短缺,地下水严重超采,已经引发了严重的生态与环境问题,严重制约了区域经济社会的可持续发展。为落实最严格的水资源管理制度,逐步改善和修复受水区生态与环境,亟须在理顺地下水管理体制的基础上,全面推进节水型社会建设,严格控制和逐步压减地下水开采,全面加强地下水源保护与治理,强化地下水动态监测,并在水价改革和生态补偿方面实行相关的配套制度建设。

一、受水区地下水资源开发利用现状

本文中所指南水北调受水区(以下简称受水区)是指南水北调东线、中线一期工程供水所辖区域。按照相关规划设计文件,受水区面积 23.32 万平方公里,涉及京、津、冀、豫、苏、鲁 6 个省(直辖市)。其中城区及工业园区为直接受水区,其他区域为间接受水区。

(一)受水区地下水资源及其开发利用状况

根据全国水资源及其开发利用调查评价等有关成果,我国受水区地下水可开采总量为225.1 亿立方米,全部为浅层地下水,深层承压水可开采量为0。[①] 受水区现状年均浅层地下水开采量约为 225.42 亿立方米,深层承压水约为 46.48 亿立方米,地下水开发利用总量约为 271.90 亿立方米。

(二)受水区地下水超采状况

受水区浅层地下水、深层承压水超采区面积分别为 5.49 万平方公里、11.24 万平方公里,分别占受水区总面积的 23.9% 和 48.93% 。在受水区地下水超采区内,浅层地下水和深层承压水现状年均超采分别为 56.4 亿立方米、46.48 亿立方米,二者总计 102.88 亿立方米。其中,河北、河南两省超采最为严重,其超采量分别约占受水区地下水超采总量的 67% 和 16% 。

---

* 本文作者为陈金木、陈茂芳。原文发表在《水利经济》2014 年第 1 期。

① 深层承压水循环缓慢,不可逐年更新,更新周期一般在数百年甚至数万年以上,宜作为战略储备资源,不宜作为日常大规模开采的常规水源。

（三）受水区地下水污染状况

受城镇排污影响，城市周围、污水河两岸以及常年利用污水灌溉的地区，地下水均已受到不同程度的污染。河北京津以南的平原地区约有 1/3 区域地下水达不到直接饮用标准，地下水中高碘、高氟、高铁和污染水的问题比较突出。

二、强化受水区地下水保护的紧迫性

（一）恢复和改善受水区生态与环境的迫切要求

受水区地下水超采已经引发了严重的生态与环境问题。

1. 部分浅层地下含水层被疏干，地下水源衰减。

截至 2003 年，北京地下水降落漏斗面积已达 908 平方公里，部分地区含水层濒临疏干或半疏干状态。

2. 深层承压水头持续下降

河北省中东部平原区形成的深层承压水降落漏斗已达 7 个，面积合计约 4.4 万平方公里。

3. 引发地面沉降

受长期超采深层承压水影响，目前海河流域平原区地面沉降量大于 200 毫米的面积接近 5 万平方公里，约占海河流域受水区面积的 45%。

4. 形成地面塌陷及地裂缝

地面塌陷主要发生在江苏省徐州东部，塌陷面积超过 1 万平方公里。地裂缝主要发生在河北省。2006 年发生在廊坊、衡水、邢台的地裂缝长度达 4 000—8 000 米，宽度 0.1—0.3 米，深度 1.5—10.0 米。

5. 造成海水入侵

到 1997 年，山东省莱州全市海水入侵面积达到 277 平方公里，年平均入侵速度近 200 米。

6. 造成咸淡水界面变化

河北沧州部分地区咸淡水界面下移超过 10 米，最大下移深度超过 30 米，导致深层淡水体由淡变咸，造成咸水分布面积扩大，机井报废。可见，强化受水区地下水保护，逐步恢复和改善生态环境问题已刻不容缓。

（二）充分发挥南水北调工程效益的迫切要求

南水北调工程是缓解我国北方水资源严重短缺局面的重大战略性基础

设施。能否逐步修复和改善受水区生态与环境,是南水北调工程效益能否充分发挥的关键。而要修复和改善受水区生态与环境,就必须大力强化地下水管理与保护。

(三) 落实最严格水资源管理制度的迫切要求

受水区水资源严重短缺,长期过度开采地下水,需要采取最严格的水资源管理制度。加强受水区地下水保护,理顺地下水管理体制,将受水区各省、直辖市及各用水部门的用水总量控制予以制度化,严格控制地下水开采,推动地下水压采,加强地下水源保护与治理,是在水资源严重短缺和过度开采地下水的受水区,落实最严格的水资源管理制度的必然要求和具体体现。

三、受水区地下水保护的思路与措施

(一) 总体思路

1. 指导思想

认真贯彻落实科学发展观,按照践行可持续发展治水思路和大力发展民生水利、实施最严格水资源管理制度的要求,坚持人与自然和谐相处,走资源节约、环境友好的发展道路,严格控制地下水开采,积极推进地下水压采,切实对地下水实行有效的修复、保护和涵养,改善生态环境,实现水资源的可持续利用和高效利用,促进经济社会的可持续发展。

2. 基本原则

(1) 以人为本、统筹协调。把确保城乡居民供水安全放在首位,统筹南水北调水、当地地表水和地下水等多种水源,协调生活、生产、生态用水,推进地下水管理与保护工作的开展。

(2) 政府主导、社会参与。加强政府组织、协调和监管力度,强化水利部门在地下水保护中的行业管理和社会管理职能,尊重公众的知情权和参与权,充分调动社会各方面积极性。

(3) 因地制宜、分类指导。根据不同地区地下水超采的不同情况和地下水保护的不同需求,区别对待,突出重点,采取切实可行的措施,加强地下水管理,保护地下水资源。

(4) 综合治理、分步实施。坚持开发、节约与保护并重,经济、行政、法律措施并举,合理布局,综合治理,结合南水北调工程建设进展,逐步推进地下水管理与保护。

（二）主要措施

1. 理顺地下水管理体制，建立健全部门沟通协调的合作机制

目前水利、国土资源、环保、建设等部门在地下水保护工作中存在着职责不清或协调不够的问题。需要进一步理顺地下水管理体制，建立健全部门沟通协调的合作机制。

（1）进一步明晰水利部门与国土资源部门之间的地下水管理权限。对于地热水与矿泉水，基于地下水资源统一管理的需要，应由水利部门统一审批取水许可和征收水资源费；地下水勘探可以仍由国土资源部门主管，但基于地下水资源统一管理的需要，地下水勘探结果等有关信息应由水利部门统一发布。

（2）建立健全水利部门与建设部门之间的沟通协调机制。在建设部门作为城市供水主管部门的地区，有替代水源的，仍应按照地下水压采和保护的要求对开采井和自备井进行严格管理。

（3）健全水利部门与环保部门之间的合作机制。对于地下水污染防治，水利部门与环保部门应通力合作，水利部门发现地下水污染时，应及时向环保部门通报，并向当地人民政府汇报，由环保部门及时对地面污染源采取防治措施。

2. 结合替代水源建设合理配置水资源，压减开采地下水

压减开采地下水，缓解并逐步恢复因严重超采地下水引发的各种生态与环境问题，是受水区地下水保护的首要目标。要压减开采地下水，需要大力开展替代水源建设，并通过地表水与地下水、当地水与外调水等的合理配置，逐步削减地下水开采。考虑到南水北调的通水时间①，以及南水北调工程需要逐步发挥效益，受水区开展地下水压采工作，应循序渐进，分阶段稳步推进。

（1）在南水北调工程通水前，应在全面开展节水型社会建设的基础上，充分挖掘当地水资源供水潜力和引黄（滦）水、海水淡化水源、污水处理回用水源等替代水源，重点遏制地下水持续超采趋势并根据条件对严重超采区进行压采，同时大力开展南水北调配套工程建设，为南水北调通水创造条件。

（2）在南水北调工程通水初期，应将压采重点放在直接受供南水北调水的城区和工业园区，严格控制超采地下水，原则上基本不再开采地下水。

---

① 按照国务院南水北调工程建设委员会确定的建设目标，南水北调东线一期工程将于2013年通水，中线一期工程于2013年完成主体工程，2014年汛后通水。

(3) 随着南水北调配套工程的不断完善和水源置换，压采工作应逐步从城市向非城区和农村延伸扩展，并逐步退还城市和工业挤占的农业用水，置换出挤占的生态与环境用水。

3. 结合地下水开采分区管理实行最严格的取水许可，严格控制地下水开采

按照地下水开采程度的差异，可将地下水的开采区域划分为地下水潜力区、采补平衡区和超采区。

(1) 对于地下水潜力区，应遵循合理开发、留有余地的原则，适度开发利用和有效保护地下水资源，防止过度开采。

(2) 对于采补平衡区，要采取预防措施，严格控制新增开采地下水，维持目前的地下水采补平衡状态。

(3) 对于超采区，可进一步区分为一般超采区和严重超采区。在一般超采区，应按照控制地下水现状取水量的原则，严格控制地下水取水和新建地下水取水工程，严禁批准需要大量取用地下水的工业、农业和服务业建设项目。在严重超采区，可进一步划分为限制开采区和禁止开采区。在限制开采区，应逐年削减取水量，调整井点布局和开采层位或封闭部分取水工程。在禁止开采区，除应急等特殊情况外，禁止批准兴建地下水取水工程，已兴建的取水工程应限期封闭。

(4) 为了保障地下水分区管理、逐步实现压减地下水目标，在严重超采区，还应定期对目前已发放的地下水取水许可证进行全面的复核和检查，对不符合要求的要坚决吊销取水许可证，并责令其停止开采地下水。

4. 全面推进节水型社会建设，提高水资源利用效率与效益

全面推进节水型社会，加大节水力度，提高水资源利用效率与效益，不仅是缓解南水北调受水区水资源危机的重要措施，而且是强化地下水保护、控制地下水超采的重要内容。具体而言：

(1) 加快从供水管理向需水管理转变。在水资源规划、配置、节约和保护等各个环节都要体现需水管理的理念，实施用水总量控制，遏制不合理用水需求，提高用水效率和效益。

(2) 加大农业、工业和城市生活节水力度。大力引进先进技术、优良品种，通过节水工程改造等建设项目，大力建设现代节水高效农业。强化电力、化工、造纸、冶金、纺织、机械及食品等用水大户的节水工作。在加强节水宣传，增强市民节水意识的同时，大力开发、推广、使用节水设施和器具。加大城市供水系统配套建设，降低管网漏失率。

5. 全面加强地下水源保护与治理,切实保障用水安全

地下水循环周期较长,一旦被污染,便难以永久性清除,整治的难度要比地表水大得多,而且费用昂贵。在受水区加强地下水保护过程中,始终要把加强地下水源保护与治理放在重中之重的位置,防止地下水污染,保障用水安全。

(1) 严格依照《水法》《水污染防治法》等法律的规定,划定地下水饮用水水源保护区,并严格执行饮用水水源保护区的有关管理规定。

(2) 大力推行清洁生产,减少污染源,从源头上防治地下水的污染。地下水资源的污染,主要是由工业废水废渣、农业化肥和农药及生活废水造成的。需要从原先的末端治理转变为全过程治理水污染,包括使用清洁的能源和原料,采用先进的工艺技术与设备,从源头削减污染,提高资源利用效率,减少或者避免生产、服务和产品使用过程中污染物的产生和排放等。

(3) 在有条件的地区相机实施地下水补源。可根据各地的水源条件,利用河道、滩地、农闲地等蓄水补源,有条件的可开展雨洪资源利用,通过工程措施主动回灌地下水。但在实施地下水补源过程中,必须采取必要的监督控制措施,保证地下水不被污染。

6. 实行总量控制与地下水位管理相结合,强化地下水动态监测

受水区地下水保护过程中,需要根据地下水管理的特殊性,实行地下水开采总量控制与地下水位管理相结合的制度,强化地下水动态监测。

(1) 水利部应组织受水区有关流域管理机构和省级水利部门,根据受水区地下水调查评价结果,结合地下水开发利用现状和水文地质条件,确定受水区地下水可开采总量、地下水取水许可总量控制指标、地下水压采总量控制指标,报国务院批准。

(2) 在国务院批准受水区地下水压采总体方案之后,县级以上地方水利部门应结合南水北调供水用水和本行政区域其他供水用水情况,制订本行政区域地下水压采实施计划,将压采总体方案中的压采指标层层分解,最终落实到具体的用水户。地下水压采实施计划经上一级水利部门审查后,报本级人民政府批准后执行。

(3) 将地下水开发利用和压采的总量控制与地下水位管理相结合,确定相应的地下水控制水位,严格按照相应的地下水控制水位实施管理。建立和完善国家、流域和省级三级地下水动态监测网络和信息管理系统,加强地下水位动态监测,尤其是超采区以及引水干渠两侧浅层地下水和重点压采区的地下水监测工作。

7. 建立地下水压采激励性水价政策,探索地下水压采生态补偿机制

在开发利用各种替代水源、管理和保护地下水的过程中,绕不开经济成本问题。超采地下水成本低廉,而开发利用各种替代水源,尤其是利用南水北调水,则成本高昂。国内调水工程实践中也常存在花大量钱调来的水卖不出去,而当地仍继续大量超采地下水的困境。为此,需要开展配套改革。

(1) 积极推进水价改革,完善水价形成机制,逐步建立起充分体现水资源紧缺状况,以节水和合理配置水资源、提高用水效率、促进水资源可持续利用为核心的水价形成机制。

(2) 按照水源类别和用水户性质分类制定和调整水资源费征收标准,统筹协调外调水与当地水的供水价格,利用价格杠杆,促进南水北调水的优先使用和当地水的合理利用,提高水的利用效率和效益。

(3) 建立地下水压采的激励性水价政策,通过调整水价和地下水资源费等经济手段,使在城市公共供水管网覆盖的范围内,利用自备井取用地下水的成本高于利用城市公共供水的成本,城市供水企业取用地下水的成本高于取用地表水和南水北调水的制水成本,再生水价格远低于常规水源水价,引导用水户压减开采甚至是停止使用地下水,优先利用南水北调水,积极使用地表水、再生水等水源。

(4) 在严重超采区内开展对生态环境保护区域予以经济补偿的探索和尝试,支持超采区转变经济增长方式。

四、相关建议

(一) 加强组织领导

受水区各级地方人民政府要充分认识到加强地下水保护的重要性、紧迫性、复杂性和艰巨性,切实将地下水保护工作提到议事日程,并将其纳入国民经济和社会发展规划,加强领导,精心组织,统筹安排,综合部署,确保将各项工作落到实处。受水区各级地方人民政府的主要领导,要对地下水保护工作负总责,建立问责制,切实抓好各项措施的落实。

(二) 加大投入

建立健全地方政府投入为主、国家补助等多渠道筹资相结合的投入机制。受水区各级地方人民政府应加大投入力度,将地下水压采工作资金以及地下水保护工作经费纳入财政预算中优先给予安排。中央预算则应安排一定的资金,用于受水区压采的监测与管理,并对地方实施地下水压采方案予

以必要的补助。

(三) 强化法规建设

抓紧制定《地下水管理条例》和《南水北调供用水管理条例》,为地下水管理与保护工作和南水北调工程运行管理提供强有力的法律保障。针对受水区的特殊性和压采工作的需要,可考虑颁布实施《南水北调受水区地下水压采监督管理办法》,从压采目标的分解、压采措施、监督管理等方面对受水区地下水压采予以严格规范。

(四) 加强监督检查

可建立地下水保护工作检查通报和地下水压采及修复情况简报和公报制度,定期不定期地向社会各界通报地下水保护情况进展,在相关的专门网站上公布有关信息等。要建立地下水保护绩效考核制度,把地下水管理与保护任务的完成情况纳入各级人民政府及其水利部门的考核目标,中央基础设施基本建设投资安排要与地下水保护考核目标完成情况挂钩等。

漳河水量调度亟待立法*

漳河是我国水事纠纷最为严重的地区之一。近年来，虽然相对稳定，但总体上仍处于脆弱的平衡态势。从根本上看，要维护漳河水事秩序的持续稳定，需要开展漳河水量调度立法，在合理配置漳河水资源的基础上，对漳河水量进行统一调度。本文在分析漳河水量调度立法必要性的基础上，重点分析漳河水量调度立法的关键内容，并提出相关政策建议，供参考。

一、开展漳河水量调度立法的必要性

漳河位于海河流域的西南部，是海河流域南运河水系的主要支流，发源于山西高原和太行山，流经山西、河北、河南三省（以下简称三省）。漳河上游分浊漳河和清漳河两条支流，两者在合漳村汇合后始称漳河。漳河从合漳村算起，经过观台水文站进入岳城水库，此后进入平原，至邯郸市馆陶县徐万仓村处汇入卫运河。开展漳河水量调度立法的必要性在于：

（一）维护漳河水事关系的长治久安

漳河水事纠纷始于20世纪50年代。20世纪80年代之后，纠纷逐步升级，先后发生了河南省红旗渠、河北省大跃峰渠与白芟渠被炸，沿河村庄遭炮击及械斗流血事件30余起。1999年春节期间，河南省的古城村与河北省的黄龙口村发生了爆炸、炮击事件，近百名村民受伤，民房遭破坏，生产、生活设施被毁，直接经济损失800余万元。1999年之后，漳河水事秩序进入了相对稳定的阶段，但水事纠纷仍不时发生，总体上处于脆弱的平衡态势。从根本上说，维护漳河水事秩序持续稳定的关键是，在厉行节约用水并合理配置上下游、左右岸、干支流水资源的基础上，一方面，组织好侯壁水电站、匡门口水文站以下至岳城水库区间（以下简称侯匡岳区间）的统一调度，实现左右岸河南省与河北省的双赢格局；另一方面，开展好浊漳河、清漳河支流与漳河干流的省际联合调度，实现上下游山西省与河南省、河北省的共赢局面。开展

---

* 本文作者为陈金木、吴强。原文发表在水利部发展研究中心《参阅报告》第152期（2009年12月30日）。

漳河水量调度立法,并将侯匡岳区间的水量统一调度及上下游的省际联合调度予以规范化、法制化,将极大巩固当前漳河水事秩序的脆弱平衡态势,维护漳河水事关系的长治久安局面。

(二)贯彻落实国务院42号文的精神

为解决漳河水事纠纷,1989年6月3日,国务院批转了《水利部关于漳河水量分配方案的请示》(国发〔1989〕42号,以下简称国务院42号文),确定了侯匡岳区间河南省与河北省的水量分配方案,为相关河段水量的统一调度提供了基本依据。国务院42号文明确规定了“上下游、左右岸统筹兼顾、团结治水”的水量分配原则,并要求“水利部和海河水利委员会要认真担负起管理和检查监督的责任。三省人民政府及其水利部门,要把漳河的各项水事活动纳入法制管理的轨道,开创漳河水事关系长治久安的新局面”。开展漳河水量调度立法并将漳河水量调度予以规范化、法制化,不仅有利于贯彻落实国务院42号文所确定的水量分配方案,而且可以将漳河的相关水事活动纳入法制管理的轨道,将国务院42号文的基本精神真正落到实处。

(三)贯彻落实水法律法规的要求

尽管目前对山西省与河北省、河南省之间的水量分配方案缺乏明确规定,但1989年以来,伴随着《水法》的修订以及《抗旱条例》的颁布实施,相关法制环境已发生了重大变化。《水法》第46条明确规定了“流域管理机构应当根据批准的水量分配方案和年度预测来水量,制定年度水量分配方案和调度计划,实施水量统一调度;有关地方人民政府必须服从”,这为漳河水量统一调度提供了基本依据。但如何在流域层面上统筹配置漳河上下游水资源,并据此开展漳河水量统一调度,尚需进一步开展配套制度建设。《抗旱条例》明确规定了“发生干旱灾害……流域防汛抗旱指挥机构可以按照批准的抗旱预案,制订应急水量调度实施方案,统一调度辖区内的水库、水电站、闸坝、湖泊等所蓄的水量。有关地方人民政府、单位和个人必须服从统一调度和指挥,严格执行调度指令”,这为漳河抗旱应急水量调度提供了明确的法律依据,但如何在漳河具体开展抗旱应急水量调度,也有待于进一步开展配套制度建设。

(四)解决漳河水量调度面临的问题

近年来,漳河上游管理局以科学发展观为指导,创造性地开展了漳河水量调度实践,并积累了一系列行之有效的经验,尽可能维护了沿河两岸稳定的水事秩序。这些经验来之不易,但亟待上升为正式的法律制度。同时,伴

随着经济社会发展和河道来水量锐减,目前漳河水量调度已经积累了不少难题需要进一步解决。突出表现在:

1. 水资源严重短缺

20世纪80年代以来,华北地区持续干旱,漳河流域的降水量比多年平均值减少20%以上,河道基流减少50%以上。国务院42号文中的预测来水量已难以实现。

2. 水资源时空分布严重不均

漳河河道来水多集中在汛期和非灌溉季节,用水则主要集中在灌溉季节;漳河水源区在山西,主要缺水区是下游河南省、河北省沿河大灌区,漳河水资源利用存在时间差和空间差。在漳河分段管理的现有体制下,全流域水资源不能统一调度,造成山西省、河南省、河北省之间互相争水的矛盾不断产生。

3. 上下游水资源合理配置格局难以形成

为了合理配置上下游水资源,海河水利委员会组织编制了《漳河上游水资源规划》。规划根据上下游水资源合理配置的实际需要,对山西省出境水量提出了明确要求。然而,规划中确定的山西省出境水量目标尚未上升为正式制度,缺乏有力的约束。

(五)构建法治漳河的必然要求

从本质上看,漳河的各种水问题,尤其是水事纠纷问题,已不单纯是水资源短缺问题,而是由“自然—人—水—人”这一结构链所形成的社会问题:漳河水资源短缺的自然因素和最严格的水资源管理制度未真正落实的人为因素相互叠加,形成漳河供水危机,进而导致用水者之间相互争水,甚至不惜采取械斗、爆炸、炮击等方式,从而对人类自身造成严重危害。在此过程中,漳河流域水量统一调度的制度缺位,成为问题的症结所在。开展漳河水量调度立法,构建漳河水量调度的正式法律制度,将有利于构建法治漳河、和谐漳河。

二、漳河水量调度立法的关键内容

在开展漳河水量调度立法过程中,需要贯彻落实国务院42号文精神,并根据现有水法律、法规理顺漳河水量调度管理体制,合理配置漳河水资源,建立健全漳河水量统一调度制度和应急调度制度。

（一）理顺漳河水量调度管理体制

目前漳河实行分段管理。一是浊漳河侯壁水电站以上河段及清漳河匡门口水文站以上河段(以下简称侯匡以上河段),除了清漳河涉县河段由河北负责之外,其余河段的水资源配置、取水许可管理、水量调度等均由山西负责。二是浊漳河侯壁水电站以下、清漳河匡门口水文站以下至观台水文站的河段(总长度为108公里),其水资源主要由河南省和河北省共同利用,相关水量纳入国务院42号文有关漳河的水量分配方案之中,目前由漳河上游管理局进行统一管理、统一调度。三是观台水文站以下河段,包括岳城水库及岳城水库以下至徐万仓。此河段由海河水利委员会漳卫南运河管理局直管,其中岳城水库的水量纳入国务院42号文有关漳河的水量分配方案中。漳卫南运河管理局设置了岳城水库管理局对岳城水库具体管理。

根据漳河各河段的管理体制现状,漳河水量调度涉及水利部、海河水利委员会、漳河上游管理局、漳卫南运河管理局、三省有关县级以上人民政府及其水行政主管部门等。这些不同主体在漳河水量调度中的不同职责,需要在立法中予以明确规定。其中,水利部的职责主要在于宏观指导,并对漳河水量调度的核心问题进行决策,包括颁行漳河水量调度的部门规章,对涉及三省关键利益协调的漳河应急水量调度预案进行审批等;海河水利委员会的职责主要在于关键问题的决策,包括侯匡岳区间年度水量调度方案的审批、组织开展上游水库汛限水位以上的水量调度、组织开展漳河应急水量调度等;山西省人民政府负责并确保山西出境水量符合规划的控制指标;侯匡岳区间的水量调度则主要由漳河上游管理局、漳卫南运河管理局等相关主体组织实施和开展监督管理。

（二）合理配置漳河上下游水资源

根据《水法》的规定,《漳河上游水资源规划》是合理配置漳河上下游水资源的基本依据。目前该规划即将报请国务院批准。为了合理配置漳河上下游水资源,需要根据《水法》和《取水许可和水资源费征收管理条例》的规定,以《漳河上游水资源规划》为依据,对山西境内用水实行总量控制制度,山西省人民政府要保证下泄水量符合该规划确定的出境水量要求。同时,为了避免对今后新建水库、水电站造成水权初始分配的不公平,对于今后新建的水库、水电站,须要求在建设前明确上下游的水量分配方案。

（三）强化侯匡岳区间的水量统一调度

侯匡岳区间的水量统一调度,主要由漳河上游管理局、漳卫南运河管理局在各自管辖河段范围内负责组织实施。该区间水量统一调度的关键在于：首先，需要明确将国务院42号文中确定的水量分配方案，作为侯匡岳区间水量统一调度的基本依据。其次，考虑到漳河水量调度的关键是灌溉期(3—6月、11月)，漳河水事纠纷也大多发生于这一时段，需要明确3月至6月以及11月为灌溉期，采取精细化调度方式；7月至10月为汛期，当年12月至次年2月为非灌溉期，采取一般调度方式即可。再次，根据灌溉期精细化水量调度要求，侯匡岳区间水量调度需要采取年度水量调度方案、时段水量调度方案①和实时调度指令相结合的方式进行决策，并实行时段控制和区域用水总量平衡控制。最后，为了预防水事纠纷的发生，需要实行水文断面水量控制，并对水量调度进行精确监测。

(四) 突出漳河特殊的水量调度方式

在水量调度的具体方式上，需要对漳河上游管理局近年来的水量调度实践经验予以制度化、法制化。目前漳河的水量调度方式主要包括：

(1) 集中调水，即在灌溉期，由漳河上游管理局根据各用水部门用水的实际情况，采取临时限制取水等措施，向有关用水部门集中调水。

(2) 分时段调水，即灌溉期河道实际来水难以满足正常用水时，由漳河上游管理局根据漳河沿河村庄用水的实际需要，实施左右岸分时段调水。

(3) 灌区的补水调度，即灌溉期各灌区上一时段引水达不到该时段水量调度指标的，在下一时段进行补水调度；灌溉期各灌区引水达不到水量调度指标的，可以在非灌溉期和汛期进行补水调度。但是，各灌区因自身原因造成某时段或者灌溉期引水达不到水量调度指标的，不予补水调度。

(4) 红旗渠、跃进渠、大跃峰渠、小跃峰渠四大灌区调水总量控制，即四大灌区引水总量原则上不超过核发的取水许可控制总量。四大灌区引水总量超过取水许可总量控制指标的，不再新增水量调度指标。四大灌区引水总量即将达到取水许可控制总量的，漳河上游管理局应当及时通知相关灌区管理单位，并对剩余取水量进行总量控制。

(5) 跨省有偿调水，即漳河上游管理局可以组织漳河上游水库管理单位与下游相关用水部门签订供用水协议，并组织开展相关省际联合调度。但漳河上游水库管理单位执行协议之前，应当优先保障《漳河上游水资源规划》

---

① 说明：灌溉期，在河道来水量锐减、无法满足灌区用水需求的情况下，需要根据来水的不同情况划分各个调度时段(通常为半个月左右，有时只有一周)开展漳河水量调度。结合漳河上游管理局目前划分时段开展水量调度的做法，可以将有关水量调度方案称为时段水量调度方案。

中确定的出境水量。

（6）向岳城水库集中供水，即在汛期，漳河上游管理局在统筹协调四大灌区用水的基础上，可以适当限制灌区引水，为岳城水库集中供水。因紧急情况需要从岳城水库开展远距离调水的，漳河上游管理局可以采取限制或者暂停各灌区引水以及集中下泄等措施，保障岳城水库入库水量。

（五）建立漳河应急水量调度制度

《中华人民共和国突发事件应对法》（以下简称《突发事件应对法》）明确规定了，应对突发事件应当编制应急预案。漳河应急水量调度属于突发事件应对范畴，需要依法编制应急水量调度预案。为了提高可操作性，还应当进一步编制应急水量调度实施方案。根据漳河应急水量调度的具体需要，有三种情形需要建立应急水量调度制度：

（1）发生严重干旱或者特大干旱可能危及城乡生活供水安全时的应急调度。此时需要由海河水利委员会按照经批准的漳河应急水量调度预案，下达实时调度指令，并及时调整侯壁、刘家庄水文断面水量控制指标。作为关键的应急调度手段，需要授权海河水利委员会在必要时可以对漳泽、后湾、关河等大、中型水库实行直接调度。

（2）出现严重缺水可能严重影响漳河水事秩序稳定时的应急调度。此时可以由漳河上游管理局按照经批准的漳河应急水量调度预案，及时报请海河水利委员会批准实施应急水量调度。

（3）水库运行出现严重故障或者出现重大水污染事故时的应急调度。此时，海河水利委员会、漳河上游管理局、漳卫南运河管理局、山西省有关县级以上人民政府水行政主管部门、水库主管部门或者单位，应当根据经批准的漳河应急水量调度预案和有关的实施方案，按照规定的权限和职责，及时采取压减取水量直至关闭取水口、实施水库应急泄流方案、加强水文监测等处置措施。

（六）加强水量调度的监督管理

加强监督管理是确保水量调度落到实处的关键。结合漳河水量调度的实际需要，监督管理的主要内容有三方面：

（1）加强侯壁、刘家庄水文控制断面下泄水量（即山西出境水量）的监督管理。对于侯壁、刘家庄水文控制断面下泄水量未达到《漳河上游水资源规划》确定的山西省出境水量控制指标的，由海河水利委员会对相关省、市或者单位予以通报。侯壁、刘家庄水文断面下泄水量连续3年达不到《漳河上游水资源规划》确定的山西省出境水量控制指标时,可以由海河水利委员会暂停审批该省在漳河新增取水工程项目。

（2）加强侯匡岳区间各灌区超标引水的监督管理。对于侯匡岳区间各灌区实际引水量超过年度水量调度方案控制指标的,可以由海河水利委员会对相关省、市或者单位予以通报,并在下一调度年度中扣减该灌区的引水量指标。

（3）加强执法监督管理。由漳河上游管理局、漳卫南运河管理局、三省有关县级以上地方人民政府水行政主管部门,在各自的职责范围内对主要取(退)水口的启闭及取(退)水情况、水库蓄泄水情况等进行监督检查;必要时,由海河水利委员会组织漳河上游管理局、漳卫南运河管理局、三省有关市、县人民政府水行政主管部门组成联合督查组,对漳河重要取(退)水口及水库实施重点监督检查。

三、政策建议

（一）尽快将《漳河水量调度管理办法》列上立法议程

开展漳河水量调度立法,目前最为可行的方案是参照《黑河干流水量调度管理办法》,由水利部颁布实施《漳河水量调度管理办法》(以下简称《办法》),进而在漳河构建由《水法》《抗旱条例》《办法》等组成的漳河水法规体系。为此,建议将《办法》纳入水利部2010年立法工作计划。

（二）积极开展《办法》立法前期工作

目前漳河上游管理局已经委托水利部发展研究中心开展《办法》立法研究,并组织有关专业技术骨干人员与水利部发展研究中心相关人员组成联合起草组,拟订了《办法》草案报送海河水利委员会。为了推动《办法》出台,需要进一步开展《办法》立法的前期工作,建议由海河水利委员会组织三省有关人民政府水行政主管部门、漳河上游管理局、漳卫南运河管理局等召开立法协调会,对《条例》中的关键问题予以协调,并在必要时召开专家会议予以研讨论证。

（三）以突出漳河水量调度特色为核心开展立法

在制定《办法》过程中,除了遵循《中华人民共和国立法法》确定的立法原则,突出合法性和可操作性之外,尚需围绕漳河水量调度的关键问题开展立法,突出漳河特色。结合漳河水量调度的立法需求,建议将《办法》的内容定位于以下几个方面：一是按照漳河“分段管理、统一调度”原则理顺漳河水量调度管理体制；二是合理配置上下游水资源，确立经批准的《漳河上游水资源规划》在漳河上下游水资源配置中的核心地位；三是对侯匡岳区间的常规水量调度进行规范，并对漳河上游管理局近年来开展的行之有效的水量调度经验予以规范化和法制化；四是按照《中华人民共和国抗旱条例》等水法律法规，对漳河应急水量调度进行规范；五是对漳河水量调度的监督管理进行规范，使漳河各项水量统一调度制度真正落到实处。

洪水资源利用法律制度建设刍议*

洪水资源利用是指按照风险分担、利益共享的原则，通过建设和完善滞、蓄、调、引、灌等工程设施，综合采用规划、预报、调度、应急预案等非工程措施，实施洪水风险管理，对特定规模洪水的公益性增值利用，具有综合、风险、公益、增值等特征。在洪水资源利用过程中，涉及洪水风险管理、洪水资源利用规划、河湖水库调度、蓄滞洪区优化运用、地下水回灌等多种行为，需要调整多重利益关系，亟须加强相关法律制度建设。

一、洪水资源利用法律制度建设的重要性

（一）适应洪水资源利用趋势的内在需要

我国水资源短缺，随着经济社会的发展，用水需求的日益增加，缺水威胁将进一步加剧，适度利用洪水资源将成为解决局部地区水资源短缺的重要途径之一。因此，洪水资源利用在规模和总量上都将呈现日益增长趋势。在洪水资源利用过程中，包括洪水资源利用规划、洪水风险管理、江河湖泊水库调度、蓄滞洪区优化运用及其补偿、回灌地下水等，需要一系列制度予以支持。这些制度的确立和运作，单纯依靠政策难以完全奏效，需要上升到法律层面予以规范化、法制化。

（二）协调洪水资源利用复杂利益关系的迫切要求

在洪水资源利用过程中，涉及各级政府、各级防总、各级政府部门、水工程管理单位、社会公众等多重主体，各主体利益关系复杂而多元。在我国，虽然这些主体的根本利益具有一致性，但个别时候针对具体事件，也会产生不同程度的利益冲突或矛盾。如果不能及时和妥善处理，就会形成新的不安定因素，这就需要以法律的形式协调各方的利益，发挥法律制度的教育和引导作用，有效地开展洪水资源利用活动。

---

* 本文作者为陈金木、郑德运、郑伟。原文发表在《中国水利》2009 年第 23 期。

（三）解决洪水资源利用法律缺位的关键举措

尽管目前我国已确立了“保障安全、充分利用”的洪水资源利用基本政策，要求在保障防洪安全的前提下，充分利用洪水资源。然而目前我国在洪水资源利用方面的法律、法规却处于缺位状态。除了《天津市防洪抗旱条例》等部分地方性法规明确提出“鼓励对雨洪水资源的开发利用”之外，《水法》《防洪法》《防汛条例》以及各种涉水部门规章均未规定洪水资源的利用问题。洪水资源利用法律缺位，导致洪水资源利用面临着一系列法律瓶颈，严重制约着洪水资源利用的有效开展。为此，在推进洪水资源利用的过程中，有必要加强洪水资源利用法律制度建设。

二、洪水资源利用法律制度建设的重点

（一）确立洪水资源利用的基本原则

洪水资源的利用具有利害两重性，其“利”体现在洪水一旦资源化，就可以像其他水资源一样兴利；其“害”体现在，除了洪水本身可能存在的危害性之外，还可能因为洪水资源化措施的实施带来各种附加风险，如洪水预报误差风险、调度操作误差风险等。因此，为了充分利用洪水资源，需要适度承受洪水风险，并协调好不同主体之间基于洪水资源利用的利害关系，而这首先需要明确洪水资源利用的基本原则。归纳起来，主要有以下基本原则：

（1）保障安全原则，即利用洪水资源，必须结合实时的工情、雨情、汛情，科学决策、审慎操作，保证度汛安全。

（2）统一规划原则，即通过合理的规划，按照风险分担、利益共享的原则，统筹流域上下游、左右岸、干支流、城乡间基于洪水资源利用的利害关系。

（3）因地制宜原则，即利用洪水资源时，需要注意结合各个流域的工情、雨情、水情，综合考虑该区域的社会经济发展状况，采取适宜的利用措施，实现洪水资源的优化配置。

（4）综合利用原则，即从全流域通盘考虑，既要考虑如何科学合理地进行河库洪水错峰调度以发挥防洪减灾效益，还要考虑如何通过科学调度增加水库容纳水量及调蓄滞洪水量，提高水能水量利用率，综合增加发电、灌溉和防洪效益。

（二）确立政府主导的洪水资源利用管理体制

洪水资源利用，作为一项有风险的公益性事业，需要建立以政府为主导

的管理体制，赋予洪水资源利用主管部门较强的行政权力，以满足应急管理决策的紧迫性和复杂性需要。为此，需要明确洪水资源利用主管机构的职责与权限，建立必要的监督制约机制，追究滥用职权者的法律责任，以避免无序利用、不合理利用引发新的生态与环境问题。

（三）确立洪水资源利用规划制度

洪水资源利用与常规水资源开发利用不同，缺乏有效的利益协调与驱动机制，需要在政府主导下编制专业规划，结合具体的雨情、汛情、工情，科学决策，相机实施。为此，需要明确洪水资源利用规划编制的组织形式、编制主体、决策程序、法律地位和有关机构及利益相关者参与的机制，规定洪水资源利用规划的执行与监督等。

（四）结合洪水资源利用方式设计不同的法律制度

洪水资源利用主要有四种方式：水库调度；区域内河系联网调度以及跨区域或跨流域水量调度；蓄滞洪区的优化运用；通过工程措施主动回灌地下水。不同的洪水资源利用方式，其法律制度建设重点存在很大区别：

1. 水库调度

对于水库调度而言，法律制度建设的重点在于洪水资源调度及风险责任承担。为了充分发挥现有水库等工程的调蓄水功能，最大限度地利用洪水资源，需要改变传统的水库调度模式，建立动态的汛期概念，并在此基础上确定动态的汛限水位、调整具体的水库汛期调度方案。在此过程中，伴随着洪水风险的增加，需要确立相应的风险责任承担主体和承担方式。

2. 区域内河系联网调度以及跨区域或跨流域水量调度

对于区域内河系联网调度、跨区域或跨流域水量调度而言，法律制度建设的重点在于洪水资源在不同区域、流域之间的配置、调度，以及不同区域、流域之间在水资源、水环境方面的利益平衡。为了尽可能滞留洪水，可以利用联网的河系或跨流域调水工程等，将本流域、本区域的汛期“弃水”调度到其他流域或区域加以储存或者利用，这就需要充分考虑到不同区域、流域之间的水资源配置规划，并进行相关的水量调度制度建设。由于洪水往往夹杂着各种污染物，因此，在洪水资源调度过程中，需要有效控制与管理污染物，限制污染灾害在地区间转移，避免造成更为严重的环境污染事故。

3. 蓄滞洪区的优化运用

对于蓄滞洪区的优化运用而言，法律制度建设的重点在于蓄滞洪区的功能调整和受损者的利益补偿。为了合理利用洪水资源，有必要将蓄滞洪区的运用从单一的被动防洪调度转变为主动的蓄洪兴利和错峰防洪等多种形式，为此，需要建立有效的社会管理和经济调节机制，建立行之有效的管理法规，制定和实施适宜的人口政策、产业政策，搞好产业结构调整和经济发展布局，促进蓄滞洪区人与自然的和谐，实现区内经济社会的健康、有序发展。同时，应当根据各流域防洪规划、洪水资源利用规划的要求，结合蓄滞洪区的土地利用、产业结构及经济发展水平，以不同淹没水深及淹没时间为参数，划分蓄滞洪区的启用级别，确定相应级别的启用决策机构，实现蓄滞洪区分级运用管理。在此过程中，需要加强蓄滞洪区运用补偿立法，依法界定有关区域地方政府为补偿主体，明确补偿资金的来源，规定补偿金的支付方式和用途，健全补偿基金的征收、分配和管理运作、资金管理机构的规章制度、规范补偿金的发放、使用和监督等。

4. 主动回灌地下水

对于通过工程措施主动回灌地下水而言，法律制度建设的重点在于回灌设施建设与管理以及洪水水质的管理问题。有效回灌地下水往往需要修建地下截坝、拦水闸，开挖深井、渗沟等工程措施，为此需要对回灌设施建设与管理制定专门的法规标准。此外，洪水在较短的时间内汇集，水质难以控制，因此在回灌地下水的同时，必须采取必要的监督控制措施，保证水质不被污染，以免污染了地下水源，造成新的自然灾害。需要明确可回灌地下的洪水水体质量标准体系，建立洪水水质检测、报告制度及操作规程，加强决策的信息支持力度，完善利用洪水资源回灌地下的决策机制。对无视洪水水质，强行决策致使地下水体污染的，设定相应的法律责任。

（五）建立健全应急管理机制

为了控制或减轻洪水资源利用过程中可能遇到的突发性水灾损失，必须建立健全应急管理制度，包括应急预案的编制、应急预案的启动程序、应急预案的演练、相关单位和个人在各级应急响应中的责任义务与协同机制、加强应急反应能力建设的措施、应急决策后的评估制度以及相关责任追究制度等。

（六）其他制度

除了建立、完善或落实上述法律制度外，还需要建立洪水资源利用的生态补偿制度、跨区纠纷解决机制、水质监测与控制制度等各种制度措施。

三、政策建议

（一）构建由法律、法规、规章所组成的洪水资源利用法规保障体系

在今后开展洪水资源利用法律制度建设的过程中，需要构建由法律、法规、规章所组成的洪水资源利用法规保障体系。在法律层面，可通过修订《防洪法》，增加有关洪水资源利用的条款。如将防洪规划扩展为洪水管理规划，确立洪水资源利用规划的地位；明确洪水资源利用的协调机制，加强中央、地方和各行政管理部门之间在洪水资源利用行动中的沟通与协调，扩展国家防汛抗旱总指挥部的职能；将洪水影响评价制度由洪泛区、蓄滞洪区向整个防洪区推广，由建设项目向与土地利用有关的规划推广；在保障措施中，明确洪水资源利用资金的来源，明确中央与地方的洪水资源利用投入原则，明确洪水资源利用基金在洪水管理基金中的比例等。在行政法规层面，需要及时出台《蓄滞洪区管理条例》，合理确定蓄滞洪区的规划管理制度、科学利用制度和损害补偿制度，以促进蓄滞洪区的优化运用；需要在将来出台的《地下水资源管理条例》中建立地下水回灌制度，保障地下水的有效供给，从根本上缓解地下水环境恶化趋势。在部门规章层面，为了具体指导我国洪水资源利用实践，可以在有关水部门规章的制定、修改时，加入洪水资源利用的相关制度。比如，在已纳入水利部立法工作安排的《雨洪影响评价分级管理规定》《雨洪影响评价资质管理办法》《丹江口水库管理办法》《尼尔基水利枢纽库区管理办法》《东平湖管理办法》等部门规章中，规定与洪水资源利用相关的制度。此外，省、自治区及直辖市人大、政府及相关地方立法机构可以通过制定地方性法规或地方政府规章，结合本地区洪水资源利用的实际需要，将国家确定的洪水资源利用制度予以具体化。

（二）采取“自下而上”和“自上而下”相结合的上下联动路径进行推进

在洪水资源利用法律制度建设过程中，可以采取“自下而上”和“自上而下”相结合的上下联动路径进行推进。

一方面，洪水资源利用在我国尚处于起步阶段，在这种情况下，开展洪水资源利用法律制度建设，适宜“自下而上”，由各地方根据情况先行开展相关法规建设，包括制定适用于本行政区域的地方性法规或者地方政府规章等。通过地方性立法先行，不仅可以满足缺水地区科学合理利用洪水资源的立法需求，而且可以因地制宜，积累经验。

另一方面，伴随着洪水资源利用的实践推进和各种制度建设的探索，适

时“自上而下”,由国家推出相关法律法规,引导全国范围内洪水资源利用工作的开展。从洪水资源利用法律制度建设上看,也只有在法律法规层面引进洪水管理理念并对防洪法进行修改,并出台蓄滞洪区管理条例、地下水资源管理条例等法规之后,才能表明洪水资源利用法规保障体系真正建立。

(三) 分阶段、分步骤、有计划地推进洪水资源利用法规保障体系建设

在洪水资源利用法规保障体系建设过程中,可以考虑分为三个阶段:2015 年前为政策先导与框架确定阶段,重点在于由地方出台相关的政策法规,同时尽快推进已经列入水法规体系总体规划的蓄滞洪区管理条例、洪水影响评价管理条例、地下水资源管理条例等《水法》《防洪法》的配套法规;2015—2020 年为主要法律制度完善阶段,重点在于将《防洪法》修改完善为洪水管理法;2020 年之后为制度进一步健全阶段,重点在于进一步修改完善各政策法规,从而逐步建立起长期、有效的洪水资源利用法规保障体系。

(四) 在加强立法前期研究的同时适时开展立法跟踪评估

将洪水资源利用政策法规保障体系建设纳入相关规划,如水法规体系总体规划或者相关部门“十二五”立法规划等。组织专门力量,积极开展《防洪法》修改研究、《蓄滞洪区管理条例》立法研究、《地下水资源管理条例》立法研究等相关前期研究工作,形成洪水资源利用法规项目储备。在此过程中,积极开展立法跟踪评估。一是对已有的与洪水资源利用相关的政策法规的评估,尤其是《防洪法》以及有关的地方性法规实施效果评估。二是在推动出台新的洪水资源利用法律法规之后,积极开展立法跟踪评估。通过立法跟踪评估,可以进一步发现问题,并为将来进一步修改完善法律法规提供支撑。

城市雨水资源利用法律制度建设刍议*

城市雨水主要是指降落在城市建筑物顶面和城市地面,超出了城市绿地自然灌溉和路面自然喷洒(冲洗)等正常需要的径流雨水。通过各种人工方式,城市雨水资源可以转化和调蓄成其他形态的水资源,即城市雨水资源化。城市雨水资源利用,不仅可以增加水资源,缓解城市水资源的供需矛盾,而且可以有效减小城市径流量,减少防洪投资和洪灾损失,甚至可以调节气候、净化空气、吸纳城市噪声,逐步改善城市生态环境。在发展城市雨水资源利用的过程中,除了需要大力发展雨水收集利用技术,在国家和地方层面出台相应政策外,还应从规范化和法制化的角度出发,适时制定专门的城市雨水资源利用行政法规或者部门规章,并以此为核心形成城市雨水资源利用法律制度体系。

一、城市雨水资源利用法律制度建设的重要性

(一)解决城市雨水资源利用所面临问题的需要

我国城市雨水资源利用目前尚处于起步阶段,在自身运行规范化上面临着诸多问题。首先,城市雨水资源是水资源的重要组成部分,城市雨水资源如何纳入水资源中进行统一管理,目前尚无法可依。其次,城市雨水资源利用如何与城市供水、用水、排水、污水处理与回收利用等城市水务相协调,目前也无法可依。最后,城市雨水资源利用涉及公民、雨水资源利用企业、雨水设施所有者、管理者等多方主体的权利义务设置,但这也面临着无法可依的困境。因此,在城市雨水资源利用进一步推进的过程中,有必要加强法律制度建设,以解决城市雨水资源利用过程中所面临的各种问题。

(二)弥补城市雨水资源利用法律缺位的需要

目前我国在城市雨水资源利用方面存在着法律缺位现象。《水法》第24条规定,"在水资源短缺的地区,国家鼓励对雨水和微咸水的收集、开发、利用

---

* 本文作者为陈金木、温慧卿。原文发表在《中国水利》2010年第9期。

和对海水的利用、淡化”,这虽然明确提出了鼓励雨水资源利用,但如何鼓励雨水资源利用,如何对雨水资源利用设置一整套完善的管理制度,如何设置雨水资源利用的各种权利义务关系,目前尚缺乏配套的法规或者规章。虽然一些地方性法规、地方政府规章提到了城市雨水资源利用问题,但大多限于鼓励性的原则性规定,缺乏实质性内容,缺乏可操作性。然而,对于上述所分析的城市雨水资源利用过程中存在的问题,仅靠行政措施或者出台一定的政策措施,并不能长效解决问题,而需要纳入法制轨道,充分发挥法律规范对于各行为主体的约束作用。因此,加强城市雨水资源利用法律制度建设,也是弥补城市雨水资源利用法律缺位的需要,是促进城市雨水资源利用规范化、法制化的需要。

(三)引领城市雨水资源利用发展的需要

随着我国城市化步伐的加快,城市缺水问题更加突出。目前在全国670多座城市中,有400多座城市不同程度的缺水,其中严重缺水的城市达130多座。充分利用雨水资源,已经成为解决城市缺水问题的一种经济、简便、快捷、行之有效的途径。然而,由于城市雨水资源利用需要大量投入,尤其是初期投入成本高、回报慢,城市雨水资源利用推广缓慢。在这种情况下,加强城市雨水资源利用法律制度建设,并确立城市雨水资源强制利用、雨水利用设施建设、雨水净化、雨水使用、雨水资源利用监管等制度,将可以充分发挥法律的强制功能和规范功能,进而引领城市雨水资源利用的发展。

二、城市雨水资源利用法律制度建设的思路与重点

(一)建设思路

1. 合理配置城市雨水资源利用过程中相关主体的权利义务

城市雨水资源利用法律制度建设的核心,在于通过立法的形式将各种利益诉求与调节的手段与方式固定下来,为各方主体的行动奠定合法性基础。为此,城市雨水资源利用法律制度建设,应当通过建立健全管理体制,将城市雨水资源利用的政治安排法定化,为城市雨水资源利用的行业管理和社会管理提供合法来源;通过权利义务的设定,为城市雨水资源利用中经济手段的运用提供权利基础与基本行为规则,并为其调整对象提供行为预期,促使行为人理性地选择自己的行为;通过利益的重新分配,推进城市雨水资源利用的科技进步与普及;通过法律原则的设定,促进人们利用城市雨水资源意识的提高与节水文化的形成。

2. 有效整合现有的和今后需颁行的法律法规

目前我国已有一些法律、法规、规章、标准涉及城市雨水资源的利用问题,包括《水法》《建筑与小区雨水利用工程技术规范》以及《北京市实施〈中华人民共和国水法〉办法》《北京市节约用水办法》《北京市规划委员会、北京市水利局关于加强建设工程用地内雨水资源利用的暂行规定》等地方性立法。在城市雨水资源利用法律制度建设过程中,这些现有的法律、法规理应成为重要的组成部分。除此之外,根据城市雨水资源利用的法律制度需求,尚有必要出台新的法规、规章,如城市雨水利用条例、城市雨水资源利用管理办法等。

3. 合理借鉴国外雨水资源利用法律制度的建设经验

目前美国、加拿大、日本、德国等国家的雨水资源利用已经比较成熟,相关法律制度建设也比较完善。我国在构建城市雨水资源利用法律制度时,有必要充分借鉴其经验。例如,强制性进行雨水资源利用是国外雨水资源利用法律制度的重要内容,而且往往明确规定在相关法规之中;同时相关法规还对雨水集蓄、雨水利用等各个环节进行专门的规定,并出台了一系列的鼓励政策和技术支持政策,有力地促进了雨水资源利用,这都值得我们合理借鉴。

(二) 建设重点

1. 确立城市雨水资源强制利用制度

从城市雨水的回收和排放成本对比以及回收雨水和直接利用自来水的价格(成本)对比看,城市雨水资源利用在短期内并不是一个经济、划算的经济行为。虽然从宏观和长远看,城市雨水资源利用可以排除它的负外部性,缓解城市水资源短缺、减轻市区和城镇的排水压力、改善水生态环境;但作为理性人,大部分市场主体不会主动实施这种初期投入成本高、回报慢,甚至"无利可图"的雨水收集利用活动。因此在法制建设中,首先应当确立强制雨水收集利用制度,以促使雨水资源利用的推广和普及。可以明确规定新建、改建、扩建工程(含各类建筑物、广场、停车场、道路、桥梁和其他构筑物等建设工程)应当强制性修建雨水收集利用工程,并以不增加径流为指标进行控制。对于不符合规定的建设项目,建设管理部门不予审批。在设立强制雨水资源利用规定时,应谨慎处理好强制范围和强制程度,避免采取"一刀切"的做法。作为配套,可以进一步明确规定,对于未建或者未达到建设标准的建筑工程,强制征收城市雨水排放费。城市雨水排放费强制征收的目的,不在于增加政府财政收入,而在于利用经济手段推动城市雨水收集利用的普及。征收的城市雨水排放费应专门用于城市雨水收集利用设施的建设和管理。

2. 完善管理体制机制

城市雨水资源属于非传统水资源,《国务院办公厅关于印发水利部主要职责内设机构和人员编制规定的通知》(国办发〔2008〕75 号)中已明确了水利部指导“城市污水处理回用等非传统水资源开发的工作”,其中自然包括城市雨水资源利用。值得注意的是,城市雨水资源利用虽然属于水资源和水务范畴,但在具体实施时仍需水利、城市建设、市政管理、建筑设计、环保和园林等许多部门进行合作。因此,需要建立起有效的协调机制,使各部门在各自职责范围内做好城市雨水资源利用的有关工作。

3. 确立城市雨水利用设施建设制度

(1) 城市雨水资源利用设施建设应当坚持三同时原则,即新建、改建、扩建项目和技术改造项目以及区域性开发建设项目的雨水资源利用设施必须与主体工程同时设计、同时施工、同时使用。

(2) 明确城市雨水资源利用设施的建设程序,包括前期(立项、规划审查、可研、设计)、施工、监理、竣工验收等环节。在此应注意:一是在有关城市污水处理的技术规范中需要进一步强调雨污分流和初期雨水处理;二是在设施建设中对先进技术的使用应符合国家相关技术标准;三是对新建工程,在有条件的情况下应该考虑进行雨水综合利用系统的建设。

(3) 明确雨水利用设施的费用负担。建议遵循“谁建设、谁收益”的原则,由不动产所有人出资负担雨水蓄积工程的建设费用。同时,由于雨水资源利用具有很强的公益性,建议国家以设立专项基金等形式进行必要的资金补助。

4. 确立城市雨水净化处理制度

根据城市雨水的不同用途和水质标准需要对雨水进行相应处理。例如,若要回用于小区景观环境用水,其水质应符合《城市污水再生利用景观环境用水水质》标准(GB/T18921—2002)。如要将经过处理的雨水同时用于多种用途,其水质应按最高水质标准确定。

5. 确立城市雨水使用制度

城市雨水资源有多种用途。一是直接利用,包括绿化、喷洒道路、洗车、冲厕、冷却循环、景观补充水等。二是间接利用,包括渗透补充地下水,多用途、多层次、多目标的综合利用,城市生态环境保护与改善利用。其中,城市雨水资源综合利用系统的经济效益、社会效益和环境效益都十分可观,政府应根据不同用途,鼓励用户建设综合利用系统。

6. 健全城市雨水资源利用监督管理制度

城市雨水资源监督管理制度包括雨水工程设施监管、雨水资源出售主体的资质监管、雨水资源出售合同备案管理、雨水水质处理监管以及具体用途监管等制度。因此可以明确规定:各雨水资源利用的建设单位必须按照雨水利用设计标准和相关规定进行规划设计、施工和验收;擅自更改设计的,建设单位不得组织竣工验收。建设单位需要加强对已建雨水利用工程的维护管理,确保雨水利用工程正常运行,有关部门应当对其进行定期检查监督。雨水资源利用设施的所有者或管理者在出售雨水资源时,必须报经有关部门审查并依法取得相应资质。雨水资源买卖双方在签订合同后,应在一定期限内到相关行政部门办理备案登记手续,以便有关部门对水资源的统一管理等。

7. 确立公众参与制度

一是明确公众参与雨水资源利用是公众的权利;二是应当向社会披露与雨水资源利用的相关各类信息;三是应当赋予公众就雨水资源利用进行公益诉讼的权利等。

三、政策建议

(一) 构建由法律、法规、规章所组成的城市雨水资源利用法规保障体系

目前城市雨水资源利用基本处于"法律缺位"的状态。在今后开展城市雨水资源利用法律制度的建设过程中,需要在现有法律、法规的基础上,进一步构建由法律、法规、规章所组成的城市雨水资源利用法规保障体系。在法律层面,除了目前《水法》的原则性规定之外,可适时在其他法律,如节水法中确立城市雨水资源利用的核心制度,尤其是强制利用制度。在行政法规层面,需要及时出台城市雨水利用条例,对城市雨水资源利用作全面的规定,包括雨水利用的宗旨、原则、雨水资源利用系统建设制度、雨水资源用途制度、雨水资源防污制度、雨水资源利用监督检查制度、法律责任等。在部门规章层面,为了具体指导我国雨水资源利用的实践,可以在有关水部门规章的制定、修改时加入雨水资源利用的相关制度。比如,在已纳入水利部立法工作安排的《雨洪影响评价分级管理规定》等部门规章中,规定与雨水资源利用相关的制度,并相机出台雨水资源利用方面的专门规章,如城市雨水资源利用办法等。此外,省、自治区、直辖市人大、政府及相关地方立法机构可以通过制定地方性法规或地方政府规章,结合本地区城市雨水资源利用的实际需要,将国家确定的雨水资源利用制度予以具体化。

（二）采取“自下而上”和“自上而下”相结合的上下联动路径进行推进

在城市雨水资源利用法律制度建设过程中，可以采取“自下而上”和“自上而下”相结合的上下联动路径进行推进。一方面，城市雨水资源利用在我国尚处于起步阶段，开展城市雨水资源利用法律制度建设，适宜“自下而上”，由各地方根据情况先行开展相关法规建设，包括制定适用于本行政区域的地方性法规或者地方政府规章等。通过地方性立法先行，不仅可以满足缺水地区科学合理利用雨水资源的立法需求，而且可以因地制宜，积累经验。另一方面，伴随着雨水资源利用的实践推进和各种制度建设的探索，适时“自上而下”，由国家推出相关法规，引导全国范围内雨水资源利用的开展。

（三）分阶段、分步骤、有计划地推进城市雨水资源利用法规保障体系建设

在城市雨水资源利用法规保障体系建设过程中，可以考虑分为三个阶段：2015 年前为政策先导与框架确定阶段，重点在于由地方出台相关的政策法规，并由相关部门适时出台城市雨水资源利用办法等规章，还可以进一步推出城市雨水资源利用方面的技术标准；2015—2020 年为主要法律制度完善阶段，重点在于推动出台城市雨水利用条例；2020 年之后为制度进一步健全阶段，重点在于进一步修改完善各政策法规，从而逐步建立起长期、有效的城市雨水资源利用法规保障体系。

（四）在加强立法前期研究的同时适时开展立法跟踪评估

研究将城市雨水资源利用法规保障体系建设纳入相关规划，如水法规体系总体规划或者相关部门“十二五”立法规划等。组织专门力量，积极开展城市雨水利用条例立法研究，形成雨水资源利用法规项目储备。在城市雨水资源利用行政法规或者规章正式实施之后，及时对其进行立法评估，以及时发现法律执行过程中的问题并加以解决，并在立法机关和社会之间形成良性互动。

农村饮水安全立法重点与难点分析*

农村饮水安全立法，是农村饮水安全工程建设与管理的重要制度保障。目前，国家已经针对农村饮水安全出台了一些政策，有关部门已经出台了一些规章制度，但还远远不能满足农村饮水安全的实际需要。本文的主旨，一是分析农村饮水安全立法的重点与难点；二是提出农村饮水安全的立法建议。

一、农村饮水安全立法现状

目前，农村饮水安全立法主要有以下几个方面：

（一）国家层面的农村饮水安全立法

在国家层面，目前主要有国务院发布的三个规范性文件，即于2007年5月30日国务院审议通过的《全国农村饮水安全工程"十一五"规划》；1984年8月国务院办公厅出台的《国务院办公厅转发水利电力部关于农村人畜饮水工作的暂行规定》，以及2005年8月出台的《国务院办公厅关于加强饮用水安全保障工作的通知》（国办发〔2005〕45号）。

（二）部门层面的农村饮水安全立法

在部门层面，为了做好农村饮用水管理，国家发改委、水利部、卫生部已联合发文或单独发文制定了一系列部门规章与规范性文件，主要包括：《饮用水水源保护区污染防治管理规定》（1989年）、《农村人畜饮水项目建设管理办法》（1998年10月12日）、《关于进一步做好农村人畜饮水解困工作的意见》（国家计委、水利部计农经〔2002〕322号）、《水利部关于加强村镇供水工程管理的意见》（2003年10月）、《关于进一步做好农村饮水安全工程建设工作的通知》（发改农经〔2005〕920号）、《关于进一步做好农村学校饮水安全工程建设工作的通知》（发改农经〔2005〕1592号）、《农村饮水安全项目建设管理办法》（发改投资〔2005〕1302号）、《关于加强农村饮水安全工程建设和

---

* 本文作者为陈金木、吴强。该论文收入水利部农村饮水安全中心、重庆市水利局、WWF（世界自然基金会）编：《中国农村饮水安全建设管理论文集》，2008年7月。

运行管理工作的通知》(发改农经[2007]1752号)、《生活饮用水卫生标准》(GB5749)、《村镇供水工程技术规范》(SL310 2004)、《村镇供水站定岗标准》《村镇供水单位资质标准》(SL308 2004)等。

(三) 地方层面的农村饮水安全立法

在地方层面,各级地方人民政府及水行政主管部门为了做好本区域的农村饮用水安全管理工作,也相应地制定了一些管理办法,例如:山西省制定了《山西省农村饮水安全工程建设管理办法(试行)》《山西省农村饮水安全工程验收办法》《山西省农村饮水安全工程运行管理办法》《山西省农村饮水安全专项资金管理暂行办法》,正在研究制定《山西省农村饮水水源保护管理规定》等。

(四) 农村饮水安全立法中存在的问题

上述这些政策文件和规章制度,有力地促进了农村饮水安全工程建设与运行管理的顺利开展。然而,农村饮水安全涉及方方面面,有些还属于深层次的体制机制问题。具体表现在:一是农村饮水安全管理体制中各部门职责分工不够明确,还存在职责交叉问题;二是农村饮水安全工程定性不明确;三是农村饮水安全工程建设投入仍显不足,且一些既有规定未能完全符合农村饮水安全工程建设需要;四是农村饮水安全工程的产权缺乏法律政策依据;五是农村饮水安全工程运行管理薄弱,许多问题都缺乏规范;六是现有水源保护制度未能跟上农村饮水安全需要;七是农村饮水安全立法严重滞后,与农村饮水安全形势不相适应。

因此,现有农村饮水安全立法规定,尚难以完全保证农村饮水安全工程完全实现"建得成、管得好、长受益"。事实上,农村饮水安全立法的滞后,已经严重影响了农村饮水安全工程建设与运行管理的顺利开展,因此有必要进一步在既有政策文件和规章制度的基础上,研究如何构建完整的农村饮水安全法规体系。

二、农村饮水安全立法的重点与难点

归纳起来,农村饮水安全立法的重点与难点包括以下方面:

(一) 行政管理体制

在农村饮水安全工程建设与运行管理中,有关行政管理体制的问题集中反映在以下几个方面:

1. 水利部门与发展改革委员会之间的协调问题

按照既有制度,发展改革部门应当商有关部门做好农村饮水安全工程规划编制报批、项目审批、投资计划审核下达和建设管理监督等工作,然而,按照国务院部署,农村饮水安全建设与管理的主管部门为国务院水行政主管部门,而且要求在“十一五”及“十二五”期间基本解决农村饮水安全问题,时间紧、任务重。实践中,许多地方的水利部门与发展改革委员会之间就因为协调问题而影响了农村饮水安全工程建设的开展。

2. 水利部门与城建部门在资质管理上的协调问题

目前对农村供水站的资质管理不统一,在实行城乡水务一体化地区,由水务部门颁发;在未实行城乡水务一体化的地区,由城建部门颁发,也有很多地方供水站未申请资质。由此产生了资质管理中的部门职责分工问题。

3. 水利部门与卫生部门在水质检测与水质监测上的协调问题

在水质监测上,按照《水文条例》第20条的规定,水文机构可以对水量和水质进行监测。而按照有关规定,水源地水质监测由环保部门进行,出厂水及管网末梢水的水质由卫生部门进行监测。实际工作中,目前工程的水质检测次数较少,且主要由工程管理单位出钱委托有关单位进行水质检测,水质监测在许多地方尚未开展。

(二) 农村饮水安全工程定性

农村饮水安全工程定性,直接关系到农村饮水安全工程建设与管理的深层次问题的解决。然而,目前农村饮水安全工程定性一直缺乏相应的法规政策依据。按照《国务院关于印发〈水利产业政策〉的通知》(国发〔1997〕35号),供水工程属于乙类项目,主要通过非财政性的资金渠道筹集。但这与农村饮水安全工程的实际情况(即主要通过财政资金渠道筹集)显然不符。此外,《国务院办公厅转发国务院体改办关于水利工程管理体制改革实施意见的通知》(国办发〔2002〕45号),虽然对城市供水的水利工程管理单位(以下简称水管单位)性质进行了明确,但并未明确农村供水的水管单位性质。

(三) 农村饮水安全工程建设

目前在农村饮水安全工程建设方面相对比较规范,但仍存在以下几个问题:

(1) 投入方面,一是虽然中央已经加大对农村饮水安全工程的建设投入,但资金缺口仍然较大,实践中有观点认为,应当设立农村饮水安全基金;二是中、西部贫困地区由于财政困难,部分县、市饮水工程配套资金不足。

(2) 由于现有国补资金应当全部用于工程建设,因此工程前期经费缺乏资金来源,这在一定程度上造成了规划、设计等工作难以开展,进而影响工程质量。

(3) 对集中式饮水安全工程要求由具有相应资质的设计、施工单位负责设计、施工,并要求按照基建程序,实行招标投标制、建设监理制,但对此,地方上反映难度太大,难以执行。

(四) 农村饮水安全工程的产权

目前国家在农村饮水安全中的投入所形成的资产,除了小型及单村供水工程产权一般归村集体所有没有争议之外,大型的集中供水工程产权一般由水利部门代表国家行使,但这面临着缺乏法律政策依据的难题。这是因为,农村饮水安全工程难以按照《企业国有资产监督管理暂行条例》(国务院令第378号)的规定,由国有资产监督管理机构作为出资人代表,由水利部门作为出资人代表显然于法无据。而产权不确定,工程管理体制机制的深层次问题就难以真正解决。

(五) 农村饮水安全工程运行管理体制机制

农村饮水安全工程的运行管理,是目前农村饮用水管理工作中最薄弱的环节之一。尽管各地方对运行管理比较重视,但还未探索出一套良好的、能适用于全国的运行管理办法能确保工程可持续运行。在这种情况下,一些地方采取了"先建成再说",工程建设与运行管理之间存在一定的脱节。归纳起来,在工程运行管理方面的重点和难点,集中反映在以下几个方面:

(1) 目前许多农村饮水工程的水价偏高,或者核定不足,这两者都不利于农村饮水安全工程的良性运行。水价偏高,致使很多农村节约用水,甚至分质用水,吃饭洗澡用好水,而洗衣服就用自备井的水或其他水,因此用水量偏少。其结果将和水价核定不足一样,造成工程运行困难,甚至造成过几年之后的饮水返困。

(2) 水费收取困难,即便收上水费,也难以完全满足工程运行管理需要。

(3) 饮水工程运行电费、税费较高,工程难以良性运行。如四川德阳市农村供水工程用电均按营业用电计价,电价高达0.97元/度,电费支出接近运行成本的50%;罗江县金山供水站税费征收种类多达5种,每月的各项税费合计高达1 178元。

(4) 折旧费、大修费的收取很有必要,但收取上存在很多困难,目前一些地方基于各种原因往往不提取或难以提取。有些地方在提取"两费"之后也缺乏监管。

（5）目前拍卖、承包、租赁中存在很多问题，一是谁来拍卖，谁来发包，谁来出租？各地方很不规范；二是拍卖的钱如何处理？很多地方拍卖、承包、租赁挣的钱之后都花了，缺乏监管；三是拍卖、承包、租赁之后出现了很多问题，监管不力，如承包之后进行掠夺式经营，过几年就坏了，或者承包之后不维修、不养护，降低服务水平等。此外，经营者如未履行承诺，供水保证率和水质未符合要求，如何采取措施进行监督？

（六）农村饮用水源保护

水源变化和水体污染是造成饮水不安全的重要因素，水体污染造成的不安全，甚至会严重影响人民群众的身体健康。但水源保护远未能跟上农村饮水安全的需要。表现在：现有制度对水量保护关注不够；对水污染的防治除了制度不健全之外，未能充分考虑到农村饮用水水源的特殊性，如非传统水源（雨水）等。

三、解决农村饮水安全立法重点与难点问题的对策

（一）关于行政管理体制

农村饮水安全的行政管理体制涉及各政府部门的权限划分，建议根据现有法律法规，结合农村饮用水管理工作的实际需要进行安排。

（1）由于农村饮水安全是地方政府的主要责任，因此应当明确解决农村饮水安全问题由地方政府负总责，实行各级行政领导负责制。

（2）按照《水利部职能配置、内设机构和人员编制规定》（国办发〔1998〕87号），水利部的职能之一是“组织协调乡镇供水工作”，因此，在农村饮水安全立法中，应当明确规定水行政主管部门为农村饮水安全管理的主管部门。

（3）作为主管部门，水行政主管部门在农村饮水安全管理中的职能重点包括：一是行业监管，包括农村饮水安全工程建设的统一规划与建设指导、工程检查、竣工验收和后评估，农村饮水安全工程运行管理中的水价指导、建立社会化服务保障体系，水源安全防护、生态修复和水源涵养等；二是作为出资人代表，对大型集中式饮水安全工程的国家投入所形成的资产进行监管；三是农村供水企业的资质管理。供水资质需要由水利部门进行管理的理由在于：资质管理是行业管理的重要手段，水利部门作为农村供水的主管部门，理应对农村供水企业进行相应的资质管理。当然，伴随着农村供水社会化服务体系的完善，农村供水企业的资质也可以逐步由有关的行业协会进行管理。

(4) 实践中,一些省(如山西省)把农村饮水安全问题由部门行为上升为政府行为,并且明确水利部门作为第一责任人,其他部门积极配合,此种管理体制有效克服了部门之间沟通不畅、协调困难的难题,值得推广。由此,在农村饮水安全立法中,除了明确水利部门作为农村饮水安全管理的主管部门之外,还应当对发展改革、财政、卫生、建设、国土资源、环境保护、农业等其他有关部门的职责进行明确,从而形成分工明确、沟通顺畅的农村饮水安全管理体制。例如,在水质监测问题上,应当进一步要求卫生部门加强对出厂水及管网末梢水的水质检测和水质监测职责,同时应当要求环保部门、水利部门、卫生部门协调配合,建立农村饮水安全水质监测网络。

(二) 关于农村饮水安全工程的定性

农村饮水安全工程的定性,涉及政府与企业、用水户之间的责权划分,应当慎重。具体而言:

1. 农村饮水安全工程具有公益性

其理由是:第一,农村饮水安全工程可以使农民喝干净、卫生的饮用水,避免因饮用高氟、高砷、高铁锰、苦咸水等不安全水而患各种疾病,属于公共卫生体系的组成部分;第二,农村饮水安全工程可以改善农村居民的生存条件,进而可以使农民从事更多的生产劳动,可以解放妇女,实现男女平等,属于政府提供公共服务的重要组成部分;第三,目前农村饮水安全工程建设,也未按照《水利产业政策》的规定,由非财政性的资金渠道筹集,而是以政府投入为主并吸收社会资金。

2. 农村饮水安全工程具有经营性

其理由是:第一,在一些条件较好的地区,农村饮水工程管理单位完全可以实现自收自支,实现良性经营。第二,在无法完全实现自收自支的地区,农村饮水工程管理单位也应当参照企业经营管理方式进行运营,一方面是应当核算成本,并千方百计降低运行成本;另一方面是应当通过提高服务质量,通过扩大供水服务范围等多种方式,增加收入。第三,如果将农村饮水工程完全定性为公益性,由政府大包大揽,不符合社会主义市场经济的经济规律,也同政府与市场关系的基本原理相违背。

基于上述理由,建议农村饮水安全立法中,对农村饮水安全工程定性为非营利的准公益性工程。

在对农村饮水安全工程进行定性后,应当通过相关规定,使工程的公益性和经营性得到具体体现。具体而言,农村饮水安全工程的公益性,主要体现在以下方面:

（1）在建设阶段，有必要明确农村饮水安全工程建设资金以政府投入为主，且政府投资不需偿还。

（2）明确对农村饮水安全工程实行优惠的土地征用、用电、税收等政策，减少农村饮水安全工程的运行成本。

（3）通过水费返还、水费补贴、贫困人口和贫困地区适当减免水费等方式，对贫困地区、少数民族地区的农村饮水安全工程运行进行补贴。

（4）明确农村饮水安全工程的水质检测和监测属于卫生部门的职责，其费用在财政中列支。

（5）农村饮水安全工程的运行管理仍应当按照经营性进行规范。

（三）关于农村饮水安全工程建设

对农村饮水安全工程建设进行规范是农村饮水安全立法的重要内容，除了资金筹集与政府投入，水源论证，工程规模、类型和水处理措施的确定，工程设计、施工与"四制"的原则要求，材料设备集中招标采购，资金使用的基本制度（如报账制），工程检查、竣工验收和后评估制度、用水户全过程参与等内容之外，有必要进一步针对有关的难点和重点问题进行特别规范：一是针对投入不足的问题，明确各级人民政府应当加大投入，并每年列入财政预算，但不宜设立农村饮水安全基金；二是针对中、西部贫困地区财政困难问题，明确中央人民政府在安排农村饮水安全工程资金时，应当向西部地区、贫困地区和少数民族地区倾斜；三是针对前期经费缺乏资金来源的问题，明确在工程建设资金中应有适当比例的前期经费；四是针对完全实行"四制"不符合地方实际情况的问题，可以根据农村的实际情况，采取更为灵活的工程建设管理体制机制。

（四）关于农村饮水安全工程的产权

在农村饮水安全工程的产权问题上，根据农村的实际需要，按照产权明晰、责任明确的原则，可以采取更为灵活的产权政策。例如，可以明确，以政府投入为主兴建的规模较大的集中式饮用水工程所形成的资产，归政府或受益群众集体所有，由相关主管部门、受益乡镇和村、用水户代表组成的工程管理委员会或者按规定组建的项目法人负责管理；以政府投资为主兴建的规模较小的集中式饮用水工程所形成的资产，归受益群众集体所有，可由工程受益范围内的农民用水户协会负责管理；单户或联户饮用水工程，以国家补助资金所形成的资产，归受益农户所有并由其负责管理；企业、私人投资修建的饮用水工程形成的资产，归投资者所有并由其负责管理；政府、社会资本、受益群众等共同投资建设的饮用水工程所形成的资产，按投资比例归政府、社会投资者、受益群众共有。

（五）关于农村饮水安全工程运行管理

农村饮水安全工程的运行管理至关重要，是农村饮水安全立法的关键内容之一。在具体规范农村饮水安全工程运行管理时，既要与现有法律、法规相协调，与国家实行社会主义市场经济体制的宏观政策相一致，又要能够切实解决农村饮水安全工程运行管理中所面临的问题，使工程能够可持续运行。从总体上看，造成农村饮水安全工程运行困难的深层次原因，在于农村分散的小农经济与供水单位的市场经济运营之间的矛盾，而解决此矛盾的最终办法只能是依靠发展，在发展中解决问题。从长远上看，要使饮水安全工程良性运行，最终应当走规模化、专业化道路。在目前阶段，比较可行的办法是，根据工程同时具有公益性和经营性的特点，一方面要求供水单位参照企业经营管理方式进行运营，尽量控制和降低成本，同时尽量提高服务质量，增加经营收入；另一方面，对供水单位在电费、税收等方面采取比较优惠的政策，对切实困难的供水单位或者贫困用水户给予补贴。

按照这样的思路，我们认为，对于农村饮用水工程运行管理的难点问题可以这样处理：

（1）水费收取困难问题，应区别对待，对于贫困地区、少数民族地区、贫困人口等，可以由政府进行水费补贴，其他的则由企业自己运用法律解决。

（2）实行优惠的土地征用、用电、税收等政策。

（3）在折旧费和大修费的提取上，应当具有一定的灵活性，例如，规定在有条件的地区，依据一定的程序可以提取折旧费与维修养护费。未提取折旧费与维修养护费的农村饮水安全工程毁损时，用水户应当交纳临时维修养护费，用于工程维修养护。此外，在西部地区、少数民族地区、贫困地区，因未提取折旧费与维修养护费使农村饮水安全工程毁损时，政府应当给予一定的维修养护补贴。

（4）对于拍卖、承包、租赁中存在的问题，应该根据农村的实际情况，做必要的调整和规范。其中，最重要的在于，应当通过建立相关制度，使拍卖、承包、租赁所得款切实用于工程的维修养护，同时应当加强对经营管理者的监管。

（六）关于农村饮水水源保护

农村饮水水源保护，也是农村饮水安全立法的关键内容。对于农村饮水水源保护,有必要在《水法》和《水污染防治法》的基础上,进一步根据农村饮水水源的实际情况,从水量保护和水质保护两个层面进行规范。对于湖库型、河道型饮水水源,同样应当通过划定饮用水水源保护区进行保护;对于地下水饮水水源,应当规定在水井周边一定范围内,禁止排放生活污水、工业废水、堆置和存放工业废渣、生活垃圾或者其他废弃物、畜禽、水产养殖等可能污染水源水质或者导致水源枯竭的活动;对于集雨等非传统水源,明确卫生等部门应当定期对集雨池等进行消毒处理等。此外,对于开采矿藏或者建设地下工程,因疏干排水导致农村饮用水水源枯竭的,明确规定采矿单位或者建设单位应当负责解决饮水安全问题。为了更好地落实责任,还可以考虑采取保证金制度,由工程建设单位在开工前先行交纳一定的保证金,用于解决农村饮水安全问题。此外,应当根据农村发展情况,结合新农村建设,规范生活污水排放以及农村环境整治,逐步减轻农村水源污染。

四、构建农村饮水安全法律法规体系

农村饮水安全立法中的重点与难点问题的解决,不仅需要进一步理顺农村饮用水管理工作中所面临的各部门职能交叉、管理体制不顺等重大问题,还需要协调好各类法规之间的矛盾和冲突问题,很多问题还需要由国务院给出明确的政策。在这种情况下,为了确保农村饮水安全工程能够"建得成、管得好、长受益",有必要由国务院尽快出台《农村饮用水管理条例》,进而由水利部等部门出台相配套的规章办法,由省(自治区、直辖市)人大或者人民政府出台相配套的地方性法规、地方政府规章及其他规范性文件,从而最终形成农村饮水安全法律、法规体系。由此,农村饮水安全法律法规体系将以《水法》和《水污染防治法》及其配套法规为基础,以国家层面上的《农村饮用水管理条例》为核心,以地方性法规、部门规章、地方政府规章、其他规范性文件为配套。

根据农村饮水安全立法的重点与难点,农村饮水安全法律法规体系应当包括以下主要内容:

(一)《农村饮用水管理条例》的主要内容

农村饮水安全工作的中央和地方事权划分;农村饮水安全管理中水利部门、发展改革部门、财政部门、环境保护部门、卫生部门、用水户协会等主体的不同法律地位及其具体职责;规范农村饮水安全工程规划等各种农村饮水安全规划的编制与审批、规划内容与制定原则、规划执行与修改等;明确农村饮水安全规划与其他平行规划的关系和衔接问题；规范农村饮水工程建设程序；规范农村饮水工程的产权归属和经营管理方式；规范农村供用水管理，如用水的定额管理和计量、节约用水等；规范农村饮水的资金管理制度和资金管理流程，明确农村水价的核算原则、核算方式，水费计收方式，水费的使用与管理等；规范农村饮水水源保护机制，明确农村水源保护区的划定主体及划定程序，以及农村水源保护区保护程序等；规范农村生活废污水的排水管理；规范农村用水户协会，明确其参与农村饮水工程规划、设计、建设、管理、运营等方方面面的权利和义务等；原则规定农村饮水建设与管理的配套政策等；规范各种管理主体的监督管理职责、执法权限，相对人的配合义务等。

（二）农村饮水安全相关配套规章（部门规章）建设的主要内容

包括：农村饮水工程勘查选址、设计、施工验收等阶段的具体要求；农村水源保护区划定及保护细则；农村饮水安全管理及运行的具体制度；土地征用政策、电价政策、税收政策、贫困人口水费补贴政策、技术研发鼓励政策等；农村用水户协会建立及参与管理的具体规范等。

（三）农村饮水安全相关规范性文件建设的主要内容

包括：在国务院行政法规、部门规章为基础的法律框架之下，具体规范农村供水工作在规划、建设、管理体制、投入机制、运营机制、水价、农村水源保护和污染治理、农村排水等方面的更多内容。

农村饮水安全立法的地方经验与启示*

保障农村饮水安全，涉及水源、供水、用水、排水等多个环节以及政府、供水单位、用水户、社会公众等多个主体，不仅需要加大投入以打造坚实的工程基础，更需要加强立法以提供健全的制度支撑。近年来，浙江、安徽、陕西、山东等多个省份率先制定了与农村饮水安全有关的法规、规章，为农村饮水安全提供了有力保障，也为推进全国相关法规建设积累了重要经验。

一、农村饮水安全立法现状

截至2015年11月底，我国共有13个省(自治区)出台了与农村饮水安全有关的法规、规章，其中由省级人大常委会出台地方性法规的有6个省(自治区)，由省级政府出台地方政府规章的有7个省(自治区)。

表1　与农村饮水安全有关的地方性法规、规章现状

序号	法规/规章名称	制定日期	文号	性质
1	吉林省农村水利管理条例	1995年10月制定(2002年11月、2014年5月修改)	吉林省第八届人大常委会公告第45号，吉林省第十二届人大常委会公告第20号	地方性法规
2	新疆维吾尔自治区农村饮水工程管理办法	2007年8月	新疆维吾尔自治区人民政府令第144号	政府规章
3	陕西省城乡供水用水条例	2008年7月	陕西省第十一届人大常委会公告第5号	地方性法规
4	山东省农村公共供水管理办法	2009年5月	山东省人民政府令第212号	政府规章
5	江苏省城乡供水管理条例	2010年11月	江苏省人大常委会公告第74号	地方性法规

* 本文作者为陈金木、吴强。原文首次印发在水利部发展研究中心《参阅报告》第434期(2016年1月14日)；公开发表在《水利发展研究》2015年第9期。

（续表）

序号	法规/规章名称	制定日期	文号	性质
6	内蒙古自治区农村牧区饮用水供水条例	2010 年 12 月	内蒙古自治区第十一届人大常委会公告第 21 号	地方性法规
7	安徽省农村饮水安全工程管理办法	2012 年 2 月	安徽省人民政府令第 238 号	政府规章
8	辽宁省农村水利工程管理办法	2012 年 4 月	辽宁省人民政府令第 271 号	政府规章
9	浙江省农村供水管理办法	2012 年 11 月	浙江省人民政府令第 304 号	政府规章
10	湖北省农村供水管理办法	2013 年 6 月	湖北省人民政府令第 360 号	政府规章
11	四川省村镇供水条例	2013 年 11 月	四川省十二届人大常委会公告第 8 号	地方性法规
12	宁夏回族自治区农村饮水安全工程管理办法	2014 年 9 月	宁夏回族自治区人民政府令第 69 号	政府规章
13	甘肃省农村饮用水供水管理条例	2015 年 9 月	甘肃省人大常委会公告第 26 号	地方性法规

从表 1 可以看出，农村饮水安全地方立法模式多样，主要有三种：

（1）单独就农村饮用水或农村供水进行立法，如新疆维吾尔自治区（以下简称新疆）、内蒙古自治区（以下简称内蒙古）等重点围绕农村饮水安全工程进行立法，浙江、湖北等省围绕农村供水进行立法。考虑到这些省份还依据国务院《城市供水条例》，制定了各自的城市供水法规或规章，可以将此种立法模式称为“城乡供水分别立法”模式。

（2）对城乡供水用水管理合并规定，主要是陕西省和江苏省，可称为“城乡供水合并立法”模式。

（3）对农田水利、农村饮水安全、农村节水等农村水利管理合并规定，主要是吉林省、辽宁省，可称为“农村水利综合立法”模式。

二、农村饮水安全立法的亮点和经验

各地在农村饮水安全立法过程中，注重解决当前农村饮水安全保障中存在的突出问题，具有不少亮点和经验。

(一) 明确农村供水管理主体,理顺供水管理体制

农村供水管理不仅包括工程建设与管理,还包括对供水单位的行业管理和对社会公众的社会管理。按照依法行政的要求,供水管理的主体及其职责需要具备明确的法规依据。同时,农村供水管理涉及水行政、卫生、环境保护等部门,部门间的职责划分也需要在制度上予以理顺。对此,各地在农村饮水安全立法中,注重明确农村供水管理主体,较好地理顺了供水管理体制。

1. 明确水行政主管部门主管农村供水

新疆、内蒙古等省份(自治区)规定,水行政主管部门负责农村饮水工程管理的指导和监督工作;安徽省和宁夏回族自治区(以下简称宁夏)规定,水行政主管部门是农村饮水安全工程的行业主管部门,负责农村饮水安全工程的行业管理和业务指导。山东省、湖北省、四川省除了规定水行政主管部门负责农村供水的建设和管理之外,还进一步规定了具体工作由其所属的农村供水管理机构承担。

2. 明确水行政主管部门对农村供水的行业管理和社会管理职责

包括编制农村供水发展规划、对农村供水用水行为实施监管,并在法律责任章节规定了水行政主管部门的行政处罚权等。

3. 明确各相关部门的职责分工,确立部门协调配合的工作机制

各省普遍规定,发展改革、财政、卫生、国土资源、环境保护等有关部门按照各自的职责范围,负责农村供水管理的相关工作等。陕西省、江苏省还进一步明确了水行政和建设行政主管部门负责各自职责权限范围内供水用水的管理工作。

(二) 明确农村供水的公益属性和扶持措施,理顺政府与市场关系

将农村供水确定为公益性还是经营性,直接影响到立法中对政府与市场关系的不同定位。如果定位为公益性,意味着政府需采取各种扶持措施,保障农村供水公益性功能的发挥;如果定位为经营性,则主要依靠运用市场机制解决农村饮水安全。一些省份率先突破,明确规定了农村供水的公益属性和相关扶持措施,较好地理顺了政府与市场的关系。

1. 明确规定农村供水具有公益属性

如安徽省、浙江省、四川省均明确规定了农村饮水安全工程或供水工程属于公益性基础设施。湖北进一步规定农村供水工程是农村重要的公益性基础设施,是农村公共卫生体系的重要组成部分。

2. 明确规定政府对农村供水的鼓励和扶持措施

如安徽省专门设置了“扶持措施”一章,对农村饮水安全工程的用地、用

电、税收优惠以及运行维护经费来源进行了专门规定。湖北省用单独一个条款,除了规定用地、用电、税收优惠、运行维护等扶持措施之外,还规定了农村供水工程向农村居民提供生活用水的,实际水量经当地水行政主管部门核实后的取水,依法免征水资源费。

3. 在强调政府职责的同时,也注重在工程建设和运行中引入市场机制

在建设投入方面,多数省份规定了鼓励企业和社会资金投入;在工程运行方面,规定了供用水应当签订合同,用水需交纳水费等。四川省还率先运用市场化改革思路,创新规定了"县级以上地方人民政府可以通过购买公共服务等方式实施村镇供水具体管理服务工作",为农村供水运行提供了新的思路。

(三) 明确规划、投入和建设程序等制度,确保农村供水工程"建得成"

供水工程建设是保障农村饮水安全的前提,也是各地农村饮水安全立法的重点之一。陕西、山东等10个省份在规范中设置了"规划与建设"一章,对农村供水工程的建设管理进行规定。考虑到国家已有比较完善的水利建设管理制度,各地重点围绕规划、投入和建设程序等关键环节,结合农村供水的特殊性进行立法。

1. 确立规划在农村供水工程建设中的龙头地位

要求制定农村水利总体规划、城乡供水发展规划、农村公共供水发展规划等,并对规划编制程序和规划的法律效力进行了明确规定。

2. 构建政府和社会共同投入农村供水的机制

如山东省规定,"农村公共供水工程采取政府投资、群众筹资筹劳和社会投资相结合的方式进行建设。鼓励单位和个人投资农村公共供水事业"。宁夏明确规定,"农村饮水安全工程建设以各级财政投入为主,鼓励单位和个人投资、捐资建设和经营农村饮水安全工程"。

3. 规定适合农村供水工程的建设程序

一些省份对单村供水工程或分散供水工程规定了灵活的建设程序。如浙江省规定:"单村供水工程的施工,可以在专业技术人员指导下由村民委员会组织实施"。宁夏规定:"泉水改造、水窖、土圆井、屋檐集水等分散供水工程,采用村民自建、自管的方式组织工程建设。"

(四) 明确产权、水价和维修养护等制度,确保农村供水工程"管得好"

伴随着农村饮水安全的大规模投入,如何在制度上建立工程长效运行机制,确保农村供水工程不仅"建得成",而且"管得好,长受益",成为农村饮水安全工作的重中之重。各地农村饮水安全立法中,除了对农村供水单位的规

范运行、供用水合同等供水用水行为进行规定外,重点围绕工程产权、水价、维修养护等关键环节进行立法,为工程的长效运行提供了重要保障。

1. 明确供水工程产权,解决工程管理主体问题

明晰产权是明确管理主体的关键。对于农村供水工程产权,尤其是政府补助建设的供水工程产权,目前虽然有一些政策规定,但缺乏明确的法律依据。对此,山东省、内蒙古等省(自治区),大体上按照“谁投资、谁所有”“政府补助给谁、归谁所有”的原则,明确规定农村供水工程产权归属;并按照“所有权经营权分离”“所有者确定管理者”的原则,规定了工程的管理主体。

2. 建立供水工程水价制度,弥补工程运行成本

合理的供水水价是解决工程运行成本的关键。各地大多按照补偿成本、合理收益、公平负担的原则,实行农村居民生活用水和工业生产用水分类计价,生活用水按照保本微利的原则核定,生产用水按照成本加合理利润的原则核定。一些省份还规定农村供水实行基本水价和计量水价相结合的两部制水价制度,如湖北、宁夏等省(自治区)。多数省份还规定了供水价格低于合理成本时的政府补贴制度。如四川省规定“村镇供水水价不能弥补供水成本的,县级人民政府给予适当补贴。供水单位应当对生活特殊困难农村居民在供水价格上给予一定优惠,县级人民政府给予适当补助。”新疆、陕西、山东、湖北、宁夏等省(自治区)也有类似的规定。

3. 确立农村供水工程维修养护制度,保障工程长效运行

一些省份针对农村供水水价达不到工程全成本,在水费中没有计提大修和折旧费的问题,规定了农村供水工程运行维护专项资金制度。如浙江省规定:“设区的市、县(市、区)人民政府应当根据需要,设立农村供水工程维修养护资金,专项用于农村供水工程运行、维修和养护的补贴”。安徽省规定:“县级人民政府负责落实农村饮水安全工程运行维护专项经费。运行维护专项经费主要来源:市、县级财政预算安排资金,通过承包、租赁等方式转让工程经营权的所得收益等。”

(五)明确水源保护、水质保障等制度,保障供水水质安全

农村供水水质是目前农村饮水安全工作的薄弱环节,也是各地农村饮水安全立法的重要内容。江苏、湖北、四川等7省在规范中设置“水源与水质”专章,对水源保护与水质保障进行了规定。

1. 建立适合农村实际的水源保护制度

一是针对农村供水水源点多、分散、规模较小的特点,在《水污染防治法》中规定的饮用水水源保护区的基础上,进一步规定了农村供水水源保护

区制度。如山东、安徽、浙江等省规定,县级以上人民政府应当划定本行政区域内的农村公共供水水源保护区。二是规定供水单位对供水水源的管理和保护义务,如山东省规定,供水单位应当加强对供水水源工程设施的管理和保护,定期进行检测、维修、养护并建档登记,确保水源工程设施正常运行。三是规定了应急备用水源制度,如四川省规定,设计日供水量1 000立方米以上的村镇集中供水工程,应当配置应急备用水源。

2. 建立严格的水质保障制度

一是明确供水单位的水质保障义务。包括水质检测、设置水净化消毒设施、使用符合国家标准的供水安全产品和消毒产品等,如湖北省规定,供水单位应建立健全水质检测制度,对水源水、出厂水、管网水、用户终端水等进行水质检测,定期向县级人民政府水行政主管部门和卫生行政主管部门报告检测结果,尚不具备水质检测能力的供水单位,应当委托具有相应资质的机构定期进行检测。二是明确卫生、水行政等有关主管部门的水质监测职责,如安徽、湖北、宁夏等省(自治区)规定,环境保护、卫生和水行政主管部门应按照职责分工,定期组织有关监测机构对水源地、出厂水质、管网末梢水质进行化验、检测,并公布结果,水质化验、检测所需费用由本级财政承担。四川省还规定,县级以上地方人民政府水行政主管部门应当建立供水水质监测中心,加强村镇供水水质监测,并定期发布村镇集中供水水质情况。

(六) 明确农村供水设施保护制度,保障供水设施安全

农村供水设施保护是农村供水社会管理的重要内容,也是保障供水设施安全的重点。陕西、江苏等7省设置“设施管理与保护”或“安全管理”章节,规定了农村供水设施保护制度。

1. 划定农村供水设施安全保护范围或控制范围,并对保护或控制范围内社会公众的禁止行为作出明确规定

如山东省规定,“县级人民政府水行政主管部门应当会同有关部门划定供水主管道和其他供水设施安全保护范围,经本级人民政府批准后公布。供水单位应当在安全保护范围内设置警示标志”。并规定在该保护范围内,禁止挖坑、取土、挖沙、爆破等危害供水设施安全的行为。安徽、新疆、浙江等省(自治区)也有类似规定。

2. 明确社会公众和用水户对供水设施的保护义务

如规定不得擅自改装、迁移、拆除或者损坏农村饮水安全工程供水设施,禁止生产或者使用有毒有害物质的单位和个人将生产、使用的用水管网与农村饮水安全工程供水管网直接连接等。

三、对推进国家立法的启示

加强立法是持续解决农村饮水安全问题的重要保障。近年来,社会各界,尤其是全国人大代表、政协委员,每年都在“两会”提案中多次提出应当制定农村饮水安全方面的行政法规,或围绕饮用水安全问题出台专门的法律。水利部也在组织开展农村饮水安全相关立法前期研究。从地方经验上看,对推进国家层面的立法具有以下启示。

(一) 加快立法,推动农村饮水安全由政策主导转变为法治主导

与城市供水早在1994年就由国务院制定《城市供水条例》不同,目前农村饮水安全主要依靠水利部、发展改革委员会等发布的政策文件作为依据,相关工作基本还是“政策主导型”,法规建设滞后。按照党的十八届四中全会精神,尚需推动国务院出台行政法规,推动农村饮水安全工作由政策主导转变为法治主导。从保障饮水安全的需要上看,推动国务院出台行政法规极为重要和迫切。

1. 农村供水资产亟须法规加以明确

截至2015年年底,全国累计投入农村供水资金超过4000亿元,其中,中央投入近2000亿元,兴建了大量供水设施,这些设施和资产如何管理,亟须通过国务院法规加以明确。

2. 中央与地方职责以及部门职责亟须法规加以界定

在农村饮水安全工程建设上,目前中央政府承担了主要投入,水利部门成为第一责任主体;但对于工程建成后的运行问题,如何划分中央和地方职责,水行政、卫生、环保等部门承担哪些管理职责,亟须法规依据。

3. 农村供水工程的长效运行亟须法规保障

尤其是农村饮水安全薄弱环节的水源保护和水质保障问题,以及工程运行关键的供水水价和维修养护问题,亟须在法规上确立适合农村特点的制度。

4. 农村供水事业的长期健康发展亟须法规支持

从长远上看,农村供水工作具有长期性和阶段性,在2015年年底前基本解决农村饮水安全问题之后,未来还面临着全面提高农村自来水普及率、全面推进农村排水和污水处理等任务,有必要尽快加强立法,构建统筹农村水源、供水、用水、排水等各环节的建设和管理制度,为农村供水事业发展提供法规支持。

（二）从立法实际出发，选取合适的农村饮水安全立法模式

从国务院制定行政法规的实际出发，参照地方立法经验，国家开展农村饮水安全立法有两种模式可供选择。

1. “城乡供水分别立法”模式：推动制定《农村饮水安全保障条例》或《农村供水条例》

该模式的优点是可以充分考虑城市供水与农村供水的差异，实行差别化立法；缺点是对城乡供水分别立法，立法资源可能存在不足，而且与城乡基本公共服务均等化的立法趋势不太吻合，难度很大。

2. “城乡供水合并立法”模式：在原《城市供水条例》的基础上，推动制定统一的《城乡供水条例》

该模式的优点是可以对城乡供水的共性问题一并规定，利于节省立法资源；缺点是难以充分考虑农村饮水安全的特殊性。毕竟广大农村地形复杂，人口分散，供水工程建设不仅起步慢，而且点多、线长、面广、分散，规模普遍偏小，工程运行成本高昂，用水户承受能力普遍偏低，无法单纯依靠市场机制进行运营管理。这与城市供水的规模化建设、专业化管理、市场化经营存在本质上的差别，也决定了农村供水制度建设与城市供水存在着很大差异。

基于上述分析，国家层面的立法工作可以考虑两手准备：一方面，继续组织研究制定《农村饮水安全保障条例》或《农村供水条例》，系统地提出适合农村饮水安全保障工作的管理制度体系；另一方面，在合适的时机，推动由国务院法制办牵头制定《城乡供水条例》，并尽可能将农村饮水安全制度体系研究成果纳入《城乡供水条例》之中。

（三）从农村实际出发，构建农村饮水安全保障的制度体系

无论是采用哪种立法模式，在与农村饮水安全相关的行政法规中，都应当从农村实际出发，构建农村饮水安全保障的制度体系。从国务院行政法规制定角度上看，参照地方立法经验，重点是统筹农村水源、供水、用水、排水等各环节，确立以下制度：

（1）界定中央与地方职责以及部门职责，明确地方政府对农村饮水安全负总责；明确水行政主管部门主管农村供水排水工作以及对农村供水排水的行业管理和社会管理职责，理顺城乡供水排水管理体制。

（2）明确农村供水排水的公益属性和扶持措施，理顺政府与市场关系。

（3）健全规划、投入和建设程序等建设管理制度，确保工程“建得成”。

（4）明晰工程产权，加强工程资产管理。

（5）建立两部制水价、维修养护基金等运行管理制度，确保工程“管得好”。

（6）明确水源保护、水质保障等制度，保障供水水质安全。

（7）明确农村供水排水设施保护制度，保障设施安全。

地方水利法制建设评估及其指标体系构建*

法治指数[①]与法制建设评估是近年来我国法制建设参考西方法治量化评估方法的表现之一，也是我国推动法治政府建设的重要方式。[②] 在修订后的《水法》实施十周年之际，开展地方水利法制建设评估，有利于全面掌握地方水利法制建设进展与存在的问题，推广总结各地水利法制建设方面的经验，进而更好地开展水利法制建设的“顶层设计”，为可持续发展水利提供坚实的法治保障。

一、开展地方水利法制建设评估的重要性

（一）是推进依法行政和建设法治政府的内在要求

国务院《全面推进依法行政实施纲要》（国发〔2004〕10 号）明确提出，要经过十年左右坚持不懈的努力，基本实现建设法治政府的目标。为实现此目标，国务院又先后下发了《关于加强市县政府依法行政的决定》（国发〔2008〕17 号）和《关于加强法治政府建设的意见》（国发〔2010〕33 号）。开展地方水利法制建设评估，有利于较为准确地了解与掌握各地水利法制建设的进展情况，寻找各地水行政主管部门在贯彻落实国务院法治政府建设目标方面的差距，促进各地进一步加强水利法制建设，以更好地实现依法行政和法治政府建设目标。

（二）是贯彻落实 2011 年中央一号文件和推进依法治水的内在要求

《中共中央国务院关于加快水利改革发展的决定》（中发〔2011〕1 号）明确提出要“推进依法治水”，并对水利立法、水行政执法、水事纠纷调处等内容进行了明确部署。开展地方水利法制建设评估，一方面，有利于全面掌握目前地方水利法制建设现状和存在的问题，为各地进一步开展水利法制建设

---

* 本文作者为王晓娟、陈金木、王霁霞。原文发表在《水利发展研究》2012 年第 9 期。

① 法治指数是西方国家和地区评价法治水平的量化标准，美国、英国及我国香港特别行政区都有法治指数对某一地区进行法治水平评价的做法。

② 2011 年国务院在行政系统内部下发了《法治政府评估指标体系（征求意见稿）》。

提供基础性支撑;另一方面,也有利于反思国家层面水利法制建设的问题,在总结各地水利法制建设经验的基础上,更好地开展水利法制建设"顶层设计",为国家层面推进水利法制建设提供基础性支撑。

(三) 是区域之间相互借鉴水利法制建设经验和促进地方水利法制建设均衡发展的内在要求

目前,各地水利法制建设存在着较为明显的不平衡现象,中西部地区的水利法制建设总体上滞后于东部发达地区。在各地推进水利法制建设过程中,相互借鉴经验、吸取教训是较为重要的一个环节。通过对地方水利法制建设进行评估与比较,能够为区域之间相互借鉴、均衡发展提供有益的经验和模式。

二、评估范围与方法

(一) 评估范围

地方水利法制建设的评估范围包括横向和纵向两个方面。从横向上看,与水利法制建设的外延相对应,地方水利法制建设的评估范围包括水法规建设、水行政执法、水行政执法监督、水事纠纷调处、水利法制宣传教育等方面。从纵向上看,考虑到地方水利法制建设是一个较广泛的概念,其中既包括省级,也包括地(市)、县(区、市)级,而不同层级的地方水利法制建设工作的重点不完全相同,如省级存在水法规建设工作,但到地(市)、县(区、市)层级的工作重点则是水行政执法、水行政执法监督等工作,为此,将地方水利法制建设的评估范围确定为:以省级水行政主管部门的水利法制建设工作为主反映出的本省水利法制建设的总体情况。同时,评估范围不仅限于省级水行政主管部门的工作,也包括该省(自治区、直辖市)范围内下级水利部门的工作情况,如在考察江苏省水利行政执法工作时,虽然评估对象主要是江苏省水利厅,但评估范围应当包括江苏省各级水利部门执法工作的总体情况。

(二) 评估方法

法制建设的评估起源于西方国家的法治指数理论与实践。法治指数理论的核心内涵是将法治的主要内容用考核指标进行描述,并对每一个指标进行权重和量化,再用该套量化的指标体系对一个国家或地区进行考核与检验,最终得到一个国家或地区的法治指数。法治指数理论的重要意义在于,通过指标权重的赋予,将法治水平进行数量化考核,这种方法突破了之前法制建设难以量化的局限性。法治指数理论也成为西方国家和地区通用的法治水平评估方法。我国对法制建设评估方法的借鉴，经历了对法治水平从定性到定量的转变发展过程[①]，法治水平的量化评估方法已经成为目前的通行做法。

地方水利法制建设评估也采用通用的量化评估方法，该方法包括以下具体步骤：首先，是评估指标体系的构建。根据地方水利法制建设的内容框架，搭建目标层—准则层—指标层的指标体系，并根据每个指标的重要程度进行权重量化。其次，是用构建出来的指标体系作为考核标准，采用地方自评与专家评估相结合的方式，分别为地方的水利法制建设打出量化分值。最后，结合自评与专家评估的结果，得出地方水利法制建设的最终评估分数，并确定地方水利法制建设的水平。

三、评估指标体系构建

评估指标体系是反映地方水利法制建设水平的测试标准。构建一套能够真实反映地方水利法制建设全貌的评估指标体系，并用这一体系对地方水利法制建设水平进行评估，是全面了解地方水利法制真实发展水平的工具，也是国家制定有关地方水利政策与措施的重要基础。因此，构建科学的评估指标体系，是开展地方水利法制建设评估的关键。

（一）评估指标体系构建的基本方法

已有的评估指标体系构建方法主要包括层次分析法[②]、系统动力学方法[③]等。本文选取法制建设评估体系建模中通用的层次分析法作为地方水利法制建设评估的综合评价方法。层次分析法（AHP）通过对一个复杂问题的层次化分析、排序，使之简化明确，能够统一处理综合评价中的定性和定量因素，具有实用性、系统性、间接性等优点。

在地方水利法制建设评估指标体系构建中运用层次分析法的基本思路

---

① 我国最早的法制建设评估指标体系是2008年《深圳市法治政府建设指标体系》，但其只有指标而无量化，只有定性评估而无定量评估。而2009年的《四川省市县政府依法行政评估指标（试行）》已经采用了权重量化的评估方法。

② 层次分析法是美国运筹学家T. L. Saaty于20世纪70年代提出的一种定性和定量相结合的决策分析方法。它把复杂的问题分解成多个组成要素，并把这些要素按照支配关系形成的递阶层次结构，通过专家咨询、两两比较每个层次中诸要素的相对重要性，再综合多个专家的判断，确定下一层要素对上层要素的权重贡献，最后计算各个要素对总目标的权重总排序。

③ 系统动力学（System Dynamics）是一种运用结构、功能、历史相结合的系统仿真方法。其特点是适用于处理长期性和周期性的问题，或对数据不足的问题进行研究，或处理精度要求不高的复杂的社会经济问题。

是：首先，建立起目标层、准则层、指标层三级递阶层次结构模型，其中目标层为地方水利法制建设的总目标；准则层依据地方水利法制建设的基本任务和内容，划分出明确简练的准则层指标；指标层结合已有的法制建设评估指标基本集，提炼法制建设评估共性，并考虑地方水利法制建设评估的特性，进行适当的筛选，最终选出代表性强和数据较易统计的指标。其次，针对三级层次结构模型，根据已有资料对指标进行赋权量化。最后，在得出的层次单排序以及层次总排序的结果上进行一致性检查，得出地方水利法制建设的评估模型。

（二）评估指标体系构建的难点与解决思路

评估指标体系主要包括两大部分，一部分是目标层、准则层、指标层的确定。其中目标层与准则层比较明确，根据水利法制建设的基本内容进行确定，难点在于具体指标的选取。另一部分是指标选取之后权重的确定。因此，评估指标体系构建的难点主要包括以下两方面：

1. 评估指标的选取

水利法制建设涉及事项范围广、内容多，如何从众多的水利法制建设指标中选取恰当的指标，体现出系统性、层次性、可操作性，并能够反映我国水利法制建设的共性与个性，是地方水利法制建设评估指标体系构建的关键和难点。

本文评估指标的选取思路大致如下：

（1）建立法制建设评估指标基本集。目前已有不少地方政府出台了法制建设评估指标体系①，国务院的法治政府评估指标体系也已在行政系统内部进行征求意见，这些已有的法制建设评估指标中的通用一级、二级指标，可以成为地方水利法制建设指标选取的基本集。其中国务院的法治政府评估指标体系具有较强的示范性和指导性，可以作为评价指标基本集的主要参考依据。

（2）在基本集的基础上，根据以下三个原则对地方水利法制建设指标进行筛选：一是共性与个性相结合原则，即不仅要充分注意各个地区水利立法、执法等方面的共性，而且要充分考虑不同地区水利法制建设中的个性；二是全面分析与重点分析相结合原则，即不仅需要对我国地方水利立法体系和执法体系等法制建设内容进行全面分析，而且需要对立法体系与执法体系等法

---

① 2008年12月，广东省深圳市委、市政府制定并试行的《深圳市法治政府建设指标体系》，是我国最早的法治评估指标体系。2009年8月，《四川省市县政府依法行政评估指标（试行）》出台。2010年6月6日，湖北省委、省政府颁布《湖北省法治政府建设指标体系（试行）》，该体系设8个大项、35个中项、160个小项指标。除此之外，北京市、安徽省、江苏省、广西壮族自治区等省（自治区）政府也已建立了类似的评估或考核办法。

制建设方面的重点内容进行重点分析;三是法制发展理想目标与可操作性相结合原则,即所有的指标筛选都以实际调研为基础,立足地方水利法制的实际发展水平,做到法制发展理想目标与地方法制建设实现可操作性紧密结合。

(3) 在筛选出的指标基础上,征求相关专家的意见,确定地方水利法制建设的具体指标。

2. 评估指标权重的确定

评估指标权重,即每一项指标在具体的层次中所占据的比重,这是评估指标体系最终能够得到量化评估结果的关键。如何通过评估指标权重来量化地方水利法制建设的真实水平,是整个评估指标体系建构的又一个难点。

一般来说,法制建设中的评价指标权重确定有两种方式:一种是只确定每一个指标在所在层级的比重,不直接计算该指标在整个指标体系中的比重;另一种是先对每一层级的指标进行赋值,最后再通过换算直接给出该指标在整个指标体系中的比重,即指标的无量纲化。本文采用第二种,在进行权重确定之后还要进行指标的无量纲化。

在具体的指标赋值方法上,很多评估模型都采用专家打分法确定各个指标的权重。专家打分法是指通过匿名方式征询有关专家的意见,对专家意见进行统计、处理、分析和归纳,客观地综合多数专家经验与主观判断,对大量难以采用技术方法进行定量分析的因素做出合理估算,经过多轮意见征询、反馈和调整后,对评估价值和价值可实现程度进行分析的方法。由于地方水利法制建设评估属于法制建设评估,而法制建设评估的一个非常重要的特点在于国务院法治政府评价指标体系的示范和指导作用。因此,本文对指标权重问题的解决思路主要采用两种方法:一个是参考同一指标在国务院法治政府评价指标体系中所占权重;另一个是根据该指标涉及的内容,由地方水利法制建设中的重要性确定。尽管水法规建设、水行政执法建设在法治政府考评体系中同等重要,但从地方水行政主管部门作为执法主体的性质来看,立法职能不是最重要的,水行政执法建设应当比立法工作占据的分量更大,因此应赋予更大的权重。而社会效果与公众评价在法治政府建设指标体系中不是准则层,而是每一级准则层下设的指标层,在水利法制建设中单独作为一个准则层,而且考虑到这部分很难掌握客观数据,它在整个准则层的分量应当合理确定。至于其他具有地方特色和创新性的水利法治建设工作相当于加分项目,鼓励创新,由于这部分不设具体的指标,评价起来客观性会比较欠缺,因此,这部分分值应当偏低。

综上,本文将根据水利法制建设不同领域和事项的重要程度,确定不同指标所占权重,最终完成无量纲化指标体系的量化评价。

(三) 评估指标体系的具体构建

在此前指标筛选、权重确定及无量纲化的基础上,为了便于直观比较,本文将地方水利法制建设评估总分设置为100分,具体评估指标体系初步构建如下:

表1　地方水利法制建设评估指标体系

目标层	准则层	指标层	考量目标及要求
地方水利法制建设(100分)	B1 水法规建设(24分)	C1 立法工作制度(3分)	地方水利立法工作制度健全,程序完善,有立法规划和年度计划。
		C2 法规起草(4分)	水法规起草机制健全;立法过程中充分开展调研,广泛听取和征求有关各方意见。
		C3 立法程序(2分)	水利立法工作符合法定权限和法定程序。
		C4 法规体系与内容(10分)	水法规体系健全,法规之间相互协调;法规内容完善,具有针对性和可操作性。
		C5 法规公布(1分)	及时公布出台的地方水法规、规章和规范性文件。
		C6 法律实施评估(2分)	定期对水法规实施情况进行评估。
		C7 立法解释与法规清理(2分)	及时对出台的水法规依法进行解释;定期对水法规进行清理。
	B2 水行政执法(30分)	C8 执法体制(5分)	水行政执法体制健全,执法主体明确,层级管辖职责清晰,推行水利综合执法。
		C9 执法制度(4分)	执法工作制度健全,裁量标准规范,执法责任追究制度落实。
		C10 执法队伍(5分)	建立与执法任务相适应的各级水行政执法机构,执法队伍健全。
		C11 执法内容与效果(8分)	严格履行水行政执法职责,及时查处违反水法规行为;执法公正文明,内容合法,及时结案和执行,有效保护群众涉水权益。
		C12 执法程序(3分)	依法执行水行政执法告知、听证、送达等制度,执法程序规范,保障行政相对人的合法权益。

（续表）

目标层	准则层	指标层	考量目标及要求
地方水利法制建设（100分）	B2 水行政执法（30分）	C13 执法保障（3分）	执法装备齐全，执法经费、执法人员待遇得到充分保障。
		C14 水行政许可制度与实施（2分）	推进水行政审批制度改革，严格实施水行政许可，对水行政许可事项实施有效监督。
	B3 水行政执法监督（10分）	C15 行政监督（2分）	接受本级政府及上级水行政主管部门监督，依法向其报告工作，执行其决定。
		C16 人大监督（2分）	接受人大、政协监督，认真办理和答复人大、政协的议案、提案。
		C17 法院监督（2分）	接受人民法院监督，依法出庭应诉，履行行政判决和裁定，落实司法建议。
		C18 行政复议（3分）	行政复议工作制度完善，机构健全，复议渠道畅通，依法办理水行政复议案件。
		C19 水行政赔偿与补偿（1分）	建立涉水行政赔偿与补偿制度并得到有效执行。
	B4 水事纠纷调处（10分）	C20 水事纠纷预防（3分）	编制水事纠纷应急处置预案，建立重大水事纠纷预警监测机制和应急处置机制。
		C21 水事纠纷处理（3分）	依法妥善处理各类水事纠纷。
		C22 水事纠纷裁决或处理意见的执行与监督（4分）	及时执行水事纠纷裁决或处理（调解）意见，并进行监督检查。
	B5 水利法制宣传教育（10分）	C23 对领导干部的水利法制宣传教育（3分）	建立领导干部学法用法工作制度，定期开展领导干部法制培训，领导干部依法行政能力不断增强。
		C24 对水行政管理人员的水利法制宣传教育（3分）	建立水行政管理人员学法用法工作制度，定期开展相关法制培训，建立和完善水行政机关工作人员依法行政考核制度。
		C25 对公众的水利法制宣传教育（4分）	深入开展水利法制宣传教育，社会水法律意识和水忧患意识显著增强。

（续表）

目标层	准则层	指标层	考量目标及要求
地方水利法制建设（100 分）	B6 社会效果与公众评价（10 分）	C26 对水利立法的满意度评价（2 分）	公民、法人和其他组织对水利立法工作的满意度评价较高。
		C27 对水行政执法的满意度评价（2 分）	公民、法人和其他组织对水行政执法工作的满意度评价较高。
		C28 对水行政执法监督的满意度评价（2 分）	公民、法人和其他组织对水行政复议等水行政执法监督工作的满意度评价较高。
		C29 对水事纠纷调处的满意度评价（2 分）	公民、法人和其他组织对水事纠纷调处工作的满意度评价较高。
		C30 对水利法制宣传教育的满意度评价（2 分）	公民、法人和其他组织对水利法制宣传教育的满意度评价较高。
	B7 具有创新性的水利法制建设工作（6 分）	C31 创新性指标（6 分）	在水利法制建设中创设新制度或新方法，取得较好效果，具有重要的借鉴或示范价值。

四、余论

本文构建的地方水利法制建设评估指标体系，主要用于对省级水利法制建设总体情况进行评估时参考。实践中，省级水行政主管部门对市（县）级水利法制建设进行评估时，尚需要进行必要的变通，如适当减少水法规建设的权重，增加水行政执法的权重等。同时，该评估指标体系也有待于在实际开展评估过程中进行进一步修改完善。

地方抗旱立法的经验与展望*

2009 年，国务院颁布实施了《中华人民共和国抗旱条例》（以下称《抗旱条例》），标志着我国抗旱工作开始进入有法可依的新阶段。继安徽省、浙江省、云南省、天津市、重庆市等五个省市出台抗旱法规以后，目前山西、湖北等省已经完成了抗旱条例的起草，并进入了地方性法规立法程序，其他省（区、市）大部分也在着手制定地方抗旱条例或实施细则。本文旨在总结地方立法经验的基础上，根据当前抗旱立法的形势，分析今后地方抗旱立法的重点，为进一步完善抗旱法律法规体系提供参考。

一、国家《抗旱条例》颁行前地方抗旱立法的进展与经验

（一）地方抗旱立法进展

我国《抗旱条例》颁行前，安徽省、浙江省、云南省、天津市、重庆市等五个省市（以下简称五省市）已经对抗旱工作进行了立法规范。相关抗旱法规的基本情况见表 1。

表 1　地方抗旱立法的基本情况

条例	时间	主要特点
安徽省抗旱条例	2002 年 11 月 30 日通过，2003 年 2 月 1 日起施行	① 明确规定抗旱实行预防为主的原则；② 明确规定抗旱社会化服务组织的法律地位，要求“各级人民政府应当建立和完善抗旱社会化服务机制，引导、扶持单位和个人兴办抗旱社会化服务组织，并保护其合法权益”；③ 明确规定抗旱经费的筹集原则及政府的抗旱投入保障；④ 针对淮北地区、江淮分水岭及其他易旱丘陵区、山区的不同地形、土壤、经济发展和抗旱水源的状况，分别作出了不同的旱灾防治措施。

* 本文作者为陈金木、黄福宁。原文收入陈小江主编：《2010 年中国水利发展报告》，中国水利水电出版社 2010 年版。

(续表)

条例	时间	主要特点
浙江省防汛防台抗旱条例	2007 年 3 月 29 日通过	① 强调“以人为本”,规定如遇大旱供水困难,以饮用水安全为首位;② 非常具体地规定了县级以上人民政府抗旱指挥机构及其办事机构、乡(镇)人民政府和街道办事处、村(居)民委员会抗旱的主要职责等;③ 对非常抗旱期作出了明确规定;④ 规定了临时性水价制度。
云南省抗旱条例	2007 年 5 月 23 日通过,2007 年 10 月 1 日起施行	① 首次将抗旱工作纳入国民经济和社会发展规划。② 按照受旱程度规定了不同的防旱措施,充分体现了以防为主的原则。③ 抗旱投入保障充分、层次清晰,首先规定了抗旱经费的筹集原则;其次规定了设立抗旱专项经费,并纳入本级财政预算;再次规定了遇严重旱情时增加经费的程序;最后规定鼓励政策。④ 规定了归还和补偿制度。
天津市防洪抗旱条例	2007 年 9 月 13 日通过,2007 年 12 月 1 日起施行	① 统筹考虑防洪抗旱工作,突出了雨洪水资源利用。② 强调了抗旱用水以人为本:旱情紧急时,抗旱用水优先保障城乡居民基本生活用水,各级防汛抗旱指挥机构可以采取核减用水单位用水计划和供水指标、暂停洗车洗浴等高耗水行业用水、启动城市应急后备水源、开挖输水渠道、应急打井和组织车辆实行人工送水等应急措施,确保城乡居民的用水需要。必要时防汛抗旱指挥机构应当对有关排水、排污口门进行封堵,保证居民的用水安全。
重庆市防汛抗旱条例	2008 年 7 月 25 日通过	① 统筹考虑防汛与抗旱工作,将两者有机结为一体;② 详细规定了抗旱经费的用途;③ 具体规定了抗旱组织机构及其职责;④ 规定了防汛抗旱信息共享,为抗旱提供了信息保障;⑤ 为专业抢险人员购买保险,充分体现了以人为本,既体现了个人利益服从集体利益,又注重保障个人的权利与义务。

(二) 地方抗旱立法经验

从五省市抗旱立法的情况上看,地方抗旱立法有以下经验:

1. 在立法指导思想上,强调防旱抗旱相结合,努力实现从单一抗旱向全面抗旱的转变强调防旱抗旱相结合,实现从单一抗旱向全面抗旱转变,是在抗旱立法中践行可持续发展治水思路的具体体现。五省市抗旱法规充分体现了这点。首先,在框架结构上,五省市抗旱法规都按照总则、抗旱组织、旱灾预防(或抗旱准备)、抗旱措施、保障措施、法律责任、附则这条主线对抗旱工作进行规范,并且都将旱灾预防放到了重要位置,在次序上排在了应急措施的前面,体现了在抗旱工作中以防为主的指导思想。其次,在内容上,五省市抗旱法规都不仅重视农业抗旱,而且注意全面抗旱,强调将优先保障城乡居民生活用水,统筹兼顾农业、工业、生态环境用水作为抗旱的基本原则。此外,浙江省、天津市、重庆市在立法中还进一步注意处理好防汛与抗旱之间的关系,着力解决长期存在的"重防汛、轻抗旱"问题。

2. 在抗旱体制上,确立政府首长负责制,明确各级防汛抗旱指挥机构及其成员单位职责,强化公众参与

防旱抗旱涉及多个部门,抗旱体制能否有效理顺是防旱抗旱工作中的关键。五省市抗旱法规都充分注重理顺抗旱体制。一是确立了政府的领导职责,确立了行政首长负责制。二是确立了县级以上地方人民政府防汛抗旱指挥机构在上级人民政府防汛抗旱指挥机构和本级人民政府的领导下,负责统一领导和组织协调本行政区域内的抗旱工作。防汛抗旱指挥机构的办事机构设在同级人民政府水行政主管部门,负责本行政区域内的抗旱日常工作。三是明确规定了防汛抗旱指挥机构的各成员单位应当各司其职,共同抗旱。四是规定了单位和个人的参与义务,以及对在抗旱工作中做出突出贡献的单位和个人给予表彰奖励。

3. 在旱灾预防上,工程措施与非工程措施并重,努力使经济社会发展与水资源和水环境的承载能力相适应

防止旱情转化为旱灾,是旱灾预防的核心。旱情的主要原因是水资源短缺,属于自然因素。旱灾主要体现为对人类生活、生产、生态带来的严重危害,其原因一方面有水资源短缺的自然因素,另一方面还有人为因素,如水利工程滞后、地下水超采严重、经济布局和产业结构不合理、水资源浪费严重等。五省市抗旱法规在旱灾预防上,高度重视工程措施与非工程措施并用,通过调控人类行为,尽可能地防止旱情发展成旱灾。在工程措施方面,安徽强调易旱丘陵地区应当因地制宜兴建集水、蓄水、调水工程,山区应当兴建蓄水工程;云南省强调水工程所有者、经营管理者应当对水工程进行定期检查、维修和养护,维护水工程正常运行等。在非工程措施方面,云南省、浙江省、天津市、重庆市规定了抗旱预案制度;安徽省、重庆市规定了抗旱规划制度;

安徽省、云南省规定了严格的农业、工业、城市生活节水制度以及产业结构调整制度;安徽省还进一步规定了水环境保护制度等。

4. 在抗旱减灾上,开源措施和节流措施共用,尽可能地减轻旱灾对人类生活、生产、生态的危害

抗旱的主要特征在于通过工程措施和非工程措施,最大限度地优化利用有限的水资源,尽可能地减轻干旱灾害对人类生活、生产、生态的危害,具有应急性。五省市抗旱法规都高度重视抗旱措施的规范。一方面,注重开源,规定了详细的应急供水措施,包括临时设置抽水泵站,开挖输水渠道;应急性打井、挖泉、建蓄水池等;应急性跨流域调水;在保证水工程设施安全的情况下,适量抽取水库死库容;临时在江河沟渠内截水;依法实施人工增雨作业;对饮水水源发生严重困难地区临时实行人工送水等。另一方面,注重节流,规定了详细的应急限水措施,包括暂停高耗水的工业、服务业用水,限制或者暂停其他工业、服务业用水;适当减少农业供水;限制或者暂停排放已经处理达标的工业废水;限时或者限量供应城镇居民生活用水等。同时,优化配置、调度有限的水资源也为五省市抗旱法规所采用,包括制订旱情紧急情况下的水量调度预案,进行抗旱水量统一调度等。

5. 在保障措施上,通过抗旱服务组织建设、抗旱投入和抗旱物资储备,在人、财、物等方面构建较为完善的防旱抗旱保障体系

无论是旱灾预防还是抗旱减灾,都需要人、财、物等方面的保障,这也是五省市抗旱法规重点规范的内容。人的方面,除了充分调动各级人民政府、各级防汛抗旱指挥部及其成员单位的力量之外,还重视抗旱服务组织建设。浙江省规定县级以上人民政府根据需要可以组建专业抢险队伍;云南省、天津市、安徽省规定各级人民政府鼓励和扶持单位和个人兴办抗旱服务组织。财的方面,注意保障抗旱投入。安徽省、云南省、天津市都规定了抗旱经费按照政府投入与受益者合理承担相结合的原则筹集。在此原则指导下,安徽省又规定县级以上人民政府每年应当安排必要的资金用于旱情预防,遇严重旱情还要安排必要的抗旱资金;云南省规定了县级以上人民政府应当设立抗旱专项经费,并纳入本级财政预算,遇严重旱情还需要按照一定程序增加抗旱专项经费;天津市则规定各级人民政府应当采取措施,提高抗旱投入的总体水平,保证抗旱工程设施建设资金及时到位和配套资金足额落实。物的方面,明确规定了抗旱物资储备。如云南省明确规定,县级以上人民政府应当根据需要储备一定数量的抗旱物资,储备的抗旱物资经同级人民政府批准后,由防汛抗旱指挥机构负责调用。

二、国家《抗旱条例》颁行后抗旱立法的基本形势

(一)《中华人民共和国抗旱条例》概述

2009年2月,国务院常务会议审议并原则通过了《中华人民共和国抗旱条例》(国务院第552号令公布)。作为我国第一部专门规范抗旱工作的行政法规,其内容涵盖了从旱灾预防、抗旱基础设施建设、抗旱减灾到灾后恢复的全过程。确立了一系列加强和规范抗旱工作的原则,建立了一套比较完善的政府领导下全社会共同抗旱的体制和机制,包括:明确了各级人民政府、有关部门和单位在抗旱工作中的职责;确立了抗旱规划、抗旱预案、抗旱水量统一调度、紧急抗旱期抗旱物资设备征用、抗旱信息报送、抗旱信息统一发布等制度,完善了抗旱保障机制等。[①] 国家抗旱条例的颁布实施,为解决当前抗旱工作中存在的矛盾和问题提供了基本的法律依据。

(二)抗旱立法的基本形势

目前我国防旱抗旱工作的法律制度框架已经基本确立。下一步,我国防旱抗旱立法的重点在于进一步开展配套制度建设。

1. 国务院各部委开展配套规章制度建设

从抗旱工作的实际需要上看,国家《抗旱条例》中尚有不少条款(如抗旱应急水源建设、抗旱物资储备、抗旱资金使用与监督等)属于原则性规定,需要进一步开展相关的配套制度建设,并尽快出台相关的配套立法(如抗旱应急水源建设与管理办法、抗旱物资储备管理办法、抗旱用油用电与抗旱机具购置补贴管理办法等)。同时,围绕国家《抗旱条例》的实施,有必要进一步构建健全的抗旱管理体制机制,出台促进基层抗旱服务组织可持续发展、抗旱投入保障等的相关政策。因此,水利部、财政部、卫生部、民政部等部委有必要根据国家《抗旱条例》的规定,颁布相关部门规章或规范性文件。

2. 地方层面开展配套法规、规章制度建设

我国水情复杂,各省、自治区、直辖市之间在水旱情势和防旱抗旱工作上存在重大差异。但是,国家《抗旱条例》关注的只能是全国范围内干旱灾害的一般性,提供解决抗旱工作中存在的矛盾和问题的基本法律依据,相关旱灾预防措施和抗旱减灾措施大多比较原则,难以切实突出不同省份水旱情势

---

① 参见陈雷:《学习贯彻抗旱条例 促进抗旱事业发展》,载国家防汛抗旱总指挥部办公室、水利部政策法规司编:《中华人民共和国抗旱条例学习材料》,中国水利水电出版社2009年版。

和旱灾的特殊性，难以切实满足不同省份旱灾预防和抗旱减灾的特殊需求，也难以切实解决不同省份防旱抗旱工作中所存在的深层次问题。为此，在《抗旱条例》颁行之后，地方层面，尤其是旱情形势严峻、抗旱任务艰巨的省份，如山西省、湖北省、江西省等，需要进一步开展配套法规、规章制度建设。

三、地方抗旱立法的重点：以山西省为例

地方抗旱立法的重点在于，紧密结合各省独特的水旱情势，反映各省防旱抗旱工作的特殊性，解决各省防旱抗旱工作存在的深层次问题。本部分以山西省为例，对地方抗旱立法的重点进行分析。

（一）山西省防旱抗旱工作的特殊性

山西省水资源十分贫乏，全省水资源总量 123.8 亿立方米，人均占有水资源量仅为 381 立方米，为全国平均值的 1/6，远低于国际公认的人均 500 立方米严重缺水界限；耕地面积 6 499 万亩，亩均水量 190 立方米，约为全国平均水平的 1/9。受特殊的自然地理和气候因素影响，以及资源性缺水、工程性缺水以及水质性缺水的共同作用，山西省旱灾十分严重，水资源危机已经由量变到质变，逐渐走向表面化，趋于严重化，形势十分严峻。在山西省，春旱年年发生，具有常规性特征，其他干旱灾害表现为“十年九旱，三年一小旱，五年一大旱”，突发性中隐含着常规性。与此同时，连续数年严重干旱的频率越来越高。新中国成立以来，山西省严重干旱年共出现 19 次，共 19 年；连续严重干旱年共出现 3 次，共计 10 年，占严重干旱年 50% 以上。

山西水旱情势的独特性，以及常规性与突发性并存、重特大干旱灾害频繁发生的旱灾特性，导致山西防旱抗旱工作也具有自身的特殊性，突出体现为：防旱抗旱工作具有常态化特质，常规性抗旱和应急性抗旱并存。无论是常规性抗旱还是应急性抗旱，在特殊自然地理和气候条件难以改变、水资源严重短缺形势难以缓解的情况下，都需要大力加强旱灾预防。一方面，需要多种工程措施齐抓，包括兴建控制性水源工程、增加应急水供给能力、调整产业结构、大力推进节水、有效涵养地下水、逐步改善水环境等；另一方面，需要多种非工程措施并用，包括完善防旱抗旱管理体制、增强抗旱储备、加强抗旱服务组织建设、增加抗旱有效投入、采取抗旱补贴等。同时，在山西省独特的地形条件下，要有效应对突发性旱灾，还需要强化旱灾预警和响应机制，完善各种应急抗旱措施，在山区和高原区组织抗旱服务组织加强抗旱服务，在盆地区加大黄河引水量、强化抗旱应急水量调度等。此外，为了更有效地组织

防旱抗旱工作，需要建立稳定的抗旱投入机制，并规范抗旱经费分配与使用。

（二）山西省抗旱立法的重点

1. 进一步强化政府职责

防旱抗旱工作牵涉面广，系统性、社会性和政策性都很强，需要由各级政府进行统筹安排，共同应对。为此，有必要进一步强化政府职责，以加强山西省防旱抗旱工作。包括：明确政府在抗旱规划组织实施方面的职责，保障抗旱规划的实施；进一步明确政府在抗旱服务组织建设、抗旱基础设施建设、旱情监测网络和抗旱信息系统的建设和运行、抗旱投入以及抗旱补偿、补助和补贴等方面的职责。例如，在抗旱规划的组织实施方面，县级以上人民政府应当将抗旱规划纳入本级国民经济和社会发展规划，加强组织领导和部门协调，加大投入，合理配置资源，保障抗旱规划有效实施。

2. 强化抗旱服务组织建设

目前，山西省抗旱服务组织缺乏明确定性，其事业单位、企业管理、自收自支、自负盈亏的管理体制已经严重制约了抗旱服务组织能力的提高，影响了抗旱服务工作的开展。而国家《抗旱条例》中仅规定了在抗旱规划中应当有抗旱服务组织建设的内容、各级人民政府应当扶持抗旱服务组织、国家鼓励兴办抗旱服务组织，但并未涉及抗旱服务组织的性质，也没有明确政府通过什么手段来扶持抗旱服务组织。从性质上看，抗旱服务组织从事的抗旱服务活动具有明显的非竞争性和非排他性，属于典型的农村公共产品，而且，抗旱服务组织提供的诸如解决临时人畜饮水困难、抗旱灌溉、抗旱设施维护、抗旱技术咨询等抗旱服务内容，事实上是在政府部门提供的抗旱服务存在不足的情况下，替代政府为农村地区提供公共产品。抗旱服务组织也正是因为承担了本应由政府部门承担的提供抗旱服务公共产品的职能，同时又难以从提供公共产品过程中获得必要的补偿和收益，因此陷入生存和发展的困境，进而影响了抗旱服务的开展。为此，在山西抗旱立法中，应当明确抗旱服务组织的公益性，规定县级以上人民政府应当采取扶持措施，将抗旱服务组织承担的解决临时人畜饮水困难，以及提供流动灌溉、抗旱设施维护、抗旱技术咨询等公益性抗旱任务纳入公共财政保障体系。同时，应当鼓励乡、村、企业和个人建立抗旱服务组织，县级抗旱服务组织应给予业务指导。

3. 构建更为完整的抗旱预案体系

实施抗旱预案制度是主动防御旱灾的重要举措，《抗旱条例》已经规定了地区性的抗旱预案。目前，山西省地区层面的抗旱预案尚不够规范，城市抗旱预案的编制由于缺乏法律依据而难以开展；特定行业需要编制行业抗旱预案的,也因为缺乏法律依据而发挥不出其应有的作用。为此,应当根据山西省抗旱需要作出明确规定,构建由地区抗旱预案、行业抗旱预案、人口密集城市的应急供水预案的抗旱体系。一方面,在进一步规范地区抗旱预案的基础上,明确县级以上人民政府各相关行业的行政主管部门根据本地区的抗旱预案,编制本行业抗旱的具体预案,经本级人民政府防汛抗旱指挥机构审查同意后,报本级人民政府和上一级人民政府相关行政主管部门备案。另一方面,县级以上人民政府防汛抗旱指挥机构应当组织相关部门,编制各市及人口密集县城的市(城)区应对干旱的应急供水预案,经上一级人民政府防汛抗旱指挥机构审查同意后,报本级人民政府批准后实施。

4. 强化抗旱基础设施建设

抗旱基础设施是旱灾预防和抗旱减灾能力建设的重要内容。山西省抗旱基础设施建设滞后,不仅加剧了旱情向旱灾的转化,而且严重影响了常规性抗旱和应急性抗旱工作的开展。为此,有必要对国家《抗旱条例》的相关原则性规定予以细化,并将山西省兴水战略中与抗旱基础设施建设有关的内容反映在抗旱立法中。其重点在于加大水利工程建设力度,充分利用地表水,包括加强控制性水源工程建设,扩大引黄工程供水量,加大病险水库除险加固力度,加强农田水利灌溉工程建设,加快蓄水、引水、提水(包括井灌)、雨水集蓄及再生水利用等水利工程建设。

5. 强化抗旱应急水源工程建设

抗旱应急水源工程建设与管理是旱灾预防和抗旱减灾的关键性环节之一。国家《抗旱条例》虽然对此作了规定,但较为原则,对于抗旱应急水源建设与管理的具体问题没有再进一步给出规定,可操作性不足。根据山西省的实际,应当明确需要进行抗旱应急水源建设的三种具体工程类型,即“人口相对集中区域、成片饮用浅层井水区域和季节性缺水区域的城镇抗旱应急备用水源工程”“农村饮用水抗旱应急水源工程”和“粮食主产区、商品粮基地、经济作物商品基地、畜牧业生产基地等区域的农业抗旱应急水源工程”。前两项应急水源工程主要是为了保障城镇和农村居民的饮水安全,后一项则主要是为了保障农业生产用水,避免旱灾特别是特大干旱对农业的冲击,保证广大农民的利益。此外,还应当明确抗旱应急水源工程的建设、管理责任主体,即抗旱应急水源工程由县级以上人民政府水行政主管部门组织建设、管理和维护。但是在旱情发生之后,抗旱应急水源应当由县级以上人民政府防汛抗旱指挥机构启用和调度。

6. 强化抗旱物资储备

《抗旱条例》已经明确规定，“干旱灾害频繁发生地区的县级以上地方人民政府，应当根据抗旱工作需要储备必要的抗旱物资，并加强日常管理”。山西省属于“干旱灾害频繁发生地区”，抗旱物资储备不可或缺，因此应当进一步强化抗旱物资储备制度，并对抗旱物资储备中的仓库设立和储备管理费用进行明确规定，使抗旱物资储备更具可操作性。可以明确规定县级以上人民政府防汛抗旱指挥机构应当按照抗旱规划的要求储备必要的抗旱物资，设立仓库，安排储备管理费用。

7. 明确规定旱灾预警与响应

旱灾预警与响应制度是《突发事件应对法》中规定的制度，在《抗旱条例》中也得到了规定。对于旱灾预警，国家《抗旱条例》仅在抗旱预案制度中提及抗旱预案的内容包括干旱灾害预警，但并未对干旱灾害预警如何启动等具体问题进行规定。抗旱工作实践中，“早预警，早行动”已经成为一条重要的经验。因此，在山西抗旱立法中有必要明确规定，在旱灾发生或者发展的可能性增大时的预警与响应措施，并对旱情缓解或者消除后的降低预警级别或解除预警情形也加以明确规定，以突出地方性法规的可操作性。

基于县级以上人民政府防汛抗旱指挥机构是抗旱信息的汇总分析判断中枢，需明确其作为旱灾预警的责任主体和相关职责权限，亦即在干旱灾害发生或者发展的可能性增大时，县级以上人民政府防汛抗旱指挥机构应当发布相应级别的预警。其他任何部门、单位和个人均不得擅自发布旱灾预警。同时依据《突发事件应对法》第43条，需明确规定，发布旱灾预警的防汛抗旱指挥机构应当向上一级防汛抗旱指挥机构作出报告。

此外，还需借鉴其他地方性法规的规定，就旱灾预警信息的动态发布作出规范，明确县级以上人民政府防汛抗旱指挥机构在旱情缓解或者解除之后，应当根据旱灾实际情况发布相应的预警降级或者解除预警信息。

8. 细化抗旱措施

(1) 山西省地下水超采严重，运城、临汾、太原、阳泉等地区，打井的深度已经到了七八百米，有的甚至到了一千多米，依靠应急打井、挖泉，不仅难以有效抗旱，而且容易因“打井容易封井难”的现象而造成地下水进一步严重超采的困境；同时，发生干旱灾害后，应当努力开发新的应急水源，包括扩大引黄工程供水量等，因此，可将国家《抗旱条例》中“应急打井、挖泉”的规定进一步调整为“开发新的应急水源”。

（2）需要细化相关程序性规定。一是规定在发布轻度干旱或者中度干旱预警后，县级以上人民政府防汛抗旱指挥机构应当按照抗旱预案的要求，采取相关的增加供水方面的抗旱措施；二是针对严重或特大干旱，需明确规定，县级以上人民政府防汛抗旱指挥机构在发布严重干旱或者特大干旱预警后，除了采取应急供水措施之外，可以向本级人民政府申请采取相关的限制供水或限制排污措施。

（3）在发生严重和特大干旱灾害时，需明确规定县级以上人民政府防汛抗旱指挥机构应当按照抗旱预案的要求，按照优先保障城乡居民生活用水、合理安排生产和生态用水的原则进行抗旱应急水量统一调度。

（4）发生干旱灾害时，县级以上人民政府防汛抗旱指挥机构应当及时组织抗旱服务组织，解决农村人畜饮水困难，提供流动灌溉、抗旱设施维护、抗旱机具维修、抗旱设备租赁、抗旱物资供应以及抗旱技术咨询等方面的服务。

9. 构建更合理的抗旱经费筹集、分配与使用制度

山西省抗旱资金严重不足，已经成为防旱抗旱工作的“软肋”。对于抗旱经费，《抗旱条例》已经规定：“各级人民政府应当建立和完善与经济社会发展水平以及抗旱减灾要求相适应的资金投入机制，在本级财政预算中安排必要的资金，保障抗旱减灾投入。”对于此原则性规定，应当结合山西省实际情况作进一步细化，并对抗旱经费的分配与使用进行具体规定。可规定各级人民政府应当建立和完善与经济社会发展水平以及旱灾预防、抗旱减灾要求相适应的资金投入机制，并列入本级财政预算；遇严重或者特大干旱时，县级以上人民政府应当增加专项抗旱投入。县级以上人民政府防汛抗旱指挥机构应当根据旱情，会同水利、财政等有关部门编制并及时下达抗旱经费使用计划。

10. 增加抗旱补偿和抗旱补贴制度

抗旱补偿和抗旱补贴制度在《抗旱条例》中未涉及，但是，一方面，抗旱工作实践中已经存在着相关的抗旱补贴制度，目前国家防汛抗旱总指挥部办公室也正在组织研究抗旱用油、用电与抗旱机具购置补贴问题；另一方面，对抗旱中的相关损失进行适当的补偿，符合我国财产法律制度的发展趋势。因此，有必要结合国家抗旱政策趋势规定必要的抗旱补贴制度，并结合财产法律制度发展趋势，要求各级人民政府逐步建立和推行抗旱补偿机制。其重点，一是县级以上人民政府对单位和个人兴建应急抗旱设施、添置提运水设备及运行费用，可以给予适当补助；二是电力、农业、农机等部门应当对农业抗旱用油、用电和抗旱物资予以价格优惠或者补贴。

法律变迁与水利立法完善研究[*]

近年来,我国的法律在以往的基础上进一步发展。在宪法领域,《中华人民共和国宪法修正案》将建设社会主义法治国家、尊重和保障人权等内容明确写进宪法中;在民法领域,以《中华人民共和国合同法》(以下简称《合同法》)、《物权法》等为代表,公民私权体系更加完善;在行政法领域,以《中华人民共和国行政许可法》(以下简称《行政许可法》)、《中华人民共和国行政诉讼法》(以下简称《行政诉讼法》)修订等为代表,公共权力得到进一步规范;在经济法领域,以《中华人民共和国劳动合同法》(以下简称《劳动合同法》)、《中华人民共和国反垄断法》(以下简称《反垄断法》)等为代表,市场经济活动更为规范;在环境资源法领域,以《环境保护法》修订等为代表,更加重视人与自然、环境的和谐相处;在诉讼法领域,以《中华人民共和国民事诉讼法》(以下简称《民事诉讼法》)修订、最高人民法院收回死刑复核权等为代表,诉讼体系更为健全;等等。这些法律变化集合在一起,集中凸显出我国法律正在经历着巨大的时代变迁,法治优于人治成为基本的共识,国家与社会、公权与私权的关系在法律中得以重塑,良法之治成为现时代法律的基本追求。水利领域的立法任务繁重。作为社会主义法律体系的重要组成部分,今后的水利立法也必须适应法律的整体变迁,并进行相应的完善,包括更加注重水事法律制度建设,并在制度建设过程中调整国家与社会、公权与私权关系,努力实现良法之治等。

一、转型社会中的法律变迁

改革开放以来,我国经济社会发生了巨大转型。其中的核心主线有两条:一条是市场经济建设;另一条是法治国家建设。近年来,尤其是 1998 年以来,我国的法律在以前的基础上进一步发展,包括宪法、行政法、刑事法、民法、经济法、环境法等,并体现出了明显的阶段性特征。本部分将在概述现阶段法律变迁的基础上,从制度与人、国家与社会、公权与私权以及法制与法治

---

* 本文作者为陈金木、吴强。

等维度，分析法律变迁中的时代精神。

（一）现阶段的法律变迁概述

为论述方便，本文按照公法与私法的法律分类方法，对现阶段的法律变迁进行说明。①

1. 以依法治国为核心的公法发展

“中华人民共和国实行依法治国，建设社会主义法治国家”，在1999年修宪过程中写入《宪法》，标志着我国公法进入了“依法治国”的全新阶段。此后，我国公法制度建设不断取得新的进展，并从以数量增长为主要特征转向以提高立法质量、规范与完善立法制度为主。概括起来，近年来，我国公法的变迁主要体现在以下方面：

（1）立法制度的规范和完善。2000年3月15日，九届全国人大第三次会议通过《中华人民共和国立法法》（以下简称《立法法》），标志着我国的公法制度建设从以数量增长为主步入了提高立法质量、完善立法水平、加强立法民主与科学的新时期。该法总结了20多年来中国的立法经验，较全面地规范了立法活动，包括立法工作应当遵循的基本原则，法律、行政法规、地方性法规、自治条例和单行条例、规章各自的权限范围，制定程序和适用规则等。尤其是在立法程序方面，《立法法》强调立法过程的公开性，强化民主议决的环节，保障人大代表、委员的了解知情权，并坚持统一审议，保障法制统一。此外，《立法法》还对立法解释制度、不同位阶的规范性法律文件的适用原则等内容，作出了系统的规范。

2015年3月15日，第十二届全国人民代表大会第三次会议通过了全国人民代表大会《关于修改〈中华人民共和国立法法〉的决定》，对《立法法》作了大幅度修改。修改的核心内容包括：一是税收必须法定，明确“税种的设立、税率的确定和税收征收管理等税收基本制度”只能由法律规定。二是为授权立法设限制，强调授权决定不仅应当明确授权的目的、范围，还需要明确决定授权的“事项”“期限以及被授权机关实施授权决定应当遵循的原则等”。并进一步规定“授权的期限不得超过五年，但是授权决定另有规定的

---

① 需要说明的是，公法与私法的划分标准在学界虽然不统一，但一般认为，宪法、行政法、刑事法等属于公法，民法属于私法，经济法、环境法则同时具有公法和私法的特征，但在大的范畴上可以纳入私法之中。此外，公法、私法的划分，并非仅仅是学术上的一种分类方法，在它的背后，隐含着深刻的法的原理及知识问题。其预设的前提是国家与社会的界分，或具体地说，是将人们的活动领域区分为公共生活与私人生活两个部分。在前者，由国家作为公共管理的负担者，进行社会的管理与调控；而在后者，则由意思自治、人格独立的个人进行自我管理。

除外”。三是将提高立法质量明确为立法的一项基本要求,同时要求建立开展立法协商,完善立法论证、听证、法律草案公开征求意见等制度,并健全审议和表决机制。四是建立立法评估机制,包括立法前的评估和立法后的评估。五是扩大地方立法权。修改后的《立法法》为地方立法权作了扩围,依据第72条的规定,所有设区的市被赋予了地方立法权,但同时新《立法法》明确了地方立法权的边界,规定设区的市只是可以对“城乡建设与管理、环境保护、历史文化保护等方面的事项”制定地方性法规。六是制定规章不得限制公民权利,“没有法律或者国务院的行政法规、决定、命令的依据,部门规章不得设定减损公民、法人和其他组织权利或者增加其义务的规范,不得增加本部门的权力或者减少本部门的法定职责”,“没有法律、行政法规、地方性法规的依据,地方政府规章不得设定减损公民、法人和其他组织权利或者增加其义务的规范”。

(2) 法治政府的提出和展开。2004年3月22日,国务院印发《全面推进依法行政实施纲要》,明确要求用十年左右的时间基本实现建设“法治政府”的各项具体目标,并提出了全面推进依法行政的指导思想、基本原则和要求、主要任务和措施,其所确立的“法治政府”等诸项内容体现出这个时期行政法制建设的特色。此后,国务院先后印发《关于加强市县政府依法行政的决定》(国发[2008]17号)、《关于加强法治政府建设的意见》(国发[2010]33号)等,对法治政府建设作了一系列部署。2015年,中共中央国务院印发《法治政府建设实施纲要(2015—2020年)》,根据建设法治政府的总体目标和衡量标准,针对深入推进依法行政面临的突出问题,按照行政权运行的基本轨迹和依法行政的内在逻辑,依次提出了依法全面履行政府职能,完善依法行政制度体系,推进行政决策科学化、民主化、法治化,坚持严格规范公正文明执法,强化对行政权力的制约和监督,依法有效化解社会矛盾纠纷,全面提高政府工作人员的法治思维和依法行政能力等七个方面的主要任务。

在法治政府建设精神指导下,近年来,行政立法取得了重大进展。

① 行政组织法。2005年,十届全国人大常委会第十五次会议通过了《中华人民共和国公务员法》。该法凝结了我国十多年公务员制度建设的经验,借鉴了国外公务员制度的一些先进做法。该法对规范公务员的管理,保障公务员的合法权益,加强对公务员的监督,建设高素质的公务员队伍,促进勤政廉政,提高工作效能,将起到重要作用。

② 行政行为法。行政许可是市场经济条件下政府管理经济、社会和文化的重要手段,对于建立社会主义市场经济有着极为重要的和不可替代的作

用。2003年,十届全国人大常委会第四次会议通过了《中华人民共和国行政许可法》。在立法例上,该法是世界上第一部以单行法形式颁布的行政许可法,对于规范行政许可的设定和实施,保护公民、法人和其他组织的合法权益,维护公共利益和社会秩序,保障和监督行政机关有效实施行政管理起到了重要的推动作用。此外,十届全国人大常委会于2005年通过了《中华人民共和国治安管理处罚法》,废止了1986年的《中华人民共和国治安管理处罚条例》,于2007年通过了《中华人民共和国突发事件应对法》,分别对治安管理领域的行政处罚行为以及突发事件中的行政行为进行了规范。

③ 行政诉讼法。2014年11月1日,十二届全国人大第十一次会议表决通过了《关于修改〈中华人民共和国行政诉讼法〉的决定》。修改后的《行政诉讼法》从2015年5月1日起开始实施,这是《行政诉讼法》实施24年来的大幅度修改。修改的核心内容包括:一是确立登记立案制度及上级法院直接立案审理制度,这是解决立案难问题的重大举措。二是扩大行政诉讼受案范围,将行政机关强制执行行为,滥用行政权力排除或者限制竞争的,违法集资、非法征收征用、摊派费用,侵犯土地、矿藏等自然资源权利,没有依法支付最低生活保障待遇或者社会保险待遇等行政行为,纳入了行政诉讼受案范围,同时进一步明确了可以依法起诉的行政处罚及行政许可的种类。三是规定行政首长出庭应诉义务,规定"被诉行政机关负责人应当出庭应诉。不能出庭的,也可以委托行政机关相应的工作人员出庭"。四是增加了对除规章以外的规范性文件进行审查的权利,规定公民、法人或者其他组织认为具体行政行为所依据的国务院部门和地方人民政府及其部门制定的规章以外的规范性文件不合法,在对具体行政行为提起诉讼时,可以一并请求对该规范性文件进行审查。人民法院在审理行政案件中,发现规范性文件不合法的,不作为认定具体行政行为合法的依据,并应当转送有权机关依法处理。五是行政诉讼可跨区域管辖。六是明确复议机关不作复议决定后,原告可以就具体行政行为直接起诉,规定"复议机关在法定期限内未作出复议决定,公民、法人或者其他组织起诉原具体行政行为的,作出原具体行政行为的行政机关是被告;起诉复议机关不作为的,复议机关是被告"。

(3) 刑事法治的发展。近年来,我国刑事法治伴随着中国特色社会主义事业和建设社会主义法治国家的前进步伐,取得了巨大的成就。归纳起来看,主要表现在以下方面:

① 确立了宽严相济的基本刑事政策。2006年10月,"宽严相济的刑事司法政策"首次被写入中共中央文件——《中共中央关于构建社会主义和谐

社会若干重大问题的决定》。自2007年1月1日起,所有死刑案件核准权收归最高人民法院统一行使,终结了部分死刑案件核准权下放26年的历史,从司法制度上落实了“国家尊重和保障人权”的宪法原则,对确保公民人权和生命权,杜绝冤假错案发生,实现社会公平与正义,具有重大的意义。

② 建立了比较完备的刑事立法基础,形成了比较科学的修改完善刑法的模式。1997年颁布的《中华人民共和国刑法》(以下简称《刑法》),将1979年《刑法》的192个条文增加到452个条文,不仅修法幅度之大、涉及范围之广前所未有,而且在诸多方面进行了重大改革,取得了显著的进展,现代化、科学性大大增强,堪称新中国刑事法制现代化进程中一个崭新的里程碑。1997年《刑法》颁行后十余年来,国家立法机关又根据需要颁布了9个刑法修正案和9个刑法立法解释文件,从而建构了比较完备的刑法立法基础,为我国刑事法治提供了基本保障。

③ 刑事诉讼法不断发展完善。2012年3月14日,《中华人民共和国刑事诉讼法修正案》获得全国人大通过。这部施行了16年的刑诉法,完成了第二次“大修”,于2013年1月1日起施行。这次修改的内容很多,主要有以下九个方面:一是犯罪嫌疑人在侦查阶段的诉讼权利得到有效保障;二是修改完善了律师会见阅卷程序;三是强化了对侦查措施的法律监督;四是补充完善了非法证据排除制度;五是规范了证人出庭作证制度;六是扩大了法律援助适用范围;七是适当调整了简易程序适用范围;八是修改完善了二审程序;九是完善了刑罚执行程序。

2. 以保障权利为核心的私法发展

(1) 保障民事权利的民法发展。近年来,在民事领域,我国相继出台了《中华人民共和国合同法》(以下简称《合同法》)、《中华人民共和国物权法》《中华人民共和国劳动合同法》等,修改了《中华人民共和国著作权法》《中华人民共和国商标法》《中华人民共和国专利法》《中华人民共和国婚姻法》《中华人民共和国民事诉讼法》等,民事法律制度建设获得了长足发展。表现在:

① 民事立法内容越来越强调主体的平等,强调意思自治。首先,民事立法从主体差异性逐步转变为平等性。如,在参与市场经济活动的商主体的法律待遇方面,就税收而言,三资企业享有比国内企业更为优惠的待遇,这一局面在新税法出台后已经大为改观。又如,在财产保护方面,《物权法》对国有财产、集体财产及个人财产进行了一体化保护。其次,强调意思自治,突出任意性立法,缩小强制性立法。如《合同法》废弃了《中华人民共和国经济合同法》(以下简称《经济合同法》)确立的合同行政管理制度,规定当事人在订立

合同中“不得将自己的意志强加给另一方”,也不受任何组织和个人的“非法干预”(第4条),并规定“合同的内容由当事人约定”(第12条),充分肯定了当事人的合同自由,在违约金的规定上一改原来的法定违约金,仅规定约定违约金等。从民事法律规范的特点来看,大量任意性规范,使得权利设定更多地依赖主体的意思自治。

② 民事立法过程日趋专业化、精确化、公开化。首先,民事立法日趋专业化。越来越强调“法学家立法”的重要性,立法起草委员会(或小组)中尽可能多地吸收知名法学家、律师、法官参加。如我国在20世纪90年代初开始起草的《合同法(草案)》,最初便肇始于专家建议稿;此后的《物权法(草案)》《婚姻法修正案(草案)》等民事立法活动均具有此特点。其次,民事立法日趋精确化。最直接的表现便是新法的条文更为丰富,如现行《合同法》的条文总数为428条,是原来《经济合同法》《中华人民共和国涉外经济合同法》《中华人民共和国技术合同法》条文总数的三倍以上。再次,民事立法日趋公开化。步入20世纪90年代,民事立法草案相继以征求意见稿的形式公开,民众积极参与草案的讨论,1998年9月,全国人大常委会将《合同法(草案)》公布,公开征集意见;2001年《婚姻法》的修改,2001年1月11日,《婚姻法修正案(草案)》向社会公布征求意见,共收到群众来信来函4 000多件,通过报纸、期刊和网络等媒体也收到数以千计的意见。2005年《物权法(草案)》公开,仅半月就收到意见6515条,最终收集到一万余条意见,引发了热烈的讨论。而《劳动合同法(草案)》的公开,立法部门收到了超过19万余条之多的意见,这种参与讨论的规模也是空前的。

(2) 规范与推动改革开放的经济法发展。伴随着市场经济的发展,经济法初步完成了从国家干预、包办向公共管理包括维护公平竞争,演化为一种“现代性的协调互动”的转变。在内容上,不符合市场经济要求的规范性文件被废止,而另一大批对于市场经济发展具有重要作用的法律法规纷纷出台,标志着现代中国经济法在立法层面的构架已经基本完备。

① 体现国有企业改革成果的立法不断深入。通过《国有企业监事会暂行条例》(2000年)、《企业国有资产监督管理暂行条例》(2003年)、《中华人民共和国企业国有资产法》(2008年)(以下简称《企业国有资产法》)等,推动了国有企业改革,加强了国有资产的经营管理。

② 企业、公司、证券方面的法律法规不断完善。相关的法律法规主要有:《公司法》(1993年、1999年、2004年、2005年修订)、《中华人民共和国公司登记管理条例》(1994年、2005年修订)、《中华人民共和国合伙企业法》

(1997年、2006年修订)、《中华人民共和国合伙企业登记管理办法》(1997年、2007年修订)、《个人独资企业登记管理办法》(2000年)、《中华人民共和国证券法》(1998年、2004年、2005年修订)等。

③ 在税收和金融领域迈出了新的步伐。与此相关的经济法主要有:《中华人民共和国银行业监督管理法》(2003年)、《中华人民共和国外资银行管理条例》(2006年)、《中华人民共和国企业所得税法》(2007年)等。

④ 体现农业和农村经济发展的经济立法进入新的阶段,特别是2005年十届全国人大常委会第十九次会议通过了《关于废止〈中华人民共和国农业税条例〉的决定》,实施了近50年的农业税条例被废止,一个在我国延续两千多年的税种宣告终结,使"三农"问题的解决步入了一个新的发展阶段。

⑤ 规范市场秩序的立法取得了极大发展。为了保护自由、公平的市场竞争,维护市场秩序,国家制定了一系列法律规范,主要包括:《期货交易管理暂行条例》(1999年)、《禁止传销条例》(2005年)、《直销管理条例》(2005年)、《反垄断法》(2007年)、《中华人民共和国食品安全法》(2009年)等等。尤其是《反垄断法》的颁布,标志着中国的市场经济法制与国际接轨,以它的实施为契机,可以加快社会主义市场经济及其法治建设的进程。

(3) 强调可持续发展的环境法发展。近年来,环境法的发展主要体现在以下方面:

① 从注重污染的末端治理转向重视污染的源头预防。2002年通过的《中华人民共和国清洁生产促进法》(以下简称《清洁生产促进法》)就是这种全过程控制立法理念的体现。该法第2条明确规定:"……从源头削减污染,提高资源利用效率,减少或者避免生产、服务和产品使用过程中污染物的产生和排放,以减轻或者消除对人类健康和环境的危害。"在《清洁生产促进法》之后出台的《中华人民共和国环境影响评价法》(2002年)和《中华人民共和国循环经济促进法》(2008年)(以下简称《循环经济促进法》)等法律,也都着眼于对污染做溯源式预防。

② 从保护环境、促进经济发展,转向保护环境、促进经济社会可持续发展。可持续发展观是对传统的单纯以GDP增长为国家经济发展指标的发展观的颠覆,强调环境保护与经济增长的协调性和持久性,因而有效地解决了环境保护与资源开发、社会发展之间的矛盾。1992年8月,国务院批准发布了《中国环境与发展的十大对策》,将走可持续发展道路确立为我国的发展战略。1996年3月,八届全国人大四次会议批准了《国民经济和社会发展"九五"计划和2010年远景目标纲要》,把可持续发展列为国家战略。可持

续发展理念直接影响了我国的环境立法,如 1998 年修订的《土地管理法》第 1 条即明确指出该法的目的是"促进社会经济的可持续发展",此后绝大多数环境立法都将"可持续"明确写入立法目的。这是我国环境立法的一个重大转折,因为此前环境立法的目的均是"保护环境,促进经济的发展"。

③ 从减少排放转向促进循环经济发展。循环经济的提出,要求我国环境立法改变先前的"污染减灭观",即从将污染视为一种单纯的恶转向将污染物视为可以回收再利用的物质。2002 年的《清洁生产促进法》主要针对工业企业的生产环节,强调生产过程中的废弃物减量以及无害化,体现了循环经济的理念。2004 年通过的《中华人民共和国固体废物污染环境防治法》在第 3 条中明确规定,固体废物污染环境的防治应"促进循环经济的发展",这是我国第一次将"循环经济"载入立法。2005 年的《中华人民共和国节约能源法》和 2007 年的《中华人民共和国可再生能源法》则规制了资源消耗环节,强调资源和能源的投入减量和可重复利用。2008 年颁布的《循环经济促进法》更是全面、综合地体现了促进循环经济发展的法制轨道。

④ 从纯粹的环境保护到生态文明建设。党的十七大提出了一种新的文明形态——生态文明。生态文明的提出,将环境保护上升到文明高度。在我国资源短缺、生态形势严峻以及污染治理任务艰巨的情形下,要完成生态文明建设,这次 13 亿中国人的新长征——绿色长征,环境法治是不可或缺的重要一环。党的十八大从新的历史起点出发,作出"大力推进生态文明建设"的战略决策,从 10 个方面绘出生态文明建设的宏伟蓝图。2015 年 5 月 5 日,中共中央、国务院先后发布了《关于加快推进生态文明建设的意见》和《生态文明体制改革总体方案》。可以想见,未来的环境立法将融入更多生态文明理念的制度和规范。

⑤ 全面修改《环境保护法》。2014 年 4 月 24 日,十二届全国人大常委会第八次会议表决通过了修订后的《环境保护法》,这是我国环境法制建设的又一重要成就。本次修改后的《环境保护法》共 7 章 70 条,与原法的 6 章 47 条相比,有了较大变化。一是增加规定保护环境是国家的基本国策,并明确"环境保护坚持保护优先、预防为主、综合治理、公众参与、污染者担责的原则"。二是突出强调政府的监督管理责任,将原来关于仅有一条原则性规定的政府责任,扩展增加为"监督管理"一章。增加规定了"地方各级人民政府应当对本行政区域的环境质量负责","未达到国家环境质量标准的重点区域、流域的有关地方人民政府,应当制定限制达标规划,并采取措施按期达标"等内容。三是规定每年 6 月 5 日为环境日。四是设信息公开和公众参与

专章,加强公众对政府和排污单位的监督。五是在发挥人大监督作用方面作出新规定,要求县级以上人民政府应当每年向本级人大或者人大常委会报告环境状况和环境保护目标的完成情况,对发生重大环境事件的,还应当专项报告。六是科学确定符合国情的环境基准。七是建立健全环境监测制度。要求国务院环境保护主管部门制定监测规范,会同有关部门组织监测网络,统一规划设置监测网络,建立监测数据共享机制;监测机构应当遵守监测规范,监测机构及其负责人对监测数据的真实性和准确性负责。八是完善跨行政区污染防治制度,规定国家建立跨行政区域的重点区域、流域环境污染和生态破坏联合防治协调机制,实行统一规划、统一标准、统一监测,实施统一的防治措施。九是完善重点污染物排放总量控制制度。规定国家对重点污染物实行排放总量控制制度,并建立了对地方政府的监督机制。重点污染物排放总量控制指标由国务院下达,省级人民政府负责分解落实。企业事业单位在执行国家和地方污染物排放标准的同时,应当遵守重点污染物排放总量控制指标。对超过国家重点污染物排放总量控制指标或者未完成国家确定的环境质量目标的地区,省级以上人民政府环境保护行政主管部门,应当暂停审批其新增重点污染物排放总量的建设项目环境影响评价文件。十是提高服务水平推动农村治理。十一是增加规定没有进行环评的项目不得开工,并规定了相应的法律责任。十二是明确规定环境公益诉讼制度。对污染环境、破坏生态、损害社会公共利益的行为,依法在设区的市级以上人民政府民政部门登记的相关社会组织、专门从事环境保护公益活动连续 5 年以上且信誉良好的社会组织,可以向人民法院提起诉讼,人民法院应当依法受理。

(二)法律变迁的时代精神

上述这些法律上的变迁集中在一起,凸显了依法治国正与市场经济一起,共同成为我国国家进步与发展的主线。在这些法律变迁的背后,法律发展的时代精神越来越清晰。具体体现在以下方面:

1. 法治优于人治成为基本的共识

法治与人治是从制度与人的关系入手的。从近年来的法律变迁上看,法治优于人治已经成为基本共识,并最终上升为国家的根本意志。从改革开放起,邓小平就特别注意这个问题。邓小平强调:“为了保障人民民主,必须加强法制。必须使民主制度化、法律化,使这种制度和法律不因领导人的改变而改变,不因领导人的看法和注意力的改变而改变。”邓小平指出:“过去发生的各种错误,固然与某些领导的思想、作风有关,但是组织制度、工作制度方面的问题更严重。这些方面的制度好可以使坏人无法任意横行,制度不好可以使好人无法充分做好事,甚至走向反面。”在此认识下,我国以“有法可依、有法必依、执法必严、违法必究”为基本指针,不断加强社会主义法制建设。近年来,建设社会主义法治国家更直接作为国家意志规定在宪法之中,并通过一系列高质量的法律制度建设,使法治政府、人权、民生等得到保障,集中体现了法治优于人治已经成为目前的基本共识。在此基础上,党的十八届四中全会对全面推进依法治国作出了系统的决策部署,成为推动依法治国发展的里程碑。

需要说明的是,在制度与人的关系上,目前还存在很多问题,突出的有两个:第一个是权力受到的监督还不够,权力滥用的机会还很多,权力滥用的成本还很低;第二个是还存在很多潜规则、土政策,而且还往往压过正式制度。今后,我国法律将进一步凸显制度的重要性,并着力于解决这些问题。

2. 国家过度控制的限制和社会自治的拓展成为法律发展的精神内核

法律发展史上,国家与社会的关系如何处理,决定着法律的核心精神。从理论上讲,国家与社会存在着诸多关系模式,而并非传统上认为的简单的“国家控制社会”或者“社会对抗国家”的零和关系。有的学者将其归纳为五种:社会制衡国家、社会对抗国家、社会与国家共生共强、社会参与国家、社会与国家合作互补。①

改革开放以前,我国采取了国家控制型,经济完全由国家计划,甚至老百姓的生活、教育、婚姻、生育、任何一切都是由国家干预。改革开放以后,国家开始放权,首先是经济放权,给企业放权,然后是社会放权,给基层群众自治组织和各种非营利组织或社会中介组织放权。由此,国家的过度控制得到了不断限制,社会自治则不断拓展。一方面,企业等市场主体受到国家的干预越来越少,国家主要是通过制定法律,为市场主体的公平竞争提供制度框架;另一方面,各种社会主体的自由在不断拓展,国家也主要是通过制定法律,为社会的自治提供制度框架。这不仅从《宪法》的修正案中得到充分体现,而且从民法、经济法的发展中得到充分体现,更从行政法和刑法的发展中得到充分体现。值得注意的是,近年来,在国家与社会关系上还出现了一个明显的变化。改革开放以来,主要是在做“减法”,重点是革除不适应社会主义市场经济的因素,近年来则不仅在做“减法”,也在做“加法”,加强政府社会管理和公共服务职能,努力实现从计划经济条件下的管制型政府向适应社会主义市场经济、社会主义民主政治、社会主义和谐社会建设的服务型政府转变。

① 参见何增科:《公民社会与第三部门研究引论》,载《马克思主义与现实》2000 年第 1 期。

从总体上看,伴随着国家过度控制的转型以及社会自治的不断拓展,我国法律在国家与社会关系上的合理而又可行的发展模式大概是:在合作主义理念下实现国家与社会的相互增权,并最终形成“强国家—强社会”的关系格局。一方面,现代化目标的实现仍然需要国家作为社会总体利益的代表,在尊重社会独立性的前提下,积极介入社会生活过程,对后者的活动进行多种形式的协调和引导,或者为它们创造适宜的活动条件和环境;另一方面,社会的良性发展和民主政治的实现,需要社会在法律范围内享有广阔的活动空间,并最终与国家形成“双向的适度的制衡关系”。[①]

3. 公权的必要克制与私权的充分保障成为法律发展的主轴

法律的内容体现为法律主体的权利义务。从大的方面上看,法律主体的权利可以区分为公权和私权两部分。公权是公共权力以及相应的公共权利的统称,私权则是指以私人名义享有的各种权利。换言之,公权与私权之间的关系变化,反映了法律发展的全部历史。

改革开放以前,没有公法与私法之分,所有的法律都被视为公法,都被认为和国家利益有关。私权是不可触碰的,而且被视为“资本主义”的专有物。只要一谈到私权,就被认为是走资本主义路线。在这种情况下,公权成为法律的核心内容。改革开放以后,还权于民成为法律发展的主轴。在公权与私权的关系上,近年来的法律发展表现得更为明显。一方面,通过宪法、行政法、刑法以及诉讼法,从实体和程序两方面不断对公权的行使进行规范化、法制化,使公权得到必要克制;另一方面,通过民法、经济法、环境法的发展,从实体上扩展私权,从救济法上保障私权,私权得到越来越充分的保障。

在公权与私权的问题上,目前存在的问题有两个:第一个是公权对私权的显性侵犯仍然非常多,很多时候,公权往往以公共利益的名义大肆侵犯私权;第二个是公权对私权的隐性侵犯很多,尤其是因为政府的不作为而导致公共产品的供给少且不均,使民生难以得到保障。因此,今后我国法律在保障民生、保护私权、克制公权上还将有很大的发展空间。

4. 良法成为立法的基本基调

“治人必先治法,治法政府率先。”近年来,法律的发展充分体现了良法已经成为立法的基调。事实上,对于法治建设而言,不仅仅重视应当有法律,更应当重视有优良的法律,“恶法非法”,恶法即便得到最有效的遵守,也不能说是法治。这种良好的法律,又可以从三个角度予以分析:形式合理、内容

---

① 尹冬华:《当代中国国家与社会关系的转型》,载“第五届全国政治科学类研究生论坛”参会论文。

正确、效果良好。言其形式合理,指的是规范有效、法律一般、法制统一等;言其内容正确,指的是法律体系与法律的内容真正符合人民的利益要求,但由于人民的利益在法律上的要求即为权利(尤其是人权)要求在法律中的体现,因此法治中的法律应当以人权为基础进行建构。言其效果良好,指的是法律能够真正符合中国社会发展的实际需要,“书本上的法律”与“生活中的法律”能够真正相调适。近年来,我国通过颁布《立法法》及一系列配套的立法方面的法规,进一步理顺了立法体制,健全了立法机制,并在实际立法过程中突出立法的科学性、民主性,使立法质量不断提高。

二、法律变迁中的水利立法审视

水利立法作为环境资源法的重要组成部分,在法律变迁之中也得到了长足的发展,并从另一侧面反映出了法律变迁的时代精神。与此同时,基于多方面原因,水利立法与法律变迁的时代精神相比,还存在不少问题,甚至显得比较滞后。本部分将从法律变迁的视角,对近年来的水利立法进行审视。

(一)现阶段水利立法的发展

对于现阶段水利立法的发展,本文主要选取2000年以后的水利立法进行分析。从2000年到现在,水利立法的发展主要体现在以下几个层面:

1. 法律层面

2002年对《水法》进行重大修改,2008年对《水污染防治法》进行修改,2010年对《水土保持法》进行修改。2016年,根据水行政审批制度改革许可,对《水法》和《防洪法》部分条文作了修改。

2. 行政法规层面

2000年出台《中华人民共和国水污染防治法实施细则》《蓄滞洪区运用补偿暂行办法》,2001年出台《长江三峡工程建设移民条例》和《长江河道采砂管理条例》,2005年修订《防汛条例》,2006年出台《取水许可和水资源费征收管理条例》《大中型水利水电工程建设征地补偿和移民安置条例》《黄河水量调度条例》,2007年出台《水文条例》,2009年出台《抗旱条例》,2011年出台《太湖流域管理条例》,2014年出台《南水北调工程供用水管理条例》,2016年出台《农田水利条例》。

3. 部门规章层面

2000年之后,颁布实施或修订了30多件部门规章。

（二）法律变迁中水利立法的进步

法律变迁的时代精神在近年来的水利立法中得到具体的体现。

1. 在治水实践中更加重视制度的作用，更加重视法律制度建设

具体体现在以下三个方面：

（1）高度重视水事法律制度建设。这从近年来的立法数量上可见一斑。从数量上看，在不到10年的时间里，我国出台的水事行政法规就超过了之前20多年的行政法规总和，颁布实施或修订的部门规章，也超过过去20多年的总和。

（2）在治水实践中，突出制度建设先行，通过法律层面上的制度设计，推动治水实践发展。这在近年来的几个比较重要的立法，尤其是《太湖流域管理条例》《南水北调工程供用水管理条例》《农田水利条例》等行政法规中表现得尤为明显。

（3）在治水实践推进到一定程度时，尤其是在水事问题比较突出的地方，高度重视通过水利立法，使水事问题的解决得以制度化、规范化、法制化，这在《长江河道采砂管理条例》《取水许可和水资源费征收管理条例》《黄河水量调度条例》等法规中，表现得尤为明显。

2. 在水利立法中，重视国家与社会关系的调整，在拓展社会自治的同时，对国家职责进行制度化、规范化，既对国家控制做“减法”，也在对国家职责做“加法”，在避免政府过度控制的同时，使政府职责逐步过渡到加强社会管理与提供公共服务。水利立法对国家职责的规范主要体现在：为了避免“公有地悲剧”，规定水资源为国家所有，并对水资源国家所有权进行了制度细化，包括水资源规划制度、水量分配制度等。同时，按照水利的公益性要求，逐步明确国家职责，尤其是在防洪、抗旱、水资源保护等方面，强调政府的社会管理和公共服务职责。水利立法在拓展社会自治方面，突出体现在：一是向企业放权，逐步理顺政府与企业的关系，国家力量逐渐退出水利工程建设与管理领域，并通过立法促进水利工程建设与管理的规范化、法制化；二是向社会放权，促进各种用水户协会生长，促进各种涉水的中介组织发展。

3. 更加重视公权的克制和私权的保障

在公权克制方面，通过水利行政审批制度改革，规范水行政许可制度，逐步取消或清理了一批水行政许可项目，规范水行政许可权力运作等。在私权保障方面，水权制度建设迈出重大步伐，尤其是《物权法》将取水权上升到物权的高度进行保护，使取水权第一次具有了私权意义。

4. 更加重视水利立法质量的提高

（1）立法内容更加科学。突出体现在:水利立法越来越强调现代水利和践行可持续发展的治水思路,确立了以水资源可持续利用支撑经济社会可持续发展的指导思想;更加尊重自然规律、经济规律、社会规律和水利发展规律,强调水资源统一管理,加强流域管理等。

（2）重视体系构建。体现在:不断修订完善《水法规体系总体规划》,在水利立法中强调《水法》《防洪法》的配套法规建设。

（3）不断探索完善立法机制、提高立法技术。如重视立法前期研究,各项水法规政策在出台前普遍开展了调研和政策研究;严格遵循立法权限和程序,坚持立法工作者、实际工作者和有关专家相结合的方式,采用立法听证、征询意见、座谈等多种形式广泛听取有关各方的意见和建议,立法程序规范透明。2006 年水利部编制了《水利立法工作手册》,对水利立法技术作出了详细规范,有利于指导水利立法工作的进一步开展。①

（三）水利立法存在的问题分析

水利立法与法律变迁的时代精神相比,还存在不少问题,甚至显得比较滞后。突出表现在:

1. 水事法律制度建设比较滞后

从制度与人的关系上看,水事法律制度建设尚未得到应有重视,进而导致水事法律制度建设比较滞后,有法可依在治水实践中面临着窘境。突出表现在:目前尽管水利立法数量不少,但比较健全的水事法律制度不多,很多重要的水事制度还仅仅是宣示性规定,缺乏可操作性,相关配套制度建设比较缓慢,同时一些不符合治水实践要求的水事法律制度难以得到修改,需要新建的水事法律制度也难以有效建立。例如,《水法》虽然规定了许多好的制度,如水资源国家所有权制度、水资源统一管理制度、流域管理与行政区域相结合的水资源管理体制、地下水管理制度等,但这些制度由于缺乏足够的配套制度建设,大多未能真正得到落实。这在《防洪法》中体现得也非常明显。类似的现象在《河道管理条例》《水库大坝安全管理条例》《蓄滞洪区运用补偿暂行办法》《城市节约用水管理规定》等行政法规中也表现得非常明显。

2. 国家干预仍然偏多,社会自治拓展缓慢

从国家与社会关系上看,不仅国家干预仍然偏多,该做的“减法”还不到

---

① 参见岳恒、陈金木:《新时期我国水利法制建设轨迹分析》,载《水利发展研究》2007 年第 5 期。

位,该做的“加法”也不到位,而且水利领域中社会自治的拓展比较缓慢,国家与社会尚未真正形成良好的互动。

(1)“减法”不到位,突出体现在经济建设型在水利部门中体现得特别明显。水利部门的主要职责之一就是组织实施水利建设投资安排,甚至在供水等领域,直接由水利部门进行建设与经营管理的也不鲜见。

(2)“加法”不到位,突出体现在水利部门尚未真正转向公共服务型,在加强水利社会管理和提供水利公共服务上还比较滞后。如水利立法中,对水利的定性仍然不够清晰,基于水利公益性要求的国家职责体现不够。例如,稳定的水利投入制度及水利的基本公共财政制度迟迟难以在立法中得到确认;国家在保障民生、推进节水型社会建设、水资源统一管理等方面的职责不够;国家在水资源、水环境与水生态管理的制度提供上存在重大障碍,使治水体制长期滞后于治水需求,大范围的“制度缺位”,使得水的开发利用以及工业、农业及生活等污水的排放,在很多情况下处于自由放任状态,导致上下游水冲突、生态水超采、水浪费和低效率利用、超标排污、生活污水与农业污水任意排放等结果,并最终累积和叠加,造成我国严重的水危机。

(3)水利领域的社会自治拓展比较缓慢,突出体现在我们国家的水资源、水环境保护还主要依靠行政机关来管理,民间组织、绿色组织,甚至是普通社会公众等社会力量发挥不够,而且在现有制度框架下也难以有效发挥作用,而这些社会力量在环境保护上充分发挥作用恰恰是发达国家的普遍做法。

(4)用水户协会发育也不充分,难以在用水管理中切实发挥其中坚作用;各种涉水中介组织未能真正发挥作用,仍然受政府影响大等。

3. 公权尚需规范化、法制化,私权尚需充分保障

从公权与私权的角度上看,公权的规范化、法制化尚存在一定差距,而且私权的保障也很不充分。突出表现在:

(1)水法律法规制定的重点,依然注重管理部门的设置、注重管理部门权力的赋予与权力的运行,而对权力运作的规范化、程序化、法制化却有意无意地忽视,其结果便是行政机关的自由裁量权过多,进而使寻租空间增大等。例如,《行政许可法》第18条明确规定:“设定行政许可,应当规定行政许可的实施机关、条件、程序、期限。”然而,在目前由法律、行政法规和国务院决定设立的37项水行政许可项目中,已经明确许可条件等事项的只有取水许可等8项,其余29项都未能在法律、法规中明确许可条件、程序等内容,给水行政许可实施机关留下了过多的自由裁量权。

（2）私权在水利立法领域集中体现为取水权、用水权等水资源使用权以及水环境使用权等，甚至还包括移民的合法权益、生态补偿权益等。这些私权要得到充分保障，首先需要在水法律法规中对这些权利的内容予以明确，并提供相应的救济方式，同时更重要的还在于，需要在水事法律制度设计中，充分运用市场机制作用，并设计出比较完善的水资源的市场化管理制度、直接的市场主体间的水资源交易制度等。而这在现有水利立法中还是非常缺位的。

4. 水利立法质量有待提高

（1）部门立法所导致的部门利益合法化现象明显。在现有立法体制下，与部委有关的法律、法规、规章主要由相关部委起草。例如，各部委的"三定方案"中，一般都会明确规定，"起草有关法律法规草案，制定部门规章"是该部委的主要职责之一。在这种情况下，除了部门规章完全由部门主导之外，法律、法规的制定也往往由部门主导。例如，我国的法律制定一般是由部门起草、国务院协调审议后，报全国人大或者全国人大常委会进行审定。同时，全国人大常委会的委员很多是各部委退下来的部长（他们的退休待遇还由原来所在部委承担），这种制度安排，容易导致委员们站在部门角度说话，往往使部门利益有了制度化、合法化的渠道。在部门利益现象严重的情况下，部门立法的立法体制，使部门利益有了合法化的表达渠道，反过来就容易影响水利立法质量的提高。最为典型的例子莫过于水利部门与环保部门之间在水资源保护与水污染防治上的利益纠葛，并进而导致在我国的涉水立法中，《水法》与《水污染防治法》相互抢地盘，甚至出现水功能区划与水环境功能区划相互竞争的局面。

（2）由于部门协调困难等原因，"半部法"现象明显。所谓"半部法"，意思是说，对目前解决不了的问题，拖一拖，暂且不作规定，或者只做原则性规定。这造成了法律充满漏洞，以及模糊的、模棱两可的条款，或者就是豪言壮语、口号式的条款。

（3）立法过程论证不充分，往往缺乏成本核算与法律经济分析，专家参与不充分，民众利益表达渠道不足。

三、水利立法完善建议

现时代的法律变迁，构成了水利立法的外在法律环境，也构成了水利立法完善的外在压力和动力。今后水利立法有必要适应法律变迁的趋势，进一步加强水事法律制度建设，并在法律制度建设过程中协调国家与社会、公权与私权的关系,提高水利的立法质量,实现良法之治。

(一) 加强水事法律制度建设,完善水法规体系

从制度与人的关系上看,制度的作用更为持久,这也是水利法治建设之所以重要的内在根据。因此,今后有必要更加重视制度建设,完善水法规体系,使治水实践确实实现有法可依。

1. 加快水事法律制度配套建设

这集中体现为《水法》《防洪法》确立了一系列水资源开发、利用、节约、保护和防治水害的基本水事法律制度,但主要是确立了相关制度框架,需要尽快开展配套制度建设。

其中,《水法》需要尽快开展配套建设的水事法律制度包括:水资源所有权制度、水资源规划制度、流域管理与行政区域管理相结合的管理体制、水量分配制度、跨流域调水制度、总量控制制度、水工程保护制度、维持江河合理流量和湖泊、水库以及地下水的合理水位制度、水功能区划制度、地下水管理制度等。《防洪法》需要尽快开展配套建设的水事法律制度包括:规划保留区制度,防洪规划同意书制度,防洪规划治导线制度,对蓄滞洪区的安全建设管理与扶持和补偿、救助制度,洪水影响评价报告审批制度,洪水影响评价制度,洪水保险制度等。

2. 加快修改滞后于治水实践的水事法律制度

目前最突出的问题是《河道管理条例》《水库大坝安全管理条例》《蓄滞洪区运用补偿暂行办法》《城市节约用水管理规定》中规定的河道管理制度、水库大坝安全管理制度、蓄滞洪区运用补偿制度、城市节约用水管理制度等,需要根据治水实践的发展而进行修改完善。此外,目前的一些暂行办法,包括《水量分配暂行办法》《水利工程建设项目管理规定(试行)》《水利工程建设程序管理暂行规定》《水利工程质量事故处理暂行规定》《水利水电建设工程蓄水安全鉴定暂行办法》《水利基本建设项目稽察暂行办法》《水库降等与报废管理办法(试行)》等规章中规定的法律制度,也需要随着实践的发展而进一步完善。

3. 加快推进治水实践所迫切需要的水事法律制度建设

当前亟须尽快推进民生水利、节约和保护水资源与水环境以及水利社会管理方面的水事法律制度建设。

(1) 推进民生水利立法,用法律法规的形式,解决人民群众最关心、最直接、最现实的水利问题,保障和改善民生。一是加强城乡饮用水安全保障立法,完善饮用水水源保护区制度,制定适合农村供水管理需要的法律制度等。

二是加强移民立法,建立健全水利工程移民安置、后期扶持、土地征用等水库移民权益保障方面的法律制度,强化移民社会管理。三是加强水电立法,加快水能资源开发管理的立法进程,建立水能资源开发许可制度,明确水能资源出让基本原则,规范水能资源开发程序和转让条件,使水能资源的配置做到有章可循,有法可依,防止水能资源开发无序的现象。

(2) 推进节约和保护水资源、水环境方面的水事法律制度建设,促进人水和谐及生态文明建设。一是建立健全节水方面的法律制度,包括经济结构调整制度,水权制度建设,用水总量控制制度和定额管理制度,排污总量控制制度,节水产品认证和市场准入制度,国民经济和社会发展规划以及城市总体规划编制的水资源论证制度,以及支持城市建设、工业发展以补偿农业节水的有效机制等。二是建立健全水资源保护方面的法律制度,包括水功能区监督管理制度、生态用水保障制度、维护河流健康的管理制度等。三是建立健全地下水管理方面的法律制度,尤其是地下水水位和水质监测、开采总量控制、限采区和禁采区的划定及管理、超采区地下水回补等方面的制度。四是建立健全流域管理方面的法律制度,根据不同流域水资源保护需要,完善不同流域的流域管理与行政区域管理相结合的水资源管理制度。

(3) 完善水利社会管理的法律制度。当前的重点:一是加强河道管理立法,进一步明确河道的内涵,完善河道管理范围划定制度,完善河道管理体制,完善河道专业规划制度、河道的整治、开发利用和保护管理制度、河流生态系统的监测制度、河道管理的经费保障制度、河道管理的行政奖励和处罚制度以及河道管理的行政命令、补偿和救济制度等。二是加强采砂管理立法,进一步理顺管理体制,明确管理职责;科学制订规划,提供管理依据;引入市场机制,实行投标拍卖制;逐步实行计划采砂制度;强化监督管理,切实履行职责;加强监测,科学调整采砂行为等。三是加强洪水影响评价管理立法,对《防洪法》规定的防洪规划同意书制度、工程建设方案防洪审查同意制度、洪水影响评价制度、规划保留区内工矿设施建设的征求意见制度以及流域综合规划同意书制度等五项法律制度进行研究,整合有关法律制度。

(二) 重新审视国家与社会关系,按照“强国家—强社会”的关系格局塑造水利立法的时代精神

适应法律变迁的水利立法,在高度重视水事法律制度建设、完善水法规体系的同时,需要妥善处理好国家与社会的关系,并按照“强国家—强社会”的关系格局,塑造水利立法的时代精神。

1. 按照强国家的要求推进水利立法

首先需要强调的是,“强国家—强社会”模式中的国家,并非一个权力不受限制而肆意横行的“利维坦”,而是指国家具有较强的能力,能够有效动员和汲取社会资源,进行价值的权威性分配。套用迈可·曼(Michael Mamn)对国家权力的区分,“强国家”,是说国家拥有强大的基础性权力(infra-structural power),而非专制权力(despotic power)。① 对“强国家”进行这样的界定,不仅可以避免国家为其滥用权力侵害公民而寻找借口,而且有助于国家提高相应的基础性能力(如汲取能力、调控能力和合法化能力)并免除对强大国家能力的无端责难。②

在操作性层面上,按照“强国家”的要求推进水利立法,就是在进一步对国家职能做“减法”、限制国家过度控制的同时,积极推动对国家职能做“加法”,结合行政管理体制改革,加强水利社会管理和公共服务。

(1) 进一步对国家职能做“减法”,即在水利立法中适应社会主义市场经济体制的要求,将市场、社会能解决的交给市场、社会解决,水利部门则逐渐摆脱经济建设型政府的各种压力,不再由政府直接投资办水利,不再由水利部门直接从事水利工程建设和运行管理,不再由政府和水利部门全方位提供水利产品。

(2) 推动对国家职能做“加法”,加强水利社会管理和公共服务。当前的重点,一是基于水利公益性要求,在水利立法中建立健全稳定的水利投入机制,并将水利纳入基本公共财政体制中;二是保障民生,专注于提供安全饮用水、生态用水、灌区节水改造等水利公共物品,满足广大人民群众涉水的利益需求,实现水利发展成果为广大人民群众共享;三是在水资源、水环境与水生态管理中,改革治水体制,以实现人与自然和谐为理念,以建设节水防污型社会为目标,从以“控制”为主的传统治理模式转向以“良治”为导向的现代治理模式,建立新型的水治理结构和治理体制等。③

---

① 迈可·曼(Michael Mamn)区分了两个层面的国家权力,即专制权力(despotic power)和基础性权力(infra-structural power):前者是指国家精英可以在不必与市民社会集团进行例行化、制度化讨价还价的前提下自行行动的能力;后者是指国家事实上渗透市民社会,在其统治区域内有效贯彻其政治决策的能力。参见张静主编:《国家与社会》,浙江人民出版社 1998 年版,第 18 页。

② 参见尹冬华:《当代中国国家与社会关系的转型》,“第五届全国政治科学类研究生论坛”参会论文。

③ 参见王亚华:《水危机的根本出路:治道变革》,载《绿叶》2007 年第 5 期。

2. 按照强社会的要求拓展水利领域的社会自治

同样需要强调的是,“强国家—强社会”模式中的“强社会”,并非一个同国家全面相对抗,进而导致国家能力欠缺的社会,也不是社会中某些利益集团强而其他利益集团都很弱,而是在提高公民社会的独立性和自主性的基础上,与国家形成一种既相互制约又相互合作、既相互独立又彼此依赖的关系。

从操作性层面上看,按照强社会的要求拓展水利领域的社会自治,就是在水利立法与水事法律制度建设过程中,进一步培育水利领域社会公众自身进行水资源、水环境、水生态管理以及水利工程建设与管理方面的独立性和自主性。

(1) 按照互助合作、自主管理、自我服务的基本宗旨,进一步培育农民用水户协会,使其在水利管理上发挥更大的作用,以解决农村土地家庭承包经营后集体管水组织主体“缺位”的问题,解决大量小型农田水利工程和大中型灌区的斗渠以下田间工程有人用、没人管,老化破损严重等问题,并巩固农村饮水安全工程建设和灌区续建配套节水改造成果,保证农村饮水安全工程长效运行和灌区工程设施充分发挥效益。

(2) 进一步培育民间组织,使其在水资源、水环境与水生态管理中发挥更大作用。目前我国已经存在不少民间组织,并在水资源保护、水污染治理等问题上发挥了积极作用。当前,要进一步培育民间组织,促进民间组织的成长,最为关键的是要健全相关法律法规,为民间组织提供一个更加有利的制度环境,使其能够在水资源、水环境与水生态管理中发挥更大的作用。

(3) 培育各种涉水中介组织,使其在对水利行业自治中发挥更大作用。通过加强立法,实现各种涉水中介组织及其工作人员的规范管理,充分发挥其在水利行业自治中的纽带作用。

(三) 协调公权与私权关系,在水利立法中贯穿公权克制与私权保障精神

适应法律变迁的水利立法,在高度重视水事法律制度建设、妥善处理好国家与社会关系的同时,需要突出协调好公权与私权关系,贯彻公权克制与私权保障精神。

1. 克制公权,推进水事管理行为的规范化、程序化、法制化

(1) 水利立法中不仅要注重对管理部门进行赋权,而且要规范权力的行使。一是在实体上明确水行政处罚、水行政强制措施、水行政许可等的行使条件,尽量减少行政执法的自由裁量权,减少寻租空间。二是明确权力运行的具体程序,强化信息公开,并保障行政相对人的参与听证权、陈述申辩权、复议申请权等。

(2) 克制公共权力地方化倾向,使水事管理行为符合水资源的流域性。

(3) 克制公共权力部门化倾向,促进涉水部门之间的协调与沟通。面对我国严重的水危机,尤其是水污染治理方面的危机,水利部门与环保部门之间唯有通力合作,才能真正有效地进行制度供给,进而切实解决水危机。

2. 保障私权,推进涉水权利的制度化

(1) 在水利立法中贯穿私权保障精神,努力保障广大人民群众的生存权、发展权和环境权。

(2) 通过水权制度建设推进水资源使用权及水环境使用权的保障,通过生态补偿立法保障广大人民群众的生态补偿权益。

(3) 积极引入市场机制,消除水务市场的垄断管制,促进各类水市场的发育,包括取水权市场、供水市场、废水处理市场和污水回用市场,特别是要全面开放供水市场和污水处理市场,政府从直接行政管制转向宏观调控,做好水市场的裁判员、服务员和信息员。①

(4) 完善私权救济机制,解决取水权人、用水权人等主体权利救济机制。

(四) 提高水利立法质量,实现良法之治

1. 以不断完善立法程序和立法技术为保障,不断提高立法质量

逐步克服目前部门立法的弊端,逐步加强专家立法,强化公众参与,以克服部门立法所不可避免的部门利益干扰,甚至是部门利益之争。具体而言,体现在两个方面:一是在立法途径上,委托专家主持立法或吸收专家和公众参与立法。在专家立法无法实现的领域,既要加强立法的前期研究,又要实行"开门立法",通过建立健全公开征求意见制度、听证制度、专家咨询制度等,扩大水利立法工作的公众参与程度。二是在立法技术上,按照《水利立法技术规范》的要求,实行水法规实施的跟踪评估制度和定期清理制度,吸收专家和公众意见,不断改进立法技术,提高立法质量。

2. 以加强立法总结评估为手段,为现行水法律法规的修订、配套提供支撑

水法律法规的实施,不仅仅是对于水利立法的贯彻,而且可以反过来检验水利立法内容是否完善,检验水利立法是否能够切实解决实践中的问题。为此,有必要在水法律法规实施一段时期之后,及时进行立法总结评估,并通过评估发现立法中存在的问题,进而为现行水法律法规的修订、配套提供支撑。

---

① 参见王亚华:《水危机的根本出路:治道变革》,载《绿叶》2007年第5期。

第三部分

水 利 改 革

地震堰塞湖应急处置后的管理对策*

2008 年 6 月 10 日，四川汶川大地震后形成了最大堰塞湖——唐家山堰塞湖的应急处置取得了决定性重大胜利。然而，地震堰塞湖的问题并没有结束。据报道，目前震区还存在多个地震堰塞湖，而唐家山堰塞湖泄洪虽然完成，但剩余的 8 000 多万立方米“悬水”仍有待于进一步综合治理。

一、地震堰塞湖应急处置后的管理概述

由于地震引发山体滑坡并堵塞河道而形成的湖泊称为地震堰塞湖（以下简称堰塞湖）。按照可能造成的灾害，可以将堰塞湖分为高危型、稳态型和即生即消型三类。几天至 100 年左右溃决的是高危型堰塞湖，高危型堰塞湖由于蓄水量大、落差大，往往在形成后几天或者几年、几十年内被冲垮，形成严重的地震滞后次生水灾。稳态型堰塞湖（也叫死湖），存在时间较长而且湖水的蓄积水量很大，一般存在的时间超过百年。一天或者几天溃决的是即生即消型堰塞湖，它是由地震形成的短时期堰塞湖，很快会被后来蓄积的水体冲毁，危害一般不会很大。

堰塞湖出现之后，开挖溢洪道、导流渠、实施爆破等工程措施成为最主要的险情应对方法。除了工程措施之外，还需要运用各种管理措施。从管理的角度看，堰塞湖的管理大体上可以区分为两个阶段：一是险情应对阶段的应急管理；二是应急处置后的综合管理。其中，应急管理主要对应于高危型堰塞湖，即高危型堰塞湖形成之后，因溃坝或者可能溃坝而将造成地震重大次生灾害的情况下，采取一系列应急管理措施对堰塞湖予以处置，努力排除险情或者将损失降到最低限度。综合管理主要对应于稳态型堰塞湖和应急处置后的高危型堰塞湖，这些堰塞湖形成之后或者应急处置后，危害性大大降低，同时存在着兴利的空间，有必要采取一系列综合管理措施予以兴利除害。至于即生即消型堰塞湖，由于其溃坝不致造成重大损失，危害一般不大，因此只需要采取必要的应急措施予以跟踪、监测即可。地震堰塞湖类型及其管理

---

* 本文作者为陈金木。原文首次印发在水利部发展研究中心《参阅报告》第 106 期（2008 年 7 月 10 日）；公开发表在《水利发展研究》2008 年第 9 期。

措施的对应关系可参见图1。

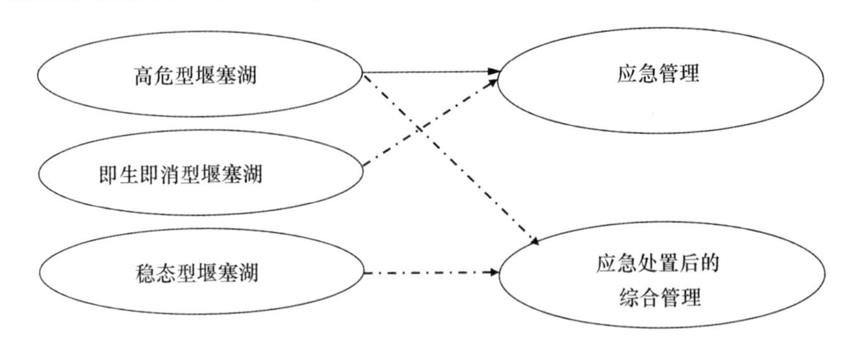

图1 地震堰塞湖类型及其管理措施的对应关系

（图中虚线表示二者仅有概然的对应关系，如高危型堰塞湖应急处置后全部溃坝的，则不存在后续的综合管理问题。）

按照堰塞坝体的不同，应急处置后需要进一步采取综合管理措施的堰塞湖可以区分为以下类型：一是部分溃坝型，即堰塞湖应急处置后，因堰塞体部分溃坝而解除或者基本解除险情，但剩余坝体仍然存续，而且蓄水量比较大，有进一步开发利用的价值，2008年6月10日之后的唐家山堰塞湖就属于此种类型。二是潜在溃坝型，即堰塞湖应急处置后，堰塞体虽因各种原因未溃坝，但在未来一段时间内仍有溃坝的可能，同时蓄水量比较大，有进一步开发利用的价值，1933年四川叠溪地震所形成的大海子和小海子堰塞湖即属于此种类型。三是坝体高度稳定型，即由于地震时垮塌或滑坡的土石堆积体巨大，致使堰塞坝体高度稳定，同时由于蓄水量较大，有进一步开发利用的价值，1856年湖北咸丰地震所形成的小南海堰塞湖即属于此种类型。从管理的角度上看，第三种堰塞湖属于湖泊形成的一种重要方式，按常规的河道管理措施进行管理即可。此外，一些未在主河道上形成，而是由于塌陷、断裂等原因造成深坑积水而形成的堰塞湖，虽然也需要进行综合管理，但此类堰塞湖体积往往较小，造成灾害的可能性较小，开发利用价值也不大，同样可以按常规的河道管理措施进行管理。四川鲜水河断裂带上发育的一系列大小不等的串珠状地震湖就属于此种类型。由此，本文中应急处置后进行综合管理的堰塞湖，主要指部分溃坝型和潜在溃坝型两种。

二、地震堰塞湖应急处置后管理的基本原则

(一) 堰塞湖的特殊性

地震堰塞湖应急处置后的管理,需要充分考虑堰塞湖的特殊性。由于堰塞坝因地震活动而引起的滑坡体堵塞河道而形成,类似人工的土石坝,但与人工的土石坝存在重大区别:一是堰塞湖天然坝体复杂多样,滑坡体内的物质组成、粒度成分、结构特征等差异非常大;二是不同堰塞湖的稳定性存在重大差别,有的特别稳定,有的则不够稳定,可能因为多种原因而部分溃坝。而堰塞坝形成突然,缺省了人工大坝建设所必经的勘测、规划、可研以及移民安置、征地补偿环节,因此,尽管一方面缺省了与建设管理的衔接,可直接根据堰塞湖综合管理的需要进行制度上的安排,另一方面,基于堰塞湖兴利除害的考虑,有一些环节必须尽快补充,包括坝体勘测与评估,堰塞坝工程治理,堰塞湖开发利用规划,淹没区污染物清除,甚至包括淹没区灾民的妥当安置等。

(二) 堰塞湖应急处置后管理的基本原则

基于堰塞湖的特殊性,堰塞湖应急处置后的管理需要坚持以下基本原则:

1. 兴利除害原则

即在堰塞湖应急处置后,根据堰塞湖的实际情况,因势利导,充分发挥堰塞湖开发利用价值,包括供水、发电、灌溉、旅游、养殖、航运等,同时尽量避免溃坝或者部分溃坝可能带来的各种灾害。

2. 综合管理原则

即综合运用各种措施,对堰塞湖进行综合管理。一是在加强堰塞坝安全管理的同时,加强堰塞湖区水资源管理;二是在开发利用堰塞湖水资源的同时,加大水资源的保护力度,防治水土流失,防止水污染;三是在高度重视工程措施的同时,加强管理措施的运用,加强制度建设。

3. 市场机制原则

即合理确定政府和各种相关主体在堰塞湖管理中的职责,加强政府监管,并充分发挥市场机制在堰塞湖管理中的作用。为此,在堰塞湖应急处置后的管理中,政府的主要职能是加强社会管理和提供公共服务,至于堰塞坝安全的具体管理、堰塞湖水资源的具体开发利用,则主要由其他各种主体完成。

三、地震堰塞湖应急处置后管理的重点与难点

（一）确立堰塞湖管理体制

与人工水库在建设时即会按照建设管理程序确定工程管理单位和主管部门不同，堰塞湖在形成时没有相应的工程管理单位，由此在应急处置后，需要根据实际情况确定相应的堰塞湖管理单位和主管部门，进而确立堰塞湖的管理体制。

1. 政府职责

堰塞湖管理涉及防洪安全问题，特别是潜在的溃坝风险可能危及下游人民群众的生命财产安全，因此参考《防汛条例》和《水库大坝安全管理条例》的立法精神，各级政府应当对其辖区内的堰塞湖安全负领导责任。

2. 政府部门职责

堰塞湖管理涉及水利、国土资源、环境保护等部门，各部门应当各司其职。其中，水利部门负责水资源开发、利用、保护和防治水害以及堰塞坝安全的监管。国土资源部门负责加强堰塞湖和堰塞坝地质方面的监督管理，环境保护部门负责加强堰塞湖的水污染防治等。

3. 堰塞湖管理单位的确定及其相关的职责

对于蓄水量大，防洪安全、堰塞坝安全保障任务重或者水资源开发利用价值比较大的堰塞湖，有必要确定相应的管理单位，对堰塞湖和堰塞坝进行管理。确定堰塞湖管理单位时，由于缺省了堰塞坝建设环节，可以根据堰塞湖的具体情况和堰塞湖管理的实际需要，组建相应的管理单位。

堰塞湖管理单位的主要职责包括：堰塞坝的安全管理，根据水功能区的划定进行相应的水资源开发利用和水资源保护等。堰塞湖管理单位可以参照水利管理体制改革精神进行定性。堰塞湖水资源开发利用价值不大，堰塞湖管理的主要内容是堰塞坝安全和防洪安全时，堰塞湖管理单位可以定性为事业单位；堰塞湖水资源开发利用价值比较大，堰塞湖管理既包括堰塞坝安全和防洪安全，又包括供水、发电等内容时，可以根据情况定性为事业单位或者企业；堰塞坝安全和防洪安全任务较少，堰塞湖管理主要是供水、发电、旅游等内容时，可以定性为企业。

（二）堰塞坝安全管理

堰塞湖的坝体结构复杂，可能因冲刷、侵蚀、溶解、崩塌等遭受破坏，进而因溃坝而给下游人民群众带来重大的生命财产损失，为此，应当高度重视堰

塞坝安全管理。对于堰塞坝应急处置后的安全管理,首先应当进一步开展实地勘探,查明坝体的基本特性数据,并用定量方法科学分析坝体的安全性,然后在此基础上采取相关的工程治理措施,如堰塞坝加高、背水坡培厚加高、增建溢洪道等坝体治理措施和坝体防渗治理措施等,增强坝体的安全性。此外,应当采取一系列非工程措施,加强堰塞坝的安全管理。

值得注意的是,由于堰塞坝一旦溃决,将给下游人民群众生命财产造成巨大损失,因此完整的堰塞坝安全管理,不仅应当着眼于堰塞坝的安全,而且应当着眼于堰塞湖下游整个流域的安全。为此,堰塞坝安全管理工作应当包括两个层面:一是防止堰塞坝溃坝,防止事故发生;二是一旦溃坝,减少事故损失。对前者,需要加强堰塞湖管理单位和主管部门的安全意识,建立健全堰塞坝安全管理制度,包括对堰塞坝实施定期检查、安全鉴定、补强加固等;对后者,则需要开发、布置堰塞坝安全预警系统,推广、实施堰塞坝应急处理预案,提高堰塞坝下游抵御堰塞坝溃坝灾害的意识和能力,降低堰塞坝的外部风险。堰塞坝安全管理结构见图2。

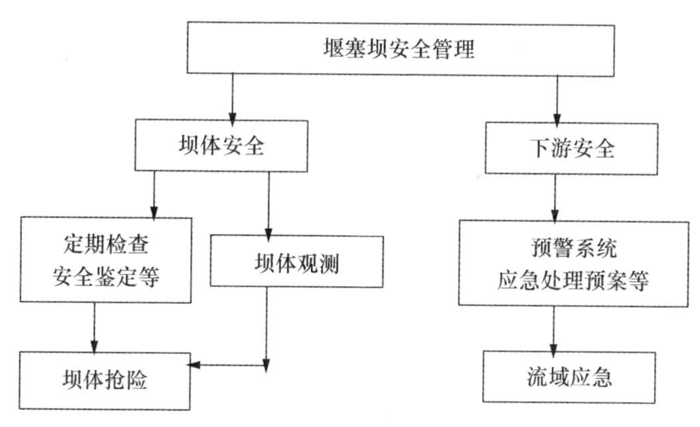

图2 堰塞坝安全管理结构图

(三)堰塞湖水资源管理

堰塞湖水资源管理包括水资源开发利用管理和水资源保护管理。对堰塞湖水资源进行开发利用之前,有必要对堰塞湖湖区进行相关的评估,包括水土保持评估、环境评估、开发利用可行性评估等。在此基础上,有必要尽快根据堰塞湖具体情况和堰塞湖水资源开发、利用和水资源保护的实际需要,制定堰塞湖水资源开发利用规划,并根据规划进行相应的管理。在此过程中,需要着重注意以下两个问题:

1. 依法尽快开展堰塞湖水功能区划定工作

堰塞湖形成突然，在应急处置后进行水资源开发利用时，可以基于水资源的各种功能进行开发利用，侧重于水量的，主要是供水、灌溉；侧重于水能的，主要是发电；侧重于水运的，主要是航运；侧重于水景观的，主要是旅游。为了使水资源开发利用有序进行，有必要依法划定水功能区，并严格依据水功能区的要求进行相关的水资源开发利用和水资源保护。

2. 堰塞湖水资源管理需要充分考虑淹没区已有的人类活动

堰塞湖形成时，淹没区遭受了地震，房屋可能存在大面积垮塌，工厂可能被毁。同时，这些垮塌的房屋和毁损的工厂往往来不及进行处理，厕所、畜圈、垃圾堆、粪坑等也来不及进行卫生清理，由此各种污染物可能会污染湖区水质，并给堰塞湖水资源开发利用带来一些负面影响，如已有的建筑物可能影响防洪、航运等。为此，在进行水资源开发利用和水资源保护前，需要尽快调查摸清淹没区已有的各种人类活动，并采取各种措施，进行污染物清除。污染物清除的重点包括：垃圾、粪便、畜禽尸体，工业废渣、废弃矿渣（井），有毒化学品、放射性物质存放仓库或货场，油库或加油站等。必要时，可采取相关的水下爆破。

（四）淹没区的灾民安置与补偿

堰塞湖形成过程中，在自然力作用下，往往来不及进行移民安置和征地补偿。由此在应急处置后，如果对堰塞湖进一步开发利用，就面临着堰塞湖淹没地区的移民安置和补偿问题。对此种移民安置和补偿，可以采取两种做法：一是将堰塞湖淹没地区的移民纳入地震灾民范畴，并按照地震灾民的救济方式进行安置和补偿；二是参照大中型水利水电工程建设的移民安置和征地补偿方式，对被淹没地区进行移民安置和补偿。从法理上看，尽管堰塞湖的形成及其淹没属于不可抗力，然而，考虑到堰塞湖应急处置后如果能够消除堰塞湖的话，灾民将可以继续利用其土地，从而享有土地使用权及相关的财产权利。就此而言，在堰塞湖应急处置后进一步开发利用水资源时，有必要对淹没地区土地进行适当补偿。当然，此种补偿与正常的征地补偿存在显著不同，因此，可以根据特事特办的原则，参照《土地管理法》和《大中型水利水电工程建设征地补偿和移民安置条例》，由国家给予适当补偿。

四、政策建议

(一) 开展相关的制度建设

从总体上看,地震堰塞湖应急处置后仍可能存在后续的管理问题。由于堰塞湖形成的特殊性,目前的管理制度和相关的法律、法规几乎无法适用于堰塞湖应急处置后的综合管理。为此,有必要基于堰塞湖应急处置后管理的特殊性,开展相关的制度建设,包括堰塞湖管理责任制度、堰塞坝安全管理制度、风险评估制度、抢险预案制度、淹没区污染物清除制度、淹没区灾民补偿制度等,并配套以各项制度的操作细则,构建堰塞湖管理的制度体系,使堰塞湖管理有法可依、有章可循。

(二) 加强堰塞湖管理信息系统建设

堰塞湖应急处置后的综合管理关系到政府、政府部门、堰塞湖管理单位、淹没区灾民、下游群众等多个主体,涉及堰塞坝安全管理、堰塞湖区水资源管理、淹没区污染物清除、灾民安置、应急处理等多项内容,涉及的信息源多,信息量大,而且具有动态性。为此,有必要加强堰塞湖管理信息系统建设,利用现代的网络通信、计算机、信息管理等技术,整合与堰塞湖管理相关的水文水资源信息、雨情信息、堰塞坝安全信息、地质信息、环境信息等,实现各管理主体之间的信息共享,从而在为主管部门提供决策支持的同时,为社会公众提供堰塞湖的相关信息服务。

(三) 加强基础研究

地震堰塞湖应急处置后的综合管理,需要一整套细密的管理制度作为支撑。然而,地震堰塞湖复杂多样,不同地区的堰塞湖有不同的情况,同一地区的堰塞湖也可能各不相同。为此,有必要进一步开展堰塞坝安全管理、堰塞湖溃坝应急处置、淹没区污染物清除、淹没区灾民补偿等堰塞湖综合管理方面的基础研究,最大可能地兴利除害。

特大地震与冰冻灾害水利应急管理机制的完善对策*

重大涉水突发事件频繁发生,如果处置不当,往往会导致巨大的社会危害和经济损失。随着全球气候变化以及社会经济环境的变化,各种重大的涉水突发事件不断以新的形式和影响水平呈现出来。2007年11月1日起实施的《突发事件应对法》,将突发事件区分为自然灾害、事故灾难、公共卫生事件和社会安全事件四种。在水事领域,这四种突发事件均大量存在,近年来还出现了一些新情况、新问题。尤其是2008年的汶川地震和冰冻灾害,对水利系统的影响是全方位的。水利部门举全部之力、全行业之力,在各级人民政府的领导和指挥之下,取得了水利抗震救灾和应对冰冻灾害的伟大胜利,积累了宝贵的经验,同时也暴露出了目前应对重大涉水突发事件的各种难题。前事不忘,后事之师。通过调查,对这些经验和难题进行总结,进而在现有水利应急机制的基础上,研究如何进一步加强地震灾害和冰冻灾害的水利应急管理,对于贯彻落实科学发展观,切实保障民生具有重要的理论价值和现实意义。

一、汶川地震和冰冻灾害水利应急管理概况

(一) 受灾情况

1. 地震灾害中水利受灾情况

2008年5月12日,四川省汶川县发生里氏8级特大地震。这是新中国成立以来破坏性最强、波及范围最广、救灾难度最大的一次地震灾害。在汶川特大地震中,水利工程遭受严重破坏,大量水库、水电站、堤防严重损毁,山体滑坡阻塞江河形成了大量堰塞湖,供水系统大面积瘫痪,涉及四川省、甘肃省、陕西省、重庆市、云南省、贵州省、湖北省、湖南省等8个省、直辖市,严重威胁着人民群众生命安全和饮水安全。一是水库水电站震损严重。地震共造成全国2 473座水库出险,其中有溃坝险情的69座、高危险情的331座、次

---

* 本文作者为陈金木。原文发表在《水利发展研究》2009年第8期。

高危险情的2 073座。全国有822座水电站因地震受损,总装机容量691万千瓦。二是地震形成大量堰塞湖。灾区重要江河的主要支流形成具有一定规模的堰塞湖35处,其中四川省34处,甘肃省1处。三是造成江河堤防不同程度的破坏。全国共有899段、1 057公里堤防因地震发生损毁,涉及保护区人口512.27万人。四是城乡供水设施大量损毁。全国因地震损毁的农村供水工程7.24万处,损毁的供水管道4万公里,影响人口955.6万人。

2. 冰冻灾害中水利受灾情况

2008年1月中旬到2月中下旬,我国南方遭受了50年一遇(部分地区甚至为80年一遇)的持续低温雨雪冰冻灾害。这场灾害具有持续时间长、来势猛、强度大、影响范围广、危害程度深等突出特点。严重的低温雨雪冰冻灾害中,农村饮水、农田灌溉、地方中小水电、河流水文监测等水利基础设施严重受损,给人民群众生活、农业春耕生产以及防洪保安等带来较大影响。仅以农田水利设施受灾毁损情况为例。据统计,截至2008年2月底,浙江省、江西省、湖北省、广西壮族自治区、贵州省、湖南省、四川省、安徽省、重庆市九省市,共有44 286处农村饮水工程受损,供水管道冻裂52 173.4公里,直接经济损失300 043.11万元,影响3 493.4万人供水安全;61 341处渠系建筑物不同程度受损,垮塌渠道23 657.2公里,直接经济损失231 779.58万元,影响农田灌溉4 266.6万亩。农田水利设施受灾,表现出以下特点:一是涉及面广,经济损失大;二是农林水利工程全面受灾,饮水工程损失惨重;三是低温雨雪冰冻灾害引发“老弱病残”灌排工程集中出险、报废;四是影响在建工程施工进度和质量,有些工程甚至需要返工;五是潜在的次生灾害比较严重。

(二)应急救灾情况

1. 地震灾害救灾工作

面对突如其来的特大地震灾难,党中央、国务院迅速作出决策部署。国务院迅速成立抗震救灾总指挥部。水利部党组坚决贯彻党中央、国务院的决策部署,举全部之力、全行业之力投入水利抗震救灾的斗争。

(1)快速反应,紧急部署。地震发生后,水利部迅速启动应急响应,成立抗震救灾指挥部,在四川省成立了前方领导小组,建立了与四川省水利厅“联合办公、集体会商、共同决策、地方落实”的工作机制。向四川省派出了6个工作组和3个专业组与设计指导组,成立了水利部抗震救灾资金物资监督检查领导小组,并实行流域管理机构包片对口支援,帮助灾区开展水利抗震救灾工作。

（2）加强领导，靠前指挥。各级水利部门领导奔赴一线，靠前指挥。陈雷、矫勇、刘宁、张印忠、周英、胡四一等部领导以及蔡其华、李国英、岳中明等流域机构主要负责同志亲自带队赶赴灾区，领导、指挥水利抗震救灾工作。前方各工作组组长既是指挥员，又是战斗员，亲自参与踏勘，研究排险方案和避险工作。

（3）广泛动员，全力支援。紧急抽调水利专家、勘测设计和工程抢险人员，调集3 881台（套）挖掘机、推土机、装载机、深孔钻、柴油发电机组等大型施工机械和应急设备，紧急调拨冲锋舟等防汛物资，踊跃捐款，支援灾区水利抗震救灾。

（4）并肩战斗，携手抗灾。灾区各级水利部门及广大水利干部职工在极其艰难的情况下，按照各级人民政府的统一指挥、紧急部署，在水利部抗震救灾指挥部的指挥和指导下，共同决策，开展了艰苦卓绝的水利抗震救灾工作。震损水库、水电站逐库、逐站建立了责任机制，落实了避险预案，落实了预测、预报、预警措施，并迅速开展应急供水工作，及时开展生产自救，扎实开展防汛保安工作。

（5）依靠科学，加强指导。坚持滚动会商制度，充分发挥水工、水文、地质等领域的专家作用，综合运用各种先进技术开展险情核查、风险评估、监测预警和抢险排险。按照安全、科学、快速的原则，对堰塞湖和震损水库、水电站、堤防进行险情分类和危险程度分级，逐处、逐库、逐站、逐段制定排险避险方案，及时进行应急处置，会同地方政府落实了排险避险和供水保障责任体系。

（6）密切配合，通力协作。建立上下贯通、军地协调、部门联动、区域协作的工作机制，充分发挥各方面的重要作用。

经过各方面的共同努力，有效防范了次生灾害，灾区震损水库无一垮坝，出险水电站成功排险，重要堤防无一决口，群众饮水困难问题有效解决，唐家山堰塞湖排险创造了奇迹，其他堰塞湖排险成效显著，灾区群众无一伤亡，夺取了水利抗震救灾的重大阶段性胜利。

2. 冰冻灾害应急救灾情况

党中央、国务院高度重视雨雪冰冻灾害抗灾救灾工作，胡锦涛总书记、温家宝总理强调要千方百计保交通、保供电、保民生。水利部紧急行动，全力抗灾，多次发出紧急通知，就应对灾害性雨雪冰冻天气的相关工作进行了安排部署，并组成工作组奔赴灾区进行指导。面对严重的冰冻灾害，受灾地区各级水利部门全力以赴开展抗冻救灾工作。

(1) 千方百计保障灾区群众生活用水,加强供水设施、管线的日常维护与巡查,成立应急抢修队伍,及时对损坏的设备、管道进行抢修,尽快恢复供水。

(2) 全力保障农村水电等水利基础设施安全运行,加强中小水电站的管理维护,抓紧抢修被损坏的农电设施,保障正常运行发电。

(3) 大力加强抗灾物资支持和对口支援。

(4) 努力做好防御凌汛及融雪洪水工作。

(5) 抓住时机增加抗旱水源,在确保水利工程设施安全的前提下,利用现有集雨、集水设施储雪集水,增加抗旱水源,为春季农业生产用水打好基础。

(三) 灾后重建情况

1. 地震灾害的灾后重建情况

水利抗震救灾取得阶段性胜利之后,及时开展了灾后重建工作。编制完成了《汶川地震四川省水利灾后重建规划报告》,全面展开震损水库灾后重建前期工作,力争用3年时间,使灾区防洪减灾基础设施、供水保障基础设施及农村水利基础设施的保障能力恢复到灾前水平,使水土流失和水质污染逐步得到控制,并进一步提高水利基础设施支撑能力,保障灾区经济社会可持续发展。

2. 冰冻灾害的灾后重建情况

按照"规划先行、统筹安排、分清缓急、突出重点"的原则,及时开展了灾后恢复重建工作。水利部连续召开专题会议,传达贯彻国务院208次常务会议精神,研究部署水利灾后重建的一系列方案与措施。各级水利部门进一步核查灾情,编制灾后恢复重建规划;加强领导,如贵州省水利厅成立了灾后重建领导小组,并下发了《关于加快搞好水利设施灾后恢复重建工作的通知》(黔水办正〔2008〕19号)等文件,对灾后重建工作进行统一部署;落实恢复重建资金,在争取国家和水利部的支持下,以县为主,通过生产自救、贷款、借款等多渠道筹措资金,加强对灾后恢复重建工作的组织和检查指导工作。在确保恢复重建工作的同时,采取有效措施,保证水利部门各项年度目标任务的顺利完成。

二、汶川地震与冰冻灾害水利应急管理经验

从总体上看,汶川地震与冰冻灾害中,各级政府和各级水利部门以及各

相关部门高度重视水利应急管理，反应机敏、责任落实、工作扎实、措施得力、成效显著，充分反映了治水思路从传统水利向现代水利、民生水利的转变。通过汶川地震与冰冻灾害水利应急管理，积累了重大涉水突发事件应急管理的宝贵经验。

（一）应急救灾经验

1. 坚强领导，组织有方

在汶川地震与冰冻灾害中，各级人民政府进行了强有力的领导和组织、指挥，水利部门发挥了在水利应急救灾中的中坚作用，保障了应急救灾取得胜利。例如在汶川地震中，党中央、国务院把抗震救灾作为最重要最紧迫的任务，坚持以人为本、执政为民，把人的生命放在高于一切的位置，举全国之力抗震救灾。胡锦涛总书记、温家宝总理等中央领导同志高度重视水利抗震救灾工作，中央政治局常委会先后召开 3 次会议，研究部署抗震救灾工作，为水利抗震救灾指明了方向。温家宝总理、李克强副总理先后主持召开 23 次国务院抗震救灾总指挥部会议，对水利抗震救灾作出重要安排，并及时成立国务院抗震救灾总指挥部水利组。回良玉副总理亲自坐镇四川省前方指挥部，深入一线进行现场指挥，多次召开会议研究部署水利抗震救灾工作，并审定了唐家山堰塞湖排险避险方案。国务院抗震救灾总指挥部果断决策和直接指挥，保证了水利抗震救灾斗争有力、有序、有效进行。四川省、甘肃省、陕西省、重庆市等受灾地区各级党委、政府坚决贯彻落实党中央的各项决策部署，在第一时间成立抗震救灾指挥部，在第一时间带领灾区干部群众奋力开展抗震救灾，及时组织力量开展水利工程和堰塞湖查险、排险、避险，提供应急供水保障，特别是在群众转移避险中做了大量深入细致和卓有成效的工作，实现了安全转移和妥善安置。

2. 突出重点，关注民生

在地震灾害中，突出解决震损水库、堰塞湖、震损水电站、应急供水等影响民生的关键问题，努力做到了堰塞湖处置无一人伤亡，震损水库、震损水电站无一垮坝，震损堤防无一决口，成功解决了灾区群众的饮水困难，谱写了一曲水利抗震救灾的壮丽凯歌。在冰冻灾害中，则把解决群众的生活饮用水作为水利部门的当务之急，将水利救灾资金、人员、物资集中于农村供水工程的修复，并取得了较大成效。

3. 精诚合作，形成合力

（1）上下合力，从中央到地方，从水利部到各级水利部门，各司其职，形成了较好的合力。

（2）军民合力，尤其是在汶川地震中，人民解放军指战员、武警水电部队官兵出色完成了大量急难险重的攻坚任务。在冰冻灾害中贵州还形成了军民共建农村饮水安全工程的良好机制。

（3）水利部门与其他部门形成了合力，例如，在汶川地震的震中和震后，在国务院抗震救灾总指挥部水利组的统筹协调下，各成员单位、各有关部门以灾区人民的需要为第一需要，打破部门界限，动员各自力量，积极支持水利抗震救灾斗争。总参作战部建立了快速便捷联络通道，随时根据水利抗震救灾的需要调集解放军和武警官兵参加抢险。有关部门分工负责、全力配合，建立了资源信息共享机制，形成了水利抗震救灾的强大合力。

（4）国内国外合力。例如，汶川地震中，俄罗斯以最快的速度派出米-26直升机，无偿援助唐家山堰塞湖排险，机组人员被誉为“中俄友谊神鹰，空中救援英雄”，受到了温家宝总理的亲切接见。乌拉圭、匈牙利政府以及联合国儿童基金会、美国通用电气公司、德国内政部技术应急救援组织、加拿大DMGF基金会等企业和组织捐赠了大量净水设备和消毒药剂。瑞士联邦环境署以及世界水理事会、联合国秘书长水与卫生顾问委员会等国际组织纷纷表示慰问支持，充分体现了崇高的人道主义精神和对中国人民的友好情谊。

4. 预案与应急储备发挥了重要作用

尽管此次的地震灾害为新中国成立以来破坏性最强、波及范围最广、救灾难度最大的，冰冻灾害也为50年一遇，因此水利系统尚未制定相关应急预案，但多年以来较为完善的防汛抢险预案、水库垮塌预案等在应急救灾中发挥了重要作用。同时，冲锋舟等应急抢险物资的储备，也保障了水利抗震救灾的顺利进行。

5. 充分依靠科学

尤其是在汶川地震中，坚持以人为本、生命至上，坚持尊重科学、依靠科学、运用科学，既充分发挥人的主观能动性，又充分发挥科技的重要作用，建立专家会商制度，实行全程跟踪督导，主动防治地震次生灾害，攻克了重重难关，化解了种种风险，确保了灾区群众的生命安全和饮水安全。

（二）灾后重建经验

1. 确立了灾后重建的基本原则

在汶川地震的灾后重建中，形成了“科学评估、全面规划，统筹兼顾、突出重点，注重衔接、创新机制”的基本原则。全面分析受损水利设施的突出问题，在深入研究、充分论证的基础上，对水利基础设施灾后重建进行全面规划；按照“先应急，后重建；先除险，后完善；先生活，后生产”原则，统筹考虑对灾区灾后重建发挥重要作用的水利基础设施，以防洪安全、群众饮水安全为重点，优先恢复、重建关系群众基本生活、生产的水利设施；围绕恢复、重建的总体目标和灾区经济社会发展的总体要求，做好水利灾后重建与其他行业灾后重建、提高水资源水环境承载能力及现有水利规划建设的相互衔接；充分考虑水利基础设施以公益性为主的特点，建立政府公益投资为主，多元投资、激励各方广泛参与的水利灾后重建体制和机制。在冰冻灾害重建中，形成了“规划先行、统筹安排、分清缓急、突出重点”的基本原则，有条不紊地开展恢复重建工作。

2. 强化责任，明确任务

例如，在冰冻灾害后的重建中，贵州省开阳县成立了由县政府分管领导任组长、职能部门主要领导任副组长的开阳县水利设施灾后恢复与重建工作领导小组，并将水利设施灾后重建工作纳入有关单位和部门的综合目标考核范围。同时，突出重点，坚持民生优先和先急后缓的原则，力求在最短的时间内，在保证质量的前提下，完成村镇供水、农田灌溉设施和防洪设施等民生工程的恢复与重建工作。

3. 积极筹措资金，加强款物管理

如贵州省在冰冻后的重建中，按照“自救为主，政府支持，地方为主，中央补助”的原则，多方筹措资金，并广泛发动群众参与灾后重建工作。同时，对部分地区的灾后重建资金实行县级报账制，确保专款专用，杜绝挤占、挪用现象。

4. 坚持灾后重建与新建相结合，统筹规划，两手抓，两不误。立足当前，着眼长远，提高相关建设标准

5. 灾后重建中加强应急管理建设

例如，在冰冻灾害后的重建中，贵州省开阳县水利局创新机制，加强应急管理建设。一是组建防汛抗旱民兵应急分队，进一步完善军民共建机制。二是建设应急备用水源，在县城周边建设了多个应急备用水源。

三、汶川地震与冰冻灾害水利应急管理难点

从汶川地震与冰冻灾害水利应急管理实践看，目前，在类似的重大涉水突发事件（主要指特大自然灾害，下同）中，水利应急管理尚存在不少难点，并在一定程度上制约了灾害应对和灾后重建的开展及其成效。

（一）应急管理体制不够顺畅

应急管理体制的顺畅是高效应对重大涉水突发事件的前提。从汶川地

震和冰冻灾害水利应急实践看,在重大涉水突发事件的灾害应对及灾后重建过程中,应急管理体制尚存在一些突出的问题。

1. 农村水电的管理体制不统一,管理混乱,影响了应急救灾工作的推进

对于农村水电,贵州水利厅设有农电局,四川省水利厅设有地方电力局,但相当一部分农村水电不归水利部门主管,而由经贸委、乡镇政府等主管。这些电站既有隶属于华能公司的,也有隶属于省水电公司的,电站平时未建立应急救灾机制,在救灾前期,这些电站的反应比较迟缓,灾情上报渠道不通,信息传递慢,有些电站甚至缺少相应的应急救灾责任人。然而,电站在上游,一旦溃坝,将对下游人民群众的生命财产带来重大影响。在汶川地震中,水利部门直到震后第10天才派直升机了解上游各电站的大坝情况,严重影响了应急救灾工作的开展。

2. 项目执行主体与项目审批主体不统一,影响了应急救灾和灾后重建工作的开展

目前,应急救灾和灾后重建项目的申报由水利厅组织各级水利部门进行,经由水利部审查后由发展改革委员会审批,资金则由财政部下达。在此过程中,水利部、发展改革委员会、财政部都可能根据情况砍掉一些项目。其结果,项目初始申报与最终项目下达、资金下达之间可能存在较大脱节,而这又导致很多项目无法实施,很多项目资金不到位。此外,目前在项目审批上采取计划手段,在项目执行上采取市场经济手段,在项目执行过程中要求政府采购、公开招标投标,其结果导致了项目审批与项目执行之间存在时间差,在应急救灾和灾后重建过程中,不仅影响了快速执行,而且由于物资比较紧张,大多面临涨价问题,结果导致项目难以执行。

(二) 水管单位应急能力弱

水管单位处在自然灾害的第一线,是应急救灾和灾后重建的最基础的力量。然而,汶川地震和冰冻灾害却暴露出水管单位的应急能力非常薄弱。这不仅表现在水管单位缺乏应对重大自然灾害的经验、思想准备不足,而且表现在其人力、物力、财力等应急准备不足,不仅无法依靠自身力量进行自救,更谈不上依靠自身力量进行灾后重建。

(三) 资金供需缺口大

重大自然灾害对于水利的影响是全方位的,水利设施毁损严重,应急救灾和灾后重建都需要大量资金,但目前的资金渠道却比较有限,造成资金供需缺口很大。

1. 中央财政投入不足

例如,贵州省水利在冰冻灾害中的直接经济损失高达21亿元左右,但在恢复重建中,中央财政投入仅1.93亿元,还不到实际损失的10%。四川省水利在地震灾害中的损失更大,据估算,四川省水利灾后重建资金需要将近300亿元,仅剑阁县的震损水库整治、山坪塘整治、石河堰整治、蓄水池修复、渠道恢复、堤防工程恢复、小水电站恢复、水保设施恢复、已建成的人畜饮水工程整治、渔业基础设施和渔业生产补助、水文站受损房屋改造、水利系统办公危房维修等,需要投入的整治资金就高达15.36亿元。如此大的资金需求,仅靠中央财政投入显然是不够的。

2. 地方财力拮据

在冰冻灾害严重的地区,往往是农村地区,汶川地震更直接位于四川,且多是山区县,经济欠发达。同时,灾害造成的损失是多方面的,需要及时恢复和重建的内容也涉及其他行业的生产和生活设施,能够投入到水利灾后重建中的资金有限。例如,贵州省灾后恢复重建投资(含群众自救投入及投劳折资)约5亿元,其中,省级财政补助资金仅有1 455万元,地级、县级分别为1 492万元、663万元,地方财政投入非常有限。

3. 引导农民投入异常艰难

取消"两工"后,小型农田水利设施建设目前主要靠农民用水户协会采取"一事一议"、群众筹资投工完成。由于汶川地震和冰冻灾害中水利设施损坏严重,修复费用大,地方财政困难,群众生活较贫困,再依靠"一事一议"、民办公助的方式难以组织群众修复,群众负担较重。同时,冰冻灾后重建正值春耕农忙季节,群众投工投劳也严重不足。

(四)应急物资储备严重不足

应对重大自然灾害,要求有必需的物资储备。然而,汶川地震和冰冻灾害却暴露出目前水利应急物资储备的严重不足。

1. 特殊通信设备短缺,造成灾情和信息报送系统一度瘫痪

此次汶川地震和冰冻灾害有一个共同点,就是自然灾害发生后,同时伴随着信息、电力等的相应中断,电话打不通、传真无法接收。其结果造成了下面灾情反映不上来,上面对灾情的了解和信息的掌握也不全面,从而对指导抢险救灾造成了一定影响。

2. 应急交通设备匮乏

汶川地震和冰冻灾害中,交通中断,又缺乏现代交通工具,结果造成到堰塞湖查勘的人员只能步行到现场。

3. 抢险设备不足

在开通水上生命通道时,冲锋舟和配件储备少,只能迅速从全省各地调运。在堰塞湖处置中,缺乏合适型号的机械,只能从全国各地调运。在其他应急救灾中,很多地方只能采用最原始的办法,肩扛手抬。

4. 相关行业供应不足

灾害的发生,往往是对人类生产生活整个功能体系的破坏,各个行业都有一个抢险救灾和灾后重建的过程,因此,造成水利设施在恢复重建过程中存在砂、石等建材供应不上,水表、管材等灾后恢复重建物资和设备紧缺的现象。

(五) 应急人才和应急技术欠缺

应对重大涉水突发事件,需要有专业的应急人才队伍和相关的应急技术。然而,这两次特大自然灾害也暴露出了目前水利应急人才和应急技术奇缺,这在地震灾害中表现得尤为明显。一方面,重灾县水利设施需要全面应急救灾和全面恢复重建,然而,县水利局里属于正规大中专院校毕业的技术人才非常少。另一方面,地震灾害中堰塞湖、震损水库等的应急处置和其后的管理,都需要相关的技术支持。例如对于震损水库而言,如何处理好安全度汛和蓄水保水之间的关系,就需要有震损水库处理方面的专业技术。然而由于此方面的技术欠缺,造成救灾前期只好依靠经验或最原始的办法,把一部分震损水库的水全部放掉或者把水坝炸掉,造成了很多不必要的损失。又如堰塞坝安全管理、堰塞湖溃坝应急处置、淹没区污染物清除等,也都需要相关的技术支持,但目前在这方面的技术储备还远远不够。

(六) 配套政策未能完全跟进

应急救灾和灾后重建需要一系列政策予以扶持,目前党中央、国务院和各级政府都出台了一些政策,对冰冻灾害和汶川地震灾害的灾后重建工作予以扶持,但仍然存在一些漏洞和不足。突出表现在:一是小型震损水库未能纳入公共财政进行补助,而这又与民生紧密相关;二是目前的地震恢复重建补贴政策主要考虑的是老百姓,而未能考虑到水利系统自身的恢复重建问题。在这次地震中,水利系统本身也遭受重创,灾区水利部门工作设施严重损毁,基础资料大量灭失,但如何重建尚缺乏明确的政策;三是震后三年恢复重建期间的水费理应进行补贴,但目前具体的补贴政策尚未出台;四是震后三年恢复重建期间的水利规费,包括水资源费、水土保持补偿费、水土流失防治费、江河堤防修建维护费、河道砂石资源费、野生动物保护费等,要否征收,如何征收,如何使用等,也缺乏相关的政策;五是应急救灾和震后三年恢复重建期间农村供水所发生的电费、燃油费、药剂费、水质检测费、变压器增容费以及有关税费等,是否应当有相关的优惠政策,也缺乏明确的规定。

四、加强重大涉水突发事件应急管理的建议

重大涉水突发事件应急管理不仅涉及应急管理体制问题,而且涉及灾前的预防和应急准备机制、灾害发生中的应急救援机制和灾后重建机制问题,同时还涉及应急管理能力建设问题。有必要同时从这些方面入手,理顺应急管理体制,完善应急机制,强化应急管理能力建设,从而切实加强应急管理,建立健全应对重大涉水突发事件的公共安全保障体系。

(一) 理顺应急管理体制

重大涉水突发事件除了涉及水利部门及其内设的应急办等机构之外,还涉及军队、武警、各级人民政府以及财政、发展改革、民政、国土资源、建设、交通、民航、铁路、气象、测绘、宣传、新闻、审计、政府应急办等部门。从汶川地震和冰冻灾害的应急管理情况上看,重大涉水突发事件首先应当由政府(包括中央政府和地方各级政府)进行强有力的领导、部署和指挥,并由军队和武警力量进行大力配合。除此之外,当前还有必要进一步理顺水利应急管理体制。

(1) 有必要理顺涉水行业的管理体制,确立水行政主管部门在重大涉水突发事件中的行业主管部门地位,进而发挥行业统一管理优势,有效应对重大涉水突发事件。例如,有必要进一步强化农村水电管理,确立相关水坝的应急救灾责任人和安全负责人,并建立重大涉水突发事件中大坝安全信息的报送机制。

(2) 有必要进一步理顺应急救灾和灾后重建中的项目和经费管理体制。应急救灾和灾后重建与民生紧密相关,时间紧,任务重,相关项目和相关经费需要尽快予以安排。为此,有必要进一步简化项目审批手续,完善资金管理。对此,可参考重大防汛抗旱经费的管理,特事特办,急事急办,并加强资金使用的审计和监督。

(二) 建立应急预防与应急准备体系

应急预防的基础是编制应急预案。此次汶川地震和冰冻灾害的应急管理实践表明,有无预案,预案是否健全,应急救灾结果大不一样。在全球气候变化的大背景下,今后类似冰冻灾害等极端天气仍可能频繁出现,因此有必要尽快编制农村应急供水等相关应急预案。在水利工程建设标准未能相应

提高到应对50年一遇的冰冻灾害的情况下,更需要编制好完善的应急预案,细化各部门的工作,使各部门能按预案要求从容应对突发灾害。为了避免有预案却可能用不上的情况,在编制预案时,应适当考虑极端情况,如水、电、通信全部中断时,如何落实预案,如何落实责任。

有了应急预案之后,还需要进行一系列相关的应急准备体系建设。主要包括:

(1) 建设应急抢险指挥平台,配备相应的通讯等设施设备,互通信息,使各部门更能通力合作。

(2) 建设必要的抢险队伍,提高快速反应能力。

(3) 储备必要的应急资金和抢险物资。国家、省、市、县应当分级加强资金和物资储备。其中,国家除了储备全国重大涉水突发事件应急资金之外,主要储备可以在全国范围内调用如直升机等;省级水利部门应当成为资金和物资储备的主体,便于在省内进行调用,如特殊情况下的通信设施、冲锋舟等;市县则应根据实际需要进行适当的资金和物资储备。考虑水利应急抢险往往由军队和武警部队执行,而后者又往往缺乏相应的物资、设备,因此,在进行物资储备时,应当适当考虑军警人员参加水利应急抢险时的需要。

(4) 适当考虑备用水源、应急水源问题。为了避免灾害发生后城市及村镇大面积停水时群众无水可用现象的发生,可以考虑在500人以上的聚居地,根据最低生活用水需要,建设相应的应急水源点。

(三) 健全应急救援机制

从总体上看,目前我国对于重大自然灾害的抗灾救灾已经积累了丰富的经验,并形成了一系列应急救援制度。然而,从汶川地震和冰冻灾害的实际情况上看,重大涉水突发事件的应急救援机制还有待进一步健全。

1. 进一步健全灾情信息收集机制

重大涉水突发事件发生后,首要的环节是了解灾情,而先遣侦察灾情需要国家统一指挥,遥感、航拍等也需要及时开展。这在地震灾害中显得更为重要。

2. 进一步健全灾情传递机制

尤其是需要建立和完善交通、电力、通信中断等特殊情况下的信息报送系统,以便及时掌握具体情况和准确信息,为各级领导决策提供参考。

3. 进一步健全应急响应机制

尤其是类似冰冻灾害、重大干旱灾害等重大涉水突发事件,如果能够更快地进行应急响应,有助于最大限度地减轻灾害损失。为此,水利部门要切实转变思维模式,调整思考和看待问题的方式,改变"墨守成规"的观念,牢固树立忧患意识,随时绷紧重大涉水突发事件这根"弦",强化应对自然灾害以"防范为主,抗灾、抢灾为辅"。可比照防汛抗旱,明确规定冰冻天气超过3天时怎样预防、怎样通知等。

4. 进一步健全部门联动机制

重大涉水突发事件牵涉多个部门,尤其是在应急救援初期,水利部门能否和气象部门、国土资源部门、航空部门等协调联动,充分利用其他部门的力量掌握灾情,对于争取应急救援的最佳时机而言极为重要。此外,在应急救援过程中,有必要进一步发挥各部门优势,进一步完善军民联动、部门协调联动抗灾救灾的机制。

5. 进一步健全应急救灾责任制度

在此方面,最重要的是完善以首长负责制为核心的重大涉水突发事件应急救灾责任体系,严格实行责任追究。对此,水行政主管部门要切实担负起监管责任,对受灾的水库、堤防、供水设施等的责任制落实情况进行检查,确保安全责任不留死角。

6. 进一步处理好应急救灾中的各种关系

尤其是应当处理好应急救灾与今后的水利发展之间的关系,提高应急救灾措施的科学性,兼顾长远发展。

(四) 完善灾后重建相关制度

目前我国对于重大自然灾害的灾后重建工作已经积累了丰富经验,并形成了相应的制度。然而,从汶川地震和冰冻灾害的实际情况上看,重大涉水突发事件的灾后重建制度还有待进一步完善。

1. 需要完善灾后重建规划制度

提高灾后重建规划的覆盖率,纯公益性和公益性比较强的水利项目,均应当尽可能列入灾后重建规划之中。例如,小微型工程,目前尚列不进灾后重建规划项目,但这些工程面比较大而且涉及老百姓民生问题,且由老百姓自己解决不现实,因此有必要在灾后重建规划中进行统筹安排。

2. 需要完善重建资金投入制度

灾后重建任务非常艰巨,资金缺口巨大。可推广贵州确定的"自救为主,政府支持,地方为主,中央补助"的原则,充分调动中央、地方、农民三个积极性开展重建工作。

(1) 中央应当进一步加大对中西部重灾区灾后重建的支持力度。

(2) 中西部地区应自力更生,在加大地方财政投入的同时,通过银行贷款、社会捐助等方式吸引社会资金投入。

(3) 应进一步调动农民的积极性。供水设施、灌溉设施、小型农田水利设施,农民应当适当掏一点。

3. 需要完善资金使用制度

灾后重建时间紧、任务重,无法完全按照基建程序进行。建议在特事特办的情况下,加强监督,加强管理。但在应对大的自然灾害方面,国家应有统一的安排。同时,资金中应安排有必要的工作经费和管理经费。恢复重建资金应尽快下达,否则会影响到防洪问题,影响到民生。

4. 需要完善灾后重建相关配套政策

(1) 地震恢复重建补贴政策应当考虑到水利系统自身的恢复重建问题。

(2) 对应急和灾后恢复重建期间的水费进行补贴,考虑到水费减免是暂时的,同时为了促进节水,建议在信息公开的前提下,将水费直接补贴给水管单位,再由水管单位对用水户进行减免。

(3) 震后三年恢复重建期间的水利规费,包括水资源费、水土保持补偿费、水土流失防治费、江河堤防修建维护费、河道砂石资源费、野生动物保护费等,可以适当减免,征收部分则全部用于灾后重建。

(4) 由于受灾群众经济条件困难,建议将农村集中供水工程在应急和灾后重建期间供水所发生的电费、燃油费、管理人员工资及个人福利列入抗震救灾资金专项补贴范围,将应急供水期间农村供水工程的药剂费、水质检测等费用纳入财政专项列支,并减免水资源费、变压器增容费以及有关税费。

(五) 全面提升应急管理能力

1. 加强水利部门的应急管理能力

(1) 要加强预案演练和培训,提高水利部门应对突发自然灾害的能力和行政人员抢险指挥能力。

(2) 要加强水利部门的应急专业人才队伍建设,确保应急时拉得出、用得上、达实效,从而提高应急处置能力。

(3) 要加快水文建设。水文是水利的尖兵,水文建设应有所超前。为此,应加大对水文基础设施建设的投入,更新改造水文监测设备、通信设备等,同时水文系统也应配合水利系统的各种应急救灾方案编制水文的应急救灾方案。

(4) 要大力加强自然科学研究。不断地提高人们对自然的认识程度,加大预测预报的准确度,提高应急救灾措施的科学性。

2. 加强水管单位的应急能力

(1) 需要进一步完善并严格执行工程建设的相关技术规范。例如对于供水工程而言,需要完善并严格执行供水工程技术规范,要求在容易遭受冰冻灾害的地方,应当把管道埋在地下,情况特殊的则应当在低洼处设置阀门。同时,对可能遭受冰冻灾害的混凝土结构,应考虑抗冻问题,执行相关技术标准。此外,应严格按照有关法律法规进行施工和材料采购,确保质量合格。

(2) 需要提高水管单位的应急处理能力。例如通过制度建设和相关培训,使工程管理人员在冰冻灾害发生初期,及时采取限时供水、及时排空管道里的水等有效措施,从而减轻灾害损失。值得注意的是,要切实加强水管单位的应急能力,尚需要下大力气解决制约水利发展的体制机制问题,使水利工程能够良性运行。为此,有必要进一步推进水价改革,在充分核算全成本的基础上确定水价,但在水费征收时合理考虑用水户的承受能力,二者差额部分则根据工程的公益性质,由当地财政予以弥补,其中西部贫困地区可由中央财政进行转移支付。事实上,水利多数具有公益性或者准公益性,水利部门提供的是公共产品或者准公共产品,因此应当主要纳入公共财政中予以解决。如此,才能切实提高重大涉水突发事件的应急能力。

3. 加强民众的应急能力

在此次冰冻灾害中,如果能够及时启动应急响应,通过各种方式通知用水户采取措施,如使老百姓用毛巾、布、草绳、泡沫等对水表进行保护,将有助于减轻灾害损失。因此有必要积极开展面向社会的应急管理科普宣传教育,普及公众应对突发公共事件的预防、避险、自救、互救、减灾等应急防护知识,不断提高公众应对重大涉水突发事件的综合能力。对此,建议由政府进行统一宣传,水利部门可以进行技术指导。

(六) 加强应急法制建设

重大涉水突发事件的应急管理,涉及政府、军队、各政府部门、水管单位、民众等多个主体。无论是理顺应急管理体制,建立健全相关应急管理机制,还是提高应急管理能力,都需要加强应急法制建设,将重大涉水突发事件应急管理予以制度化、规范化。这不仅是依法治水的内在要求,也是切实加强应急管理的内在要求。

绍兴市水利现代化试点建设的难题与对策*

浙江省绍兴市是八个全国水利现代化试点城市之一。2012 年 6 月,《绍兴市水利现代化规划(2010—2020)》(以下简称《规划》)获水利部、浙江省人民政府联合批复,标志着绍兴市水利现代化进入正式实施阶段。如何按照《规划》设定的目标和任务推进水利现代化的试点建设,已经成为当前绍兴市水利工作最为紧迫的大事。本文从水利现代化试点建设的内在要求出发,分析绍兴市推进水利现代化建设存在的主要困难及相关解决对策。

一、水利现代化试点建设的内在要求

作为水利现代化建设试点,各试点地区的水利改革发展不能再简单地"按部就班",而必须在"十二五"水利发展规划等已有改革发展步调的基础上,按照经批准的水利现代化规划,重新筹划水利改革发展的速度和力度,努力探索出一条具有本地特色的水利现代化道路,为其他地区提供示范和借鉴。具体而言,水利现代化试点建设的内在要求至少应当包括以下方面:

(一) 水利发展理念要有先进性

需要按照现代化导向和可持续发展治水思路的要求,结合各试点地区实际,凝练出新的水利发展思路,将以人为本、人水和谐、建管并重、给洪水以出路、保护和修复水生态环境、弘扬先进水文化等水利现代化理念,贯穿在水利工作的各个环节,实现水利的科学发展、协调发展和可持续发展。

(二) 水利建设要有适度超前性

一是水利设施数量需要优化,需要在水利发展"十二五"规划等的基础上,根据现代化的要求新增一批水利项目;二是水利建设速度需要加快,需要在原有发展速度的基础上进一步提速,呈现出"提速式"发展的特征;三是水利建设标准需要提高,需要在原有建设标准的基础上,根据水利现代化的要求提高建设标准,呈现出"提质式"发展的特征;四是水利设施功能需要提

---

* 本文作者为金辉、陈金木。原文首次印发在水利部发展研究中心《参阅报告》第 259 期(2012 年 8 月 3 日);公开发表在《水利发展研究》2012 年第 11 期。

升,除了满足水利设施自身所应具有的防灾减灾等安全功能以及供水、发电等经济功能之外,还需要充分挖掘和凸显水利设施的环境功能和文化功能,创建一批水利景观休闲娱乐设施,有效提升水利工程的文化品位。

(三) 水利管理要有长效性

一是在水利工程管理方面,包括大中型水利工程和各种点多、线长、面广、分散的小型民生水利工程,都要实施长效化管理,实现"有人管,有钱管,管得好,长受益"状态;二是在水资源管理方面,要切实按照实行最严格水资源管理制度的要求,落实"三条红线",实施"四项制度",实现水资源的可持续利用和水环境的持续改善;三是在水利社会管理方面,除了建立健全一支高素质的执法队伍,实现"快速发现、快速处理、快速执行"的执法效果外,还应当更加注重发挥社会组织和广大群众在水利社会管理中的作用,实现水利"共建、共管、共享"。在此过程中,还要充分利用物联网等先进技术,全面促进水利与信息化的深度融合,实现水利发展方式的根本性转变。

(四) 水利发展成果要具有可感知性

水利现代化建设成果不仅要能够用一系列指标予以考核评价,而且要能够让老百姓实实在在地感受水利发展确实达到了现代化水平。一方面,防洪、排涝、供水等"做得好老百姓可能未直接感受得到,但做得不好老百姓就可能骂娘"的事项,理当全力做好,实现较高的安全保障水平;另一方面,水生态环境、水文化景观等"做得好老百姓就能直接感受得到"的事项,更应当努力做好,实现较高的水利发展水平。

二、绍兴市水利现代化试点建设面临的主要困难

近年来,绍兴市积极推进水利改革发展,建成了一批对绍兴经济社会发展具有重要意义的水利工程,并在水文化建设、水环境整治、水管理创新等方面做了较多开拓,水利现代化试点建设具备了较好基础。然而,对照水利现代化试点建设的上述要求,绍兴市还面临着以下六个主要困难:

(一) 时间紧,任务重

全市每年需要完成5 000万元以上的项目近30个,防洪排涝、病险水库除险加固、清水工程、农田水利等建设任务艰巨,钦寸水库、夏泽水库、永宁水库、隐潭水库、甘霖水库等一批大中型水库建设亟待推进。

（二）建设资金压力大

按照《规划》，绍兴市水利现代化建设总投资约500亿元，但2011年仅完成投资约30亿元，2012年预计可完成投资约40亿元，两年完成总投资需求不到15%，今后几年的投入任务较重。值得注意的是，目前严厉的楼市调控已经导致绍兴市地方财政收入缩水，这将在一定程度上使土地出让收益的10%用于农田水利建设的政策打折扣，进而影响农田水利建设资金投入。

（三）用地指标紧缺

尤其是平原河道排涝拓浚、城市水环境整治、农村河道治理等在水利发展"十二五"规划基础上新增加的部分项目，其用地指标已经成为项目能否实施的最大瓶颈制约。①

（四）水利管理薄弱

管理水平不高是当前我国与发达国家的主要差距之一，水利管理薄弱是制约水利现代化的突出瓶颈。绍兴市水利管理薄弱的主要体现有三个方面：一是管理队伍不够健全，尤其是大量民生水利工程，多数缺乏一支素质较高且能保持稳定的管理队伍；二是管理经费短缺，尤其是农田水利、农村饮水安全、乡村河道等大量准公益型的中小型水利工程，运行经费和维修养护经费不足且缺乏稳定渠道；三是管理体制机制不够健全，尤其是水资源管理体制、小型水利工程建设和管理体制机制等，已经成为水利管理的软肋。

（五）各县（市）统筹推进机制欠缺

绍兴市下辖绍兴县、诸暨市、上虞市、嵊州市、新昌县、越城区等6个县（市、区），在"省管县"财政体制下，目前各县（市）的水利现代化建设有点像单兵种推进，市里缺乏有效的统筹推进机制。

（六）水利人才建设较为滞后

截至2011年年底，越城区的水利职工仅有10人，其中水利类专业的只

---

① 国务院办公厅于2011年7月批复的《绍兴市土地利用总体规划（2006—2020年）》，虽然明确提出要"优先保障交通、水利等重大基础设施建设用地"，但仅重点保障已列入省级规划的甘霖水库、下管水库、钦寸水库等9个重点水利项目用地（共计3 889公顷）。其他属于市级规划内的鉴湖水环境整治等29个重点水利项目及其他水利项目用地，虽已列入土地利用规划（共计4 259公顷），但落实上存在着很大困难。按照该规划，绍兴市水利现代化建设过程中，因水利设施优化所需要新增加的部分平原排涝项目、河道整治项目以及面广量大的小型水利工程，更是面临着用地计划指标难题。

有2人。基层水利服务体系也不够完善,目前全市仅有38.4%的乡镇设有水利站,一些乡镇只设1—2名水利员,有的乡镇既无站也无工作人员;在职227名乡镇水利员中,年龄在50岁以上的有125人,占总数的55%,30岁以下的只有24人,只占10.6%,总体年龄结构偏大,存在青黄不接的现象。此外,对于新进人员,后续教育与职前培训跟不上,缺乏有成效的继续教育体系,难以培养出一支有能力、有水平的队伍。

三、绍兴市水利现代化试点建设难题的解决对策

要解决上述难题,需要创新水利发展机制,部、省、市、县四级联动,政府社会协同,多种措施并举,共同助推绍兴市水利现代化试点建设。

(一)创新水利发展机制,提升水利现代化建设的内生动力

水利现代化试点建设不能仅靠水利部门自身的力量,而应当是"政府主导、社会协同",充分发挥政府在水利现代化建设中的主导作用以及广大民众的主体作用,形成政府社会共同推进水利现代化的局面,绍兴也不例外。由于水利发展具有其内在规律,与经济社会发展之间存在着紧密的联动性,可充分利用这种联动性,创新机制,培养水利现代化建设的内生动力。其基本思路是,要充分培养和运用水利现代化建设与老百姓关注点、政府施政着力点之间的耦合性,借助大众传媒和广大民众等的合力,推动政府领导和统筹推进水利现代化建设,并将其纳入政府施政的重点之一。

(1)充分利用人大、政协高度关注民生议题的契机,结合人大代表和政协委员提案以及人大常委会听取和审议专题工作报告等机制,由人大和政协关注并督促解决加快水利建设、强化水利管理等方面的难题。

(2)创新工作思路,使政府充分认识到水利现代化建设的本质是在不断破解和弥合人民群众日益增长的水利公共产品和服务需求与供给不足之间的矛盾,因此,为了适应经济社会发展到较高阶段后老百姓对水利提出的更高"安全性需要"和"舒适性需求"①,政府应当将与防洪排涝、饮水安全、饮用水水源地保护等直接关系到群众生命财产安全的水利项目,以及河道整治、水生态环境建设、水文化景观建设等关系到城市形象、老百姓可直接感知的水利项目,作为政府施政的重点内容。

---

① 参见王亚华、胡鞍钢:《中国水利之路:回顾与展望(1949—2050)》,载《清华大学学报》(哲学社会科学版)2011年第5期。

（3）探索推进水权制度建设，在用水总量控制目标下明晰取用水户的取用水权，保障农民对自有灌区的用水权，促进水权流转，充分发挥市场机制在水资源配置和节约利用中的基础性调节作用。

（4）探索推进小型水利工程产权改革，在清产核资和资产评估的基础上，明确小型水利设施的所有权，使广大农民由过去的“局外人”变为“局内人”，发挥农民在小型水利工程管理中的主体作用。在此过程中，可探索实行“受益户共有制”，把小型水利工程的使用权与受益农户挂钩，对所有权属集体经济组织、农户使用的小型水利工程，可将一定期限的使用权划归受益农户，使受益群体以每个成员的受益面积为基础确定其共有份额，工程经营管理由受益群体自主决定。[①]

（5）创新水利社会管理，通过推行“网格化管理”等方式，让社区居委会、村委会等成为农村河湖水域的管理主体，解决专业管理力量不足的问题。

（二）财政资金与社会资金合力，共同破解建设资金筹集难题

绍兴市水利现代化建设所面临的建设资金压力，既有常规发展的原因，也有超前发展的原因。在解决思路上，一方面，要考虑常规发展因素，在用好用足现有各种水利投入政策、充分挖掘地方财政投入潜力基础上，积极争取由中央财政予以倾斜性支持；另一方面，还要考虑超前发展因素，积极争取财政上的各种增量支持。

具体而言，从财政角度上看，绍兴市水利现代化试点建设投入主要应当依靠地方自身。同时，出于推动试点地区加快建设以及为其他地区水利现代化建设提供经验考虑，建议中央财政和省级财政给予倾斜性支持：一是创新机制，对水利现代化试点地区采取类似于计划单列市的做法，在下达水利建设资金时，切块或戴帽下达给绍兴市，由绍兴市统筹安排，协调推进全市水利现代化建设。二是对于目前已有投资渠道，尤其是已列入各种专项资金投资渠道的项目，包括堤防工程（含海塘）、病险水库除险加固、中小河流整治、小型农田水利建设及灌区工程建设、山洪灾害防治、水土流失综合治理等项目，在项目安排时予以倾斜并提高资金补助比例。三是充分利用小型农田水利重点县、全国水土保持重点县、全国中小河道整治重点县等渠道，增列试点地区部分县（市）为重点县，并在项目安排上予以支持。四是设立水利现代化

---

① 参见国务院发展研究中心“完善小型农田水利建设和管理机制研究”课题组（课题负责人：韩俊）：《小型农田水利工程产权改革现状、问题与对策》，载《山东经济战略研究》2011 年第 10 期。

专项资金,支持各试点地区开展水利现代化建设。

考虑到绍兴市位于东部发达地区,社会资金活跃,有必要进一步创新机制,争取各种社会资金投入水利建设。在这方面,可考虑进一步推广应用环城河整治工程经验。在环城河整治过程中,绍兴市把城市河道作为一种环境资源进行开发利用,在城市河道整治后,周边土地价格的提升,培植级差地租,进行开发筹资,通过运作,用5 000万元财政投入和2.2亿元社会性捐款,完成了12亿元的环城河工程建设。具体做法是:组建绍兴市河道综合整治投资开发有限公司,负责资金筹集。公司向国家开发银行等银行贷款,公司按照“以河带地,以地养河,滚动开发”的原则进行运作。对整个工程,市政府划拨土地40公顷,土地升值和河边房价上涨之后,利用土地转让(由市土地拍卖中心进行统一运作)等方式进行还贷。最终除偿还建设贷款外,还有部分盈利。

(三) 上下联动,联合争取建设用地计划指标

根据国土资源部2006年修订的《土地利用年度计划管理办法》(国土资源部第37号令),目前我国新增建设用地计划指标均纳入年度计划控制,实行指令性管理。在程序上,实行地方逐级上报年度用地计划建议,以及国务院有关行业主管部门提出重点建设项目用地计划建议,由国土资源部统筹,经国务院审定后,逐级下达地方(但重点建设项目不下达地方,由国土资源部在审批建设项目用地时直接核销)。在建设用地指标管理实践中,国家和省级国土资源部门都会预留一定的指标,用于统筹、追加或者对部分地区进行奖励等。

在绍兴市水利现代化建设过程中,对于超出水利发展“十二五”规划的新增项目,能否争取到国家和省级用地预留指标,成为拓展水利发展空间、保障水利现代化建设项目落地的关键和基础。为此,建议“上下联动”,最大限度地争取国家和省级预留指标。对于绍兴市而言,水利部门一方面要通过项目整合、包装等方法,配合国土部门积极争取土地预留指标,另一方面要积极向本级人民政府请示汇报,由政府出面召开建设项目用地多部门联席会议、阶段性用地报批形势分析会等,对一些报批难度大的项目及时进行督办、催办。除此之外,建议水利部积极协调国土资源部,在统筹各试点地区新增用地指标需求的基础上,积极争取预留土地指标,并切块下达支持水利现代化建设的专项用地指标。

(四) 多管齐下,努力建立水利管理长效机制

绍兴市面临的水利管理难题,核心在于中小型民生水利工程管理的长效

机制问题。对此需要多管齐下,通过多种途径予以努力解决:一是进一步深化水管体制改革,加快解决已有中小型水利工程的长效管理问题。对此需尽快明晰水利工程产权,解决工程管理主体缺位问题;落实"对公益性小型水利工程管护经费给予补助"政策,探索从财政投入、收费补偿等多种渠道落实水利工程运行费用,并着重研究出台从土地出让收益以及水利建设基金中计提一定比例资金用于工程运行维护的办法和措施,解决工程运行费用短缺问题。二是创新水利工程建设管理体制,从源头上解决新建中小型水利工程的长效管理问题。例如,可在工程建设立项时,一并把维修养护经费作为立项条件,在安排工程建设投入的同时,考虑与安排一定比例的运行费用。三是推行中小水利工程"管养分离",在探索物业化管理新模式的同时,逐步建立"以大带小、小小联合"的区域化集中管理模式。四是建议水利部在水利现代化专项资金中单列民生水利工程管理专项经费,引导和带动各试点地区加强水利管理。

(五)实施水利人才战略,推进水利人才的现代化

适应绍兴市大规模水利建设和强化水利管理的要求,实施水利人才战略,加强水利人才队伍建设。其关键有二:

1. 要完善水利人才引进机制,解决人才增量问题

建议县(市、区)参考市本级的做法,出台高学历人才引进政策,允许水文水资源、农田水利、水利水电、水工建筑专业研究生以上学历应届毕业生直接进入事业单位。对于乡镇水利员青黄不接问题,首先,考虑通过委托高等院校进行定向培养等方式,从现有乡镇干部中选拔部分人才进行水利专业进修,从而既发挥乡镇干部善于与农民打交道的优势,又可以迅速充实水利员队伍。其次,考虑适当降低招聘条件,从水利专业大专生源中招聘人员。再次,考虑从基层水管单位引进人才充实进乡镇水利员队伍。

2. 要完善水利人才培养机制,解决人才增质问题

首先,要解决现有人员的"存量提质"问题,通过加强培训,提高现有水利从业人员的业务知识和能力。其次,要解决新引进人才的后续培养问题,通过职前培训、定期轮岗、后续教育等方式,提高新引进水利人才的服务技能和总体素质。

绍兴市实施水生态环境整治的经验与启示*

水资源是生态环境的控制性要素，水利是生态环境改善不可分割的保障系统，改善和保护水生态环境是落实党的十八大报告精神和推进生态文明建设的重要内容。近年来，浙江省绍兴市按照推进水生态文明建设的要求，以城河整治和清水工程建设为抓手，开展了一系列改善和保护水生态环境的行动，取得了良好成效，积累了丰富的经验。本文在介绍绍兴市水生态环境整治做法的基础上，对这些经验进行归纳总结，并提出相关的建议。

一、绍兴市基本情况

绍兴市地处浙江省东部沿海，是江南水乡，素有“东方威尼斯”之称。境内河道、湖泊众多，水网密布，纵横交错，共有河流 6759 条，总长度 10 887 公里，水域面积 465.4 平方公里，中心城区水域面积率达 14%。2012 年，全市 GDP 为 3 620.1 亿元，人均 GDP 达 11 651.72 美元，已跨入中等发达国家水平。

改革开放以来，随着绍兴工业化、城镇化的快速兴起，工业污染、农业污染和生活污染不断增加，各类废污水排放量剧增，对生态环境的挑战越来越大，水生态环境问题不断显现，“水乡水不清”的无奈现实，成为困扰老百姓生产生活的热点、难点问题，亟须解决。

二、绍兴市实施水生态环境整治的主要做法

自 1999 年起，绍兴为改善城市水生态环境，开展了一系列水生态环境整治行动。主要分为两个阶段：

（一）第一阶段（1999—2006 年）：以城河整治行动为抓手，改善城市水环境

从 1999 年到 2006 年，绍兴市委、市政府将水生态环境整治作为大城市宜居环境建设的一项重要基础性工程，加大财政投入，并充分利用市场运作

---

* 本文作者为郑镔、陈金木。原文首次印发在水利部发展研究中心《参阅报告》第 304 期（2013 年 7 月 16 日）；公开发表在《水利发展研究》2014 年第 4 期。

筹集建设资金,先后投入近40亿元,对城区的环城河、大环河、古运河、市区重要内河等河道进行整治。本阶段整治,主要通过清淤砌坎、截留污水、拆乱建绿等措施,疏浚河道,加固河堤,提升水质,较好地改善了城市水生态环境。同时,加强水文化建设,突出水乡地域特色,成功建成了数十个沿岸公园景点,使原本岸塌、水脏、淤深、建乱、绿少的城河面貌焕然一新,提高了城市品位,初步形成了人水和谐的河道水环境。

(二)第二阶段(2007年至今):以清水工程建设为抓手,实施水生态环境综合整治

自2007年起,绍兴市委、市政府组织开展清水工程建设,以提升河道水质为目标,实施综合性水生态环境整治行动。清水工程以3年为一轮,目前已进入第三轮建设周期。

1. 清水工程第一轮(2007—2009年)

本轮清水工程建设以市区河道为重点,旨在提升市区河道水质。主要工作有:

(1) 建设曹娥江引水工程。绍兴平原河网海拔约5米,水体流动性差。通过兴建引水工程,将曹娥江的清水通过14.6公里的地下隧道,引入绍兴市区,实现了一江清水绕城流,有效改善了市区河道水质。

(2) 开展清淤截污工作。加大对市区河道的清淤力度,推进污水收集系统建设,改变传统的污水直排河道方式。

(3) 推进水环境综合整治。对绍兴市区的大环河西河、新桥江、直塘江等重要内河实施水环境综合整治,同时开展了曹娥江3年采砂整治行动,通过回收砂涂、减少采砂船只、关停砂场,降低了水体浊度。

2. 清水工程第二轮(2010—2012年)

本轮清水工程建设在第一轮建设的基础上,从市区推广到全市,具有“以市区带县(区)、全面铺开全方位推进”的特点。主要工作有:

(1) 完善引水活水网络。全面完成绍兴内河清淤工程,科学开展与浙东引水萧山枢纽工程、绍兴曹娥江大闸等联合调度运行,最大力度引入清水。

(2) 实施工农业污染治理。加强辖区内曹娥江、浦阳江和鉴湖三大重点水域污染企业的治理,通过政策引导,促进了污染企业转型升级。开展农业养殖专项清理治理行动,对沿岸水产养殖户和畜禽养殖户进行拆除或搬迁。

(3) 推进鉴湖水环境整治工程。通过水系整治、文化遗迹保护、景观建设等措施,改善鉴湖生态环境,再现鉴湖秀丽风光。

3. 清水工程第三轮(2013—2015 年)

从 2013 年起,绍兴在连续两轮建设的基础上,又继续实施以"注重长效管理机制、实行根本性治水"为特点的第三轮清水工程建设。主要工作有:

(1) 强化水环境监督执法。制定市区水环境执法工作联席会议制度,将水利、环保、国土等部门的执法职能进行联合,集聚优势,多方配合,形成水环境执法合力。

(2) 探索推行"河长·网格"长效管理机制。积极探索实施"城市河道河长制""农村河道网格化"等管理模式,加大基层参与河道管理力度,逐步建立河道管理"共管、共享"机制,确保清水工程发挥长远效益。

(3) 深入加强宣传舆论引导。在报纸、电视、网络等主流新闻媒体上,设立专题栏目,集中开展清水工程宣传活动,增强群众保护水生态环境的意识。

三、绍兴市实施水生态环境整治的经验

通过一系列水生态环境整治行动,在维持绍兴市经济社会快速发展的前提下,水生态环境持续得到改善。根据 2012 年全市水环境质量考核结果,全市饮用水水源保护区水质常年保持在Ⅱ类以上,水质达标率均为 100%;全市 55 个水质监测断面中,达标和基本达标的断面达到 41 个,占总数的 74.5%,与 2011 年相比上升 9.5 个百分点,基本重现了"水清、流畅、景美"的水乡原貌。归纳起来,绍兴市实施水生态环境整治的主要经验有:

(一) 加强组织领导,形成工作合力

水生态环境整治涉及多个部门、多级政府,为了确保各类政策措施行之有效,需要全面加强组织领导。为此,绍兴从纵向到横向、从区域到流域,建立了一整套领导有力、分工明确、高效运作的管理机制,实现了"不留盲区"的全覆盖,确保了上下政令的畅通,提高了区域之间、部门之间的协调效率,形成了工作合力。

(1) 从纵向上,建立了以市长为组长、常务副市长和分管水利的副市长为副组长,各县(市、区)政府主要领导和有关部门主要负责人为成员的高层次议事协调机构,办事机构设在水利部门,并成立了联合执法组(水利部门牵头)、工作督查组(监察部门牵头)、宣传报道组(宣传部门牵头)等三个专门工作小组,明确工作职责与分工,分块落实工作措施。

(2) 从横向上,出台了《市区水环境执法工作联席会议制度》,按照"集中力量、联合执法、分类处置"的原则,建立了部门联合执法机制,联合水利、

环保、国土等部门的执法职能，形成水环境执法合力。

(3) 从区域上，建立了以具体指标考核和成效奖励为抓手的“市、县(区)、乡镇(街道)、社(居)”的四级联动机制。

(4) 从流域上，依据《浙江省曹娥江流域水环境保护条例》，成立了曹娥江保护管理机构①，办事机构设在市水利局，每年向绍兴市人大报告水环境保护工作情况，以“督政”的形式，强化流域水环境管理。

(二) 多方筹集资金，破解投入难题

水生态环境整治涉及面广，需要大量的资金投入。对此，绍兴市在加大政府投入的同时，充分运用市场机制运作，多方筹集资金，有效破解了投入难题。

(1) 确保政府投入稳定。在整治过程中，每年各级政府都将水生态环境整治资金列入同级财政预算，市级财政还专门安排部分奖励资金，用于嘉奖清水工程、“河长制”等工作成效突出的单位。

(2) 发动社会捐款。绍兴在环城河整治中，积极发动社会捐款，累计获得2.2亿，占整个工程总投资的18.3%。

(3) 充分利用市场机制运作筹资。成立了绍兴市河道综合整治投资开发有限公司，按照“以河带地，以地养河，滚动开发”的原则，把城市河道作为一种环境资源进行开发利用，通过城市河道整治后，周边土地价格的提升，培植级差地租，进行开发筹资。例如在环城河整治中，公司向国家开发银行等银行贷款，市政府划拨土地40公顷交由公司进行整治和运作，土地升值和河边房价上涨之后，利用土地转让(由市土地拍卖中心进行统一运作)等方式进行还贷。最终用5 000万元财政投入和2.2亿元社会性捐款，完成了12亿元的环城河工程建设，而且还有部分盈余。

(三) 注重多措并举，发挥叠加效应

水生态环境整治是一项综合性的工作，无法依靠某种单一的工作措施实现预期成效，而是需要通过多种措施的综合运用，共同影响才能取得一定的效应。绍兴实施水生态环境整治中，十分重视多方统筹，多管齐下，努力实现

---

① 《浙江省曹娥江流域水环境保护条例》第6条规定：“绍兴市曹娥江保护管理机构行使绍兴市人民政府依法授予的曹娥江流域水环境保护工作的组织、协调、监督以及其他有关职权”，并列举了5项具体职责。在这种“督政”模式下的曹娥江保护管理机构，虽然不履行具体行政执法权，有别于承担具体行政管理职能的实体机构，但它有统一规划部署和对有关部门及县(市、区)分配任务、督促检查工作并进行考核评价的权责，具有一定的权威性。从而体现了流域统一规划、综合管理的宗旨，从国内流域立法看，在流域管理体制上有一定突破。

各类措施的叠加效应。在第一阶段的城河整治中,除了开展河道整治之外,还注重统筹城市建设、集镇建设、新区建设、交通道路建设、休闲旅游业发展和绿色生态建设等,努力实现多种建设的同步推进。在第二阶段的清水工程建设中,又通过统筹开展引水活水、截污治污、清淤疏浚、拆乱建绿、执法监督、综合整治、长效管理等多项重点工作,综合运用市场、法律、技术、舆论等多种手段,形成各类措施的叠加效应,全面系统地推进水生态环境整治,取得了良好的综合效益。

(四) 强化制度建设,形成长效机制

强化制度建设是绍兴市取得水生态环境整治良好成效的重要保障,也是形成治水长效机制的有力手段。

1. 加强地方性法规建设

推动浙江省人大就绍兴市境内的鉴湖水域保护和曹娥江流域水环境保护问题,出台两部专门的地方性法规——《浙江省鉴湖水域保护条例》和《浙江省曹娥江流域水环境保护条例》。这两部地方性法规,创设了具有“督政”性质的流域水环境保护机构,规定了重点保护区、重点水污染物排放总量控制、建设项目环境监理、绿色信贷、跨界水污染防治联动协调、生态保护补偿等一系列制度,为绍兴市水生态环境整治工作的规范化、制度化和长效化提供了坚强的法制保障。

2. 出台各种政策文件

绍兴市出台了各种政策文件,包括《关于实施排污权有偿使用和交易的意见》《排污权有偿使用资金管理办法》《绍兴市印染造纸制革化工等行业整治提升实施方案》等,深化完善排污权有偿使用和交易制度,加大绿色信贷力度,强化环境经济政策的激励与导向功能,引导化工、印染等高污染企业的产业转型升级,实现了源头治污的长效机制。

3. 实施奖惩清晰的考核制度

市政府每年都与各县(市、区)、市直、开发区签订年度目标责任书,分块、分部门落实责任,明确考核办法及奖惩措施。由市监察局牵头组成考核督查组不定期地对各地工作的开展情况进行检查,将年度考核情况列入市政府对各级、各部门的年度岗位目标考核以及领导干部选人用人的重要依据。在清水工程建设中,市财政则每年安排300万元专项资金,对工作成效出色的单位进行嘉奖。

(五) 融入文化建设,拓展整治内涵

文化建设是有效拓展水生态整治内涵的重要手段,也是提升城市品位的

重要途径。绍兴在水生态环境整治中,积极融入文化建设,已经取得良好成效。

1. 建设水文化景观区

充分挖掘绍兴丰富的治水、诗画、酒文化等文化资源,建成了稽山园、运河园等大小数十个水文化景观区,既展现了绍兴水生态环境整治的特色和个性,又展示了城市形象,提高了城市品位。

2. 建设富含文化元素的精品水利工程,在环城河整治、曹娥江城防、曹娥江大闸等工程建设中,依托自身独特的地理环境、优越的水乡条件和悠久的历史文明,积极融入文化元素,提升水利工程的文化内涵和文化品位。目前这几个工程均被评为国家级水利风景区。

3. 开展水文化研究

对大禹陵、浙东古运河等水文化遗产进行整理和保护,并积极开展浙东古运河的自然文化遗产申报工作。

(六) 增进公众参与,营造良好氛围

绍兴在水生态环境整治中,注重创设各种机制,增进公众参与的深度和广度,为水生态环境整治提供了良好氛围。

1. 创设河长制和网格化管理模式,提供公众参与的渠道

出台了《关于在绍兴市区主要河道实施河长制管理工作的通知》,对绍兴市区 49 条主要河道采取"河长制"管理模式,将河道管理下放至"社区(居委会)",实现"一河一长",并设立财政专项奖励资金,对成绩突出的河长单位由市政府给予嘉奖,发挥基层公众参与河道管理的积极性,建立城市河道"共管、共享"的长效机制。同时,在农村探索开展了"河道网格化管理",将村级河道分割成一个个网格,由村民、党员分段分区签订"三包"责任书,负责保洁和维护,建立群众共同参与河道管理的有效机制。

2. 利用宣传教育,提升公众水环境保护意识

通过各类主流媒体的深层次宣传正面典型、曝光反面典型,增强群众保护水环境的意识,让群众深入了解、积极支持、主动参与水生态环境整治,从而形成政府与公众一起协作的长效机制,取得了良好成效。

四、启示与建议

(一) 充分认识水生态环境整治的重要性

改善和保护水生态环境,是生态文明建设的重要内容,符合水利现代化

的发展趋势。进入新时期后,随着我国经济社会的发展,人民生活水平的提高,公众对水利工作的需求,逐渐从“安全性需求”过渡到“经济性需求”和“舒适性需求”①,公众期盼着拥有更好的生态宜居环境。这就要求水利部门立足实际,适应公众的现实所需,把破解新时期水生态环境问题作为改善和保障民生的重要内容。这不仅是大力发展民生水利和实行最严格水资源管理制度的客观要求,适应现代水利的发展导向,也是在大规模水利建设之后水利工作的又一重要着力点,更是发展城市水利、提升水利地位的重要载体。为此,有必要把水生态环境整治当成水利部门一项长期性的重要工作,常抓不懈,实现人与水的持久和谐。

(二) 推进水生态环境整治需要统筹规划

水生态环境整治涉及面极广,需要统筹规划,多管齐下,全面系统地推进。

(1) 要科学编制水生态环境整治规划。规划是有效开展整治工作的前提和依据,要在遵循自然规律、生态规律和经济规律基础上,统筹水环境改善与水文化水景观建设、工程措施与非工程措施、水利工程建设与管理等方面,从地域实际出发,合理制定规划硬性指标,配套具体项目与资金,坚持规划引领、科学治水,科学编制各项规划。

(2) 要多措并举形成叠加效应。可参考绍兴的做法,运用市场、政策、技术、法律、舆论等各种措施,从河道水质改善、污染治理、河道岸线整治、河道采砂管理、水生态修复、水行政执法等多方面系统推进,使多种效应相互叠加,提升水生态环境整治的整体效果。

(三) 推进水生态环境整治需要创新机制

水生态环境整治是综合性、系统性工程,可借鉴绍兴的经验,并建立健全高效的体制机制,形成强大的合力予以推进。

---

① 参见王亚华、胡鞍钢:《中国水利之路:回顾与展望(1949—2050)》,载《清华大学学报》(哲学社会科学版)2011 年第 5 期。社会公众对水利发展的需求,可以划分为“安全性需求”“经济性需求”和“舒适性需求”三类。“安全性需求”是比较基本的生存性需求,特别是维护生命和财产安全的需求;“经济性需求”是一种发展性需求,主要指经济增长对水利发展提出的支撑性需求;“舒适性需求”是一种享受性需求,是在安全性需求得到较高程度保障以及经济性需求得到一定程度满足的基础上,社会由于对更高生活品质的追求而对水利发展提出的需求。当发展水平达到较高水平之后,安全性需求和经济性需求趋于稳定,舒适性需求便成为主要的新增需求。

1. 加强行政管理体制机制的创新

在水生态环境整治前期,努力理顺体制机制,建立高层次议事协调机构、部门合作协调机制、跨区域的流域水环境管理保护协调机制等,充分发挥不同部门、不同层级政府力量,增强部门间、区域间的协作力度,提高施政效率。

2. 建立指标明晰、奖惩分明的工作监督考核机制

建立健全"市、县(区)、镇(街)、村(居)"层级考核机制,根据工作内容,向各级、各部门细化分解考核指标,把水生态环境整治列入年度目标责任制考核内容,使之成为一项常规性的重点工作。同时要完善工作督查机制,地方各级纪委、监察部门要加强日常阶段性工作的督查考核力度,对工作不力的有关责任单位和责任人严肃追究责任,并与干部任用结合起来,把水生态环境整治作为干部任用的一个重要依据。

(四)推进水生态环境整治需要整合资金

水生态环境整治是一项长期性的工作,既要确保公共财政的稳定投入,也要创新融资平台,通过市场运作,充分利用社会资金,加大水生态环境整治的资金投入。

(1)整合各类水利资金。在近期,建议利用中小河流治理、农村环境专项整治等各类资金渠道,开展水生态环境整治工作,并以相关的水利规划为抓手,整合各类资金,发挥最大效益。

(2)创新融资平台,吸引社会资金投入。可参考绍兴的做法,设立专门融资机构,结合水生态环境整治与周边地区开发相结合,通过环境整治后,开发休闲旅游、生态农业等产业吸引社会资金,将取得的出让开发资金用于整治与保护,同时积极与各金融机构进行协商,争取获得更多的信贷支持,增加整治资金的投入渠道。

(五)推进水生态环境整治需要公众参与

水生态环境整治和保护不能仅靠水利部门自身的力量,而应当采取"政府主导、公众参与"的模式,充分发挥政府主导作用以及社会公众的主体作用,积极鼓励社会公众参与进来,形成共同推进水生态环境整治和保护的局面。可借鉴绍兴的经验,建立公众广泛参与保护水生态环境的机制,通过政策引导,落实资金,将河道水域的监管、维护等职能下放到基层的社区(居委会)、村,并发挥社会团体、志愿服务等平台作用,让基层公众可以通过多种途径参与到水生态环境的监督保护中,依靠公众的力量,协助政府共同加强水生态环境的保护,从而形成全民参与的良好氛围。

关于绍兴市水利现代化建设若干问题的思考*

自2011年被水利部确定为水利现代化试点以来,绍兴市水利改革发展进入了全面提速期,开工建设了钦寸水库、上虞市世纪新丘围垦工程等一大批水利工程,在水生态环境整治、河道管理、水文化建设等方面迈出了积极步伐。但同时也要看到,目前绍兴市还存在水利建设力度不足、水利管理薄弱等问题,还需进一步创新水利发展理念。为进一步推进绍兴市水利现代化建设,笔者提出以下思考和建议:

一、防洪排涝方面,"两江"要强化风险管理,平原河网要做好科学调度及骨干排涝河道拓浚

受绍兴市独特地形所限,绍兴市防汛工作的重点:一是曹娥江、浦阳江"两江"的防洪;二是平原河网地区的排涝。

(一) 防洪上,继续做好应急管理,并实施风险管理

目前,我国各地防汛工作中还普遍存在"重政府轻社会、重应急轻风险、重技术轻管理"等问题,这些问题在绍兴市防汛工作中也或多或少的存在。从近几年对我省造成重大影响的洪水灾害来看,防汛工作仅仅依靠应急管理是远远不够的。国内外一些经验也表明,积极主动的预防和应对,有助于将洪水带来的损失减小到最低。建议绍兴市对防汛工作的思路予以适当调整,从目前主要依靠应急管理转变到应急管理和风险管理并重。

1. 编制洪水风险图

全面查清易发山洪灾害、易受洪水影响的区域,以区域或小流域为单元,编制防洪保护区不同量级的洪水风险图。在编制洪水风险图之后,开展洪水风险区划,确定高风险区、中风险区和低风险区的范围,引导洪水风险区土地的合理开发和经济社会发展的合理布局,使洪水风险图的管理制度化、常态化。

---

* 本文作者为赵春明、陈金木。

2. 加强应急预案动态管理

进一步完善全市防汛防台风应急预案，及时对预案进行修订完善，加强预案动态管理。重点做好滨海新城等人员聚集区和蓄滞洪区、大型水库等重点水利工程的防汛预案编制及演练。

3. 充分发挥基层防汛防台风体系作用

充分重视突发性小流域山洪灾害和局部地质灾害，加大基层防汛防台风体系投入力度，做好隐患点巡查、监测，做到隐患早发现、早排除，确保人员安全。

4. 引入市场机制，实现风险共担

鼓励和引导大型养殖户、农业合作组织、种植大户等有能力的单位或个人参加洪水商业保险，通过保险手段实现风险共担，增强抗御水旱灾害的能力。

5. 加强信息化建设

以国家防汛抗旱指挥系统二期工程建设为契机，进一步推进防汛信息化建设。

（二）在排涝上，做好平原河网水位控制及水量科学调度，加快排涝骨干河道畅通工程建设

由于绍兴平原地区平均海拔只有4—5米，百年一遇城市防洪圈已经闭合，只有确保绍兴平原骨干河道的畅通及汛前、汛中水量的科学调度，才能保障城市排涝安全。做好平原河网区域排涝，应突出一个“早”字，强调一个“快”字，特别是在风暴潮“三碰头”时，提前做好平原河网水量预排、预泄工作尤为重要。同时也需通过工程建设解决排得出的问题。

1. 加快河道拓浚工程建设，打通排涝泄洪要道

目前，外官塘、菖蒲溇直江等局部河段阻水严重，成为城区行洪排涝的瓶颈。例如，在2012年“6・18”洪水中，作为新三江闸主要配套排涝河道的外官塘，抬高洪水位0.42米，菖蒲溇直江抬高洪水位约1.0米，是造成城区部分区域被淹的最主要因素。为此，需抓紧新三江闸排涝配套河道外官塘、菖蒲溇直江等拓浚工程建设，柯桥区需继续加快推进快速排涝河道工程建设，城市行政区域调整后，下一步发展的重点肯定是市区整体协调发展，因此，区和区交界处排涝工程的建设也应提前谋划。

2. 实行水量控制与水位控制相结合，做好平原河网科学调度

科学做好平原河网水量调度，是防范区域涝灾最有效的手段之一。如果能算清平原河网这“一汪水”有多少蓄水量，准确预判降雨量，并算清水闸在

不同降雨频率下所能排出的水量,就能大体算出需要事先排出的水量,从而避免涝灾的发生。为此可实行水量控制与水位控制相结合,做好汛期平原河网的科学调度。建议近期抓紧开展平原河网水量及承载能力调查,分析确定不同降雨频率下平原河网预排水量,确保降雨时主要区域不发生大的涝灾,发生雨情误判时预排水量不会对城区水环境造成大的影响;同时加强汛期会商,提高雨情水情的预判能力,为平原河网的预泄预排提供支撑。远期可结合水利信息化建设,逐渐实现平原水量控制与水位控制的常态化和制度化。

二、河湖管理方面,在清水工程建设中应用生态水利理念,并强化河湖水域管理

绍兴是江南水乡,河湖水域是保障区域防洪安全、生态安全的重要载体和支撑。目前,我局将清水工程建设和防汛工作并列作为立局之本,河湖水域管理是清水工程的重要抓手之一,但在河湖管理方面,还有许多薄弱环节有待进一步加强。建议在今后继续抓好清水工程的同时,强化河湖水域管理。

(一) 在清水工程建设中探索应用生态水利理念

从今年起,绍兴市清水工程建设已进入第三轮。从目前的实施情况看,本轮清水工程建设主要是对第二轮清水工程进行提升,任务主要还是引水活水、截污治污、清淤疏浚、综合整治四部分。值得注意的是,自从党的十八大提出生态文明概念之后,目前水利领域开始重视水生态文明建设,逐步形成了生态水利理念。为了进一步提升清水工程建设的内涵和品质,建议绍兴市在清水工程建设中可以探索应用生态水利理念。

1. 关于生态水利内涵的初步阐释

对于生态水利,目前国内尚无权威的提法和阐释。笔者认为,生态水利这一理念特别强调以下内涵:第一,由于水生态破坏最严重的地方在于城市河湖,因此生态水利特别重视城市的水利工作,其重点则是城市河湖的治理。第二,生态水利特别强调运用系统的眼光开展河湖综合整治,充分发挥河湖水域和水资源在防洪、生态、景观、休闲、文化等方面的综合功能。在这方面,国内已经有不少例子。例如,我省水利厅在审批项目时,就曾经将污水纳管、污水处理、湿地整治等项目纳入河湖整治项目中,由水利厅一并审批,这其实运用的就是生态水利的系统整治理念。又如,山西太原的汾河公园,也运用生态水利理念,在防洪工程建设中综合考虑景观、休闲、湿地等功能,从而将

防洪工程变成了生态防洪工程。

2. 清水工程建设中应用生态水利理念的初步思考

在清水工程建设中如何应用生态水利理念,尚需要深入研究和探索。比如,在申请河湖整治项目时,可以考虑综合申请,将河湖周边的污水纳管、污水处理、湿地保护等项目一并作为建设的重要内容。又如,在设计时,可以考虑运用生态理念,因地制宜将原来简单的直线型河岸改变为曲线形设计,以提升美观功能等。

(二) 强化河湖水域管理

河湖水域对维护河湖健康,确保防洪、生态安全具有重要意义,对具有"东方威尼斯"这块金字招牌的绍兴来说更是如此。近年来,随着经济社会发展,各行各业对土地的需求不断加大,更有一些行业将目光转向具有较大升值空间的湖边河边土地,与这种高涨的冲动相比,我们对河湖水域管理明显是不足的。随着绍兴大城市时期的到来和滨海新城的建设,曹娥江两岸将成为绍兴市经济建设的又一片热土,其河道管理工作尤其需要引起重视。为此我们需要深入研究,探索新形势下河湖水域管理的新思路。

1. 落实管护主体和经费,解决没人管、没钱管的问题

河湖管理更多属于社会管理的范畴,仅仅依靠水利部门是不够的,还需要发动社会力量。鉴于骨干河道的管理相对较好,而与居民生活关系更为密切的小河道管理问题较为突出,目前绍兴市正在开展的"河长制"和"网格化"管理,是积极发动社会力量的有益探索之一,需及时总结取得的经验,在全市范围推广;对于面广、量多的沟、溇等小河道,可借鉴物业管理模式,探索通过政府购买服务的形式加强河湖管理。市水利局要加强对各管理单位的考核,研究以奖代补等政策,对考核优秀的单位予以奖励。强化河道属地管理,对于管理相对薄弱的新城和开发区,要明确管委会主要负责人是区域内骨干河道管理第一责任人。推动政府逐步将河湖管护经费纳入财政预算,落实管护经费。

2. 加快河湖整治

我局的经验表明,河湖整治到哪,有效的管理才能跟到哪。为此,建议编制河湖整治长期规划,并按规划有计划、有步骤的推进,努力做到"一张蓝图绘到底,一任接着一任干"。在规划编制中需按照防洪排涝、水资源供需、水环境容量、生态功能需求,研究确定不同地区合理的水面率、河道保护等级及保护范围,划定河道范围蓝线,并强化规划约束作用。

3. 加大河道执法力度

一是严格规范和控制占用水域的行为。通过规范涉水工程审批程序,严格执行涉水工程的水域占用平衡制度、防洪影响评价等,加强对占用水域行为的管理。二是联合公安、国土、城管等部门开展河道管理范围内建设项目执法检查,加大对违法侵占河道岸线行为的打击力度。三是创新执法方式。借鉴土地利用遥感卫星等"天眼"以及道路利用摄像头进行监测的办法,在河湖管理中尽快改变人盯人的传统管理方式,充分利用物联网等新技术,提高管理效率。近期可以考虑在鉴湖、环城河等主要通航河道布设一定数量的摄像头,对河道情况进行实时监测,这样不仅可以提高管理效率,还可以解决涉河违法事件取证难的问题。

三、水资源管理方面,提前谋划曹娥江流域水资源统一调度,探索加强流域水资源综合管理

与以往处处是青山绿水的江南水乡相比,绍兴市既是一个资源性缺水城市,也是一个水质性缺水城市。根据多年统计,曹娥江流域人均水资源量为1 327 立方米,只有全国平均水平的61.4%,比杭州、宁波等周边城市都低。近年来,绍兴市加大了对曹娥江水环境整治力度,水质有了明显改善,但是部分河段水质还是不容乐观。多年的《绍兴市水资源公报》也表明:曹娥江流域水资源开发利用量呈上升趋势,水资源短缺已经露出苗头。特别是随着行政区域的调整、浙东引水工程建成通水、钦寸水库开工建设等,绍兴市水资源管理工作面临新的挑战。根据现代管理学的理念,现代化城市必须建立统一管理的道路网、电力网、水网和信息网四大网络,水网是至关重要的一环,也是目前绍兴市最为薄弱的一环。为此一方面要做好水资源配置工程建设,另一方面还需提前谋划曹娥江流域水资源的统一调度,探索加强流域水资源综合管理。从《水法》上看,对流域水资源实行统一调度,也是《水法》赋予水利部门的重要职责,因此开展曹娥江水资源统一调度也是依法行政的重要内容。

从曹娥江实际情况出发,将来如果开展流域水资源统一调度,需着重研究处理好以下几对关系:

1. 水量分配和水量调度的关系

根据《水法》第46 条的规定,水行政主管部门开展水量统一调度,最主要的依据是经批准的水量分配方案。为此,为了给将来曹娥江水资源统一调度提供支撑,近期可考虑着手推进曹娥江流域水量分配工作。从落实规划的角

度上看，开展曹娥江水量分配也是落实曹娥江流域综合规划及绍兴市水利现代化规划的重要内容。

2. 本流域用水与流域外调水的关系

伴随着浙东引水工程的推进，曹娥江水资源除了本流域用水之外，还承担着向外流域供水的重要任务。曹娥江的外流域供水，主要有两部分：一是汤浦水库在承担绍虞平原162万居民生活和生产用水的同时，还承担着每年向慈溪供水7 000万立方米的任务；二是钦寸水库建成后，每年将向宁波供水1.3亿立方米。二者合计将占曹娥江水资源可利用量的10.2%。因此，在将来开展曹娥江水资源统一调度时，尚需要提前考虑本流域用水与流域外调水的关系，尽可能实现二者利益的平衡和协调。其中的关键，则在于需要通过区域协商，确立在应急调水时本流域用水优先的原则。

3. 水量调度与电力调度的关系

目前曹娥江流域除了大量小水电站之外，长昭水库等大中型水库也多数担任着发电任务。在将来开展曹娥江流域水资源统一调度时，还需要进一步处理好水量调度与电力调度的关系。从水量调度的一般原则上看，为了保障供水安全和生态安全，电力调度应当服从水量调度。但是要让具有私人利益性质的电力调度服从水量调度，尚面临如何落实的问题。

四、信息化建设方面，打造样板工程，引领全市水利现代化建设

绍兴是著名的东方水城，绍北平原域内河网密布，水情较为复杂，治水任务也较为繁重，江河管理难度较大。长期实践表明，完全依靠工程措施，而不注重现代化管理手段，难以有效解决当前复杂的水问题。在水利现代化建设中，水利信息化建设最容易出亮点、最能直接体现管理水平，同时也具有明显的带动效应。如嘉善县在信息化建设中，通过水雨情监测预报、闸站综合自动化控制、圩区信息化管理等多种应用，实现了水雨情实时"智能预警"、闸站可视化"智能调度"、圩区信息化"智能管理"，水利工程管理水平明显提高。绍兴市在水利信息化建设的某些方面，与省内先进地区相比存在一定差距。为此，我们有必要加快步伐，在有条件的地区开展多类型信息化样板工程建设，以此引领全市水利信息化建设。结合绍兴市实际，建议近期重点打造好以下信息化样板工程。

（一）平原水网智能调度工程

近期，以水利普查数据为基础，以三防信息化系统为平台，将市区各闸

站、曹娥江大闸、重点水位站、引水工程等进行有机整合,开展重点水利工程统一调度信息化示范工程建设。远期,可借鉴高速公路网全程监视可视化管理经验,实现市区主要河道及重点水利工程自动化管理。

(二) 山洪灾害智能预警工程

在新昌、嵊州等易受山洪灾害影响的地区建立县级监测预报、预警信息共享平台,实现气象、水利、国土资源部门实时共享信息,实现雨情、水情等基础信息的实时入库、自动分析、动态监测、在线查询、在线监控、在线预警发布等功能。

(三) 水文监测智能工程

结合目前正在开展的中小河流治理重点县建设,在已有监测系统的基础上,新增建设一定数量的水文站、水位站、水文信息中心站、水文巡测基地,对原有水文监测站点进行升级改造,实现重点中小河流监测全覆盖,提高中小河流水文监测和预警的能力。

五、水利工程管理方面,推进大型工程管养分离,探索小型工程管理新模式

近两年,绍兴市水利工程建设投资以每年10%的速度递增,而在水利工程管理方面的投资增长幅度却不大,水利工程管理成为绍兴市水利工作的薄弱环节。尤其是大量面广、分散的小型水利工程,还存在着"政府管不到,集体管不好,农民管不了"的问题。在目前的管理水平下,水利工程的管理仅仅依靠水利部门是办不到的,也是办不好的,每个工程都成立一个管理单位又不现实。为此水利工程管理还需探索引入市场机制,充分调动社会力量。

(一) 推进大型水利工程管养分离

目前大型水利工程管理中还存在着人员冗余、管理效率低下的问题,对此可探索推进水利工程管养分离,培育维修养护市场,引入竞争机制,推进水利工程维修养护的市场化、集约化、专业化和社会化,从而解决人员冗余、管理效率低下的问题。对于水利工程的管养分离,可以考虑通过以下步骤,循序渐进地推进:

1. 对水管单位人员实行分类管理

将现有管护人员分成管理队伍和维修养护队伍,并进行分类管理。

2. 对维修养护队伍进行企业化运作

在水管单位内部成立维修养护企业,对维修养护队伍实行企业化管理。

3. 推动水管单位与养护企业脱钩

初期原有维修养护工作可通过委托形式给养护企业管理,保证划分出来的企业人员收入不降低。

4. 将养护企业培养成独立的市场主体

加强企业能力建设,鼓励企业积极开拓市场,待时机成熟时将企业完全推向市场,最终实现大型水利工程的管养分离、市场化运作。同时,对于新建水利工程可以考虑只成立管理主体,维修养护业务则通过政府购买服务的形式,通过公开招标确定维修养护队伍。

(二)小型水利工程管理

农村小型水利工程还面临着两方面压力:一方面,是全市部分农村水利设施建设滞后,需要进一步加大投资力度;另一方面,是大量小型水利工程年久失修,需要加强管理。为此我们需要:

1. 继续加大对农村小型水利工程的投入力度

目前全市用于农田水利建设的资金大约占全市水利总投入的30%,这部分资金大部分来自县、乡(街道)财政,在农田水利方面,与省内其他地区相比,绍兴市争取到的省级以上资金补助排倒数第三,因此我们还需要利用现有小农水重点县、中小河流整治试点县等资金补助渠道积极争取上级部门的资金支持。

2. 明确小型水利工程的管护主体

对于新建工程、建后形成的小型水利资产要及时移交给有关单位和个人,向他们颁发产权或使用权证书,采取专业管护、拍卖经营、个人承包等形式,以便形成切实有效、适合当地社会情况和不同工程类型的运行管护模式。对于原有水利工程要进行确权划界,明确其责任主体,推进新昌、嵊州探索“以大代小,小小联合”的试点工作,并及时总结经验,成熟一批推广一批。

3. 引入市场机制

探索通过政府购买服务的方式,借鉴物业管理的模式,借助社会力量提供的巡查、管理、维修等服务。

贯彻落实中央一号文件背景下加入 GPA 面临的挑战*

中国正在开展加入 WTO《政府采购协议》(GPA)谈判,目前参加方对我国加入 GPA 已经政治化,谈判进程很难控制,谈判形势极其严峻。2011 年,中共中央、国务院发布了《关于加快水利改革发展的决定》(以下称一号文件),对未来一段时期内水利的改革发展作了全面部署,并明确提出要"加大公共财政对水利的投入""力争今后 10 年全社会水利年平均投入比 2010 年高出一倍"。在贯彻落实中央一号文件的背景下,当前水利等行业加入 GPA 的问题,将面临着更大的挑战。作为 GPA 谈判应对工作的工程组牵头单位,水利部提出的 GPA 谈判应对方案在国家对外出价中获得了充分应用,我们研究提出的成果获得了财政部的高度评价。本文站在贯彻落实中央一号文件的角度,结合目前我国的国情、社情,分析我国加入 GPA 面临的挑战。

一、GPA 谈判概要

(一) GPA 概述

WTO《政府采购协议》(GPA)是 WTO 框架下的诸边协议,目的是促进参加方开放政府采购市场,扩大国际贸易。GPA 谈判的关键内容有两个方面:一是出价谈判,包括采购实体(中央实体、次中央实体、其他实体)、采购项目(货物、服务、工程)、门槛价及总备注方面的谈判;二是法律谈判,即根据 GPA 规则调整国内政府采购和招标、投标方面的法律、法规。

(二) 我国加入 GPA 谈判进展

我国在加入 WTO 时,参加方就要求我国一并开放政府采购市场。当时我国顶住压力,未将加入 GPA 纳入谈判内容,但承诺我国在加入 WTO 后将尽快启动加入 GPA 谈判。

---

* 本文作者为王晓娟、陈金木。原文首次印发在水利部发展研究中心《参阅报告》第 215 期(2011 年 11 月 15 日);公开发表在《水利发展研究》2011 年第 7 期。

我国是重承诺、守信用的国家,按照承诺,我国已经于2007年12月底向WTO提交了加入GPA申请,正式启动了加入GPA谈判,并提交了初步出价清单。此后,按照谈判程序,在2008年提交了《中国政府采购国情报告》,请参加方对中国政府采购法律体制进行审议;2009年提交了修改出价思路,明确了中国今后修改出价的路线图;2010年7月对初步出价作出了实质性改进。近期,我国政府承诺,将于2011年最后一次政府采购委员会会议前提交第三份出价。

(三)参加方对我国的要价

从目前的谈判进展上看,美国、欧盟等参加方虽然对我国加入GPA谈判的努力表示认可,同时也提出了非常高的要价。表现在:

1. 实体方面

要求我国将所有的中央政府实体和下属机构、所有的地方政府实体(包括地市级在内)和下属机构、所有从事公用事业的实体,以及为政府目的进行采购的所有国有企业和国家投资企业,都列为开放实体。对于水利行业,欧盟甚至明确提出,除了水利部机关之外,还应当开放长江水利委员会、黄河水利委员会、综合事业局、发展研究中心等31个水利部直属单位①,以及国务院三峡工程建设委员会、国务院南水北调工程建设委员会。此外,还要求我国开放长江三峡工程开发总公司、中国水利投资公司、中国水利水电建设集团公司、中国水电工程顾问集团公司等国有企业。

2. 项目方面

要求我国除了保留适当的例外项目之外,应当将所有的货物项目列入出价;要求我国将服务开放至参加方现有水平;并要求我国将全部工程列入出价。对水利行业而言,这不仅意味着办公用品、会议服务等通用货物、服务项目要开放,而且各种水利工程建设、工程勘察设计服务、水利机械设备等所有与政府投资有关的项目都要开放。

---

① 欧盟在其向中国的要价中,明确列举了以下31个单位:水利部长江水利委员会、水利部黄河水利委员会、水利部淮河水利委员会、水利部珠江水利委员会、水利部海河水利委员会、太湖流域管理局、水利部综合事业局、水利部水资源管理中心、水利部科技促进中心、水利部人才资源开发中心、水利部国际经济技术合作交流中心、水利部水利建设与管理总站、水利部水土保持检测中心、水利部沙棘开发管理中心(国际沙棘研究培训中心)、水利部展览音像制作中心、水利部水文局(水利信息中心)、水利部农村水电及电气化发展局(中心)、水利部水库移民开发局、水利部水利水电规划设计总院、水利部水利水电科学研究院、中国水利报社、中国水利水电出版社、水利部发展研究中心、中国灌溉排水中心、水利部机关服务中心、水利部预算执行中心、南京水利科学研究院、国际小水电中心、水利部三门峡疗养院、小浪底水利枢纽建设管理局。

3. 门槛价方面

要求中国将门槛价降至参加方的现有水平，即货物和服务门槛价为13万特别提款权（约等于130万元人民币），工程门槛价为500万特别提款权（约等于5 000万元人民币）。

4. 总备注方面

除了保留绝对必要和合理的例外条款之外，其他例外条款都应删除，而且要求取消享受发展中国家待遇的有关条款。

显而易见，目前各参加方向中国的要价，已经脱离了我国的基本国情，很多要价甚至比参加方的现有出价水平还要高。受制于我国特殊的国情和社情，如果按照参加方的要价来要求中国，中国将面临各种重大困难和制约。充分认识到这些困难和制约，并努力采取相应措施进行解决，已经成为当前加入GPA谈判应对工作的关键。

二、我国加入GPA谈判的宏观背景

分析我国加入GPA面临的挑战，首先应当充分了解我国加入GPA的宏观背景。从总体上看，GPA参加方都是发达国家或地区，而我国是世界上最大的发展中国家。我国与GPA参加方是在不同发展阶段、不同发展水平上启动谈判的。表现在：

（一）我国的总体经济水平低，区域经济发展严重不平衡

根据国际货币基金组织统计，2007年，我国人均国内生产总值仅为2 461美元，在181个国家和地区中位居第106位，仍为中下收入国家。远低于美国（人均约45 845美元，排名第11位）、英国（人均约45 575美元，排名第12位）、加拿大（人均约43 485美元，排名第14位）、法国（人均约41 511美元，排名第18位）、德国（人均约40 415美元，排名第19位）、日本（人均约34 312美元，排名第22位）、韩国（人均约19 751美元，排名第35位）等参加方水平，甚至比很多发展中国家水平还低。这一发展水平，决定了我国的体制、机制、制度、管理等很多方面与参加方是有很大差距的。

从各地区发展水平上看，2010年，当广东、江苏等东部发达省份GDP超过4万亿元人民币时，宁夏、青海等西部不发达省份的GDP却不足2 000亿元。在人均GDP上，2010年，上海、北京人均GDP已经超过7万元，天津、浙江、江苏等省份也已超过4万元，而甘肃人均GDP却只有12 882元，贵州甚至只有9 214元。区域经济发展严重不均衡，意味着各地在财政支出规模、支

出结构,以及产业竞争力水平、政府管理水平等方面都存在着极大差异。

(二) 经济运行机制从政府主导型转变为市场主导型,社会主义市场经济体制尚处于深化改革和不断完善之中

目前GPA参加方均属于市场经济发达的国家或地区,实行的是市场主导型的经济运行机制,政府机构少,公共机构职责非常明确,国有企业数量有限。其中,国有企业的建立、管理和经营一般依议会颁发的特别法进行,主要分布在邮政、铁路、水电、煤气、电力、通讯、港口、交通运输等公用事业领域,往往不以盈利为目的。从法律上看,参加方大部分公共机构和国有企业都具有公务法人性质,在某种意义上属于履行政府职能的机构,其活动内容和活动范围都受公法的要求和限制,议会、审计和社会公众往往对其进行严格的监督。在欧盟附件二出价中"受公法管辖的机构"以及附件三中的实体,主要就是指此类公共主体。

然而在我国,经济运行机制存在着特殊之处。从中华人民共和国成立以后至改革开放之前,一直实行的是计划经济,各种事业单位和国有企业均由政府所主导,在某种意义上都具有公共主体性质。经过三十多年的改革和发展,原先的政府主导型已经转变为市场主导型,政府通过多次的机构改革,已经基本退出经营领域。目前我国已经建立了社会主义市场经济体制,国有企业改革不断深化,事业单位改革正在推进。

在国有企业方面,目前我国数量庞大的国有企业,虽然不少企业在名称上看起来仍是公共主体,但已经市场化了,成为市场主体。从法律上看,目前的国有企业并未按照公法进行规范和约束,而是按照《公司法》《企业国有资产法》等市场经济法律进行规范和约束。大量的国有企业甚至已经实行了股份制改革。在很多行业的国有企业中,甚至外资也持有相当比例的股份。

在事业单位方面,我国政府正在推行事业单位改革,在对现有事业单位清理规范的基础上,按照社会功能,将事业单位划分为主要从事公益服务、主要承担行政职能和主要从事生产经营活动的三个类型。主要承担行政职能的,逐步转为行政机构或将其行政职能划归行政机构;主要从事生产经营活动的,逐步改制为企业;只有主要从事公益服务的事业单位继续保留在事业单位。因此,现在的事业单位在今后的机构性质尚不明确。

我国经济运行机制的特殊性,决定了我国不可能与参加方一样进行同样的出价。

(三) 企业竞争力弱,技术水平和管理水平较为落后

据我们了解,GPA参加方企业竞争力总体上是非常强的。虽然按照GPA

规则,参加方政府采购市场相互开放,但事实上,外国企业中标很难、很少。这从欧盟统计数据上就可以清晰地看出。2007 年,欧盟 GDP 总规模约为 124 345 亿欧元,当年政府采购总规模约为 20 880 亿欧元,占 GDP 比例为 16.79%;需要执行 GPA 规则的采购约为 2 920 亿欧元,占 GDP 比例约为 2.35%。但在这 2 920 亿欧元的采购中,大部分由欧盟成员国的供应商获得,外国企业仅获得约 120 亿欧元。而在这 120 亿欧元中,美国又获得了约 87 亿欧元,其他国家只获得约 33 亿欧元,份额极低。这明显反映出了欧盟企业极强的竞争力。

而我国企业的总体竞争力是很弱的。目前我国人口数量全球第一,已经达到了 13.4 亿,存在着大量的中小企业,而且以劳动密集型企业为主,企业竞争力与欧美发达国家相比,存在着很大差距。突出表现在:目前我国企业缺乏核心技术,缺少知名品牌,我国产品的增加值率只有日本的 4.37%、美国的 4.38%、德国的 5.56%。也就是说,虽然很多产品标注为中国制造,但研发设计、关键部件和市场营销都在国外,只有加工、封装等劳动力密集型环节在中国。中国出口商品中 90% 是贴牌生产,每部手机售价的 20%、计算机售价的 30%、数控机床售价的 20%—40%,都要支付给国外专利持有者。我们在针对企业开展竞争力调查时,企业界普遍反映,同发达国家相比,我国企业在国际市场上缺乏竞争力,尤其是技术水平和管理水平,与发达国家企业差距很大。

我国企业竞争力弱,意味着我国加入 GPA、开放政府采购市场后,我国企业一方面在参加方市场中难以中标,难以有效增加参加方的市场份额;而另一方面,在中国市场中,原有的市场又很难守住,市场份额将大量流失。这也是目前企业界最为担心的。

(四)政府采购制度不健全,尚处于粗放的起步阶段

从政府采购制度上看,GPA 参加方的政府采购制度已经有 200 多年的历史,目前法律数目多且系统,法律制度极为健全,政府采购与 GPA 已经深入人心,其政府采购总额一般能占到 GDP 的 15%—20%。

但在我国,政府采购制度却刚刚起步,仅有十来年的历史;在法律层面上仅有《中华人民共和国政府采购法》(以下简称《政府采购法》)和《中华人民共和国招标投标法》(以下简称《招标投标法》)两部法律,法律制度尚不健全;政府采购还处于推广普及阶段,国内大部分人对 GPA 还仍很陌生,更谈不上 GPA 规则的执行问题;目前我国政府采购总额只占 GDP 不足 2%。因此,如果说 GPA 参加方政府采购制度处于成熟阶段,则中国尚属于粗放的起步阶段。

三、我国加入 GPA 谈判中面临的具体挑战

下面结合贯彻落实中央一号文件,分析我国加入 GPA 谈判面临的具体困难和挑战。事实上,这些困难和挑战在我国加入 GPA 谈判过程中是一直存在的,在下一步谈判中将面临着更大的挑战。

(一) GPA 专业知识制约

GPA 规则是开展 GPA 谈判和将来执行 GPA 的基本依据。我国要开展加入 GPA 谈判,首先需要了解 GPA 规则。了解 GPA 规则有两方面的含义:一是需要充分理解 GPA 条款含义;二是需要充分了解各参加方的现有出价水平。然而,这恰恰是我国所欠缺的。

以水利部的研究为例。我们是在 2006 年开始接受财政部委托开展 GPA 研究的。在刚开始接触 GPA 时,我们对 GPA 几乎是一无所知的。其中的原因主要在于,GPA 是国内政府采购制度向国际贸易领域的延伸,目前的 GPA 规则反映的是参加方、也是发达国家政府采购制度的现有做法,与中国的政府采购制度存在着重大差异。在这种情况下,我们试图寻找懂 GPA 的专业机构或者专业人才,却发现国内 GPA 方面的研究和相关的人才严重匮乏。为此,我们只能"摸着石头过河",自己开展研究。随着研究的深入,我们发现 GPA 规则与我国的《政府采购法》存在着重大区别。例如,GPA 对政府采购没有定义、对次中央和其他实体等基本要素缺乏界定标准,这就导致我国有关部门和地区对 GPA 的认识存在很多分歧等。又如,GPA 规则中的招标程序与我国《政府采购法》中的规定虽然有些类似,但也存在重大区别,如果按照 GPA 规则进行招标,到底对我们意味着什么,现在我们还无法评估。

除了 GPA 条款含义之外,更为困难的还在于,我们对各参加方的出价规模和出价水平是不了解的。尽管参加方的出价从表面上看是很清楚的,但是,由于我们对参加方的体制、机制和政策不了解,参加方有哪些实体是没有开放的,这些实体不开放的背景和原因到底是什么?等等,这样的问题,我们至今还不是特别清楚。

GPA 专业知识的匮乏,意味着我国在无法充分理解 GPA 规则,以及无法准确掌握参加方开放水平的情况下,也没有办法对加入 GPA 的影响进行充分评估,同时也难以按照对等原则,妥当地拿出一份与参加方开放水平相当的开放清单。

（二）基础信息制约

我国要开展加入 GPA 谈判，并给出具体的出价方案，就必须开展相关影响评估。然而，对加入 GPA 开展相关影响评估，会涉及经济社会方方面面，需要大量的基础信息和数据提供支撑，但这些基础信息和数据在各单位都是缺乏统计的，收集工作是非常困难的，有些数据至今我们也没有弄清楚。

例如，国内在进行政府采购统计时，是按照《政府采购法》的规定进行统计的，未将国有企业的采购、不使用财政性资金的采购，以及未纳入集中采购目录以内的或者采购限额标准以下的采购计算在内。这与 GPA 的做法存在重大差异。由此造成了在评估加入 GPA 的影响时，如果按照国内政府采购的统计数据进行评估，难以反映真实情况；而如果按照 GPA 的统计口径进行评估，不仅缺乏数据，也难以被各方认可。

又如，按照我国现有法律和政策，有相当规模的政府采购市场已经向外国企业开放。根据《政府采购法》第 10 条的规定，需要采购的货物、工程或者服务在中国境内无法获取或者无法以合理的商业条件获取的，为在中国境外使用而进行采购的，或者其他法律、行政法规另有规定的政府采购，可以向外国企业采购。究竟目前我国已经开放了多大规模的政府采购市场，开放之后的影响到底怎么样？等等，目前也缺乏具体的统计。

（三）法律体制制约

在为财政部准备出价方案的过程中，我们深切地感受到，要将工程纳入出价范围，面临着法律和体制方面的各种制约。

1.《政府采购法》管辖范围窄的制约

首先，按照《政府采购法》第 2 条的规定，各级国家机关、事业单位和团体组织只有使用财政性资金进行的采购才可能是政府采购。然而，实践中不少事业单位和团体组织在进行采购时，使用的却是非财政性资金，因此不属于政府采购，不受政府采购法管辖。其次，按照《政府采购法》第 86 条的规定，我国的军事采购不适用政府采购法，而适用军事采购方面的法规。由此可见，要将不使用财政性资金的单位，以及军事机关纳入出价，将面临着国内相关法律上的制约。

2. 中央与地方分级管理的行政管理体制制约

我国的地方政府采购虽然属于政府采购法适用范围，但我国实行分级管理的行政管理体制，地方实体是否纳入出价，应由地方政府决定。地方政府由于经济发展极不均衡，而且普遍不了解 GPA，做出决定需要一个较长的过程。

3. 政企分开的企业经营体制制约

我国的国有企业与 GPA 参加方的其他实体有很大不同。我国政府一直致力于国有企业的改革,根据市场经济的一般规律,转变政府职能和建立"产权明晰、权责明确、政企分开、管理科学"的现代企业制度。《中华人民共和国企业国有资产法》第 6 条规定:"国务院和地方人民政府应当按照政企分开、社会公共管理职能与国有资产出资人职能分开、不干预企业依法自主经营的原则,依法履行出资人职责。"我国国有企业是独立的市场主体,我国政府不干预企业的日常经营行为。截至目前,我国还没有专门针对企业采购的法律。我国政府也没有对企业,包括国有企业的采购进行统一规范。要将国有企业纳入出价范围,将面临着国有企业经营管理体制的制约。

4. 工程采购管理体制制约

这有三层含义:

(1) 对于我国的工程采购,除了《政府采购法》之外,还包括《招标投标法》。尽管《政府采购法》和《招标投标法》各自的规定是清晰的,但有关条款存在着重叠问题。突出表现之一是:公共工程同时受到这两部法律的约束,但在法律的具体适用和监督管理方面,两部法律衔接不够。《政府采购法》规定,工程进行招标投标的,适用招标投标法,但对不实行招标、投标的工程应执行哪部法律没有作出规定;对于适用招标、投标的工程,在执行《招标投标法》的同时,是否还需要执行政府采购法也没有作出规定。这一缺陷导致的现实结果是,公共工程虽然是《政府采购法》规范的对象,但实际上主要执行《招标投标法》,并没有被纳入政府采购管理的范畴。

(2) 根据《政府采购法》和国务院的有关规定,各级财政部门是负责政府采购监督管理的部门,依法履行对政府采购活动的监督管理职责;而根据《招标投标法》和国务院的有关规定,发展改革委员会负责指导和协调全国招投标工作。工业(含内贸)、水利、交通、铁道、民航、信息产业等行业和产业项目的招投标活动的监督执法,分别由各行业的行政主管部门负责。

(3) 按照我国的《招标投标法》,工程建设实行的是项目法人制、招标投标制、建设监理制和合同管理制。其中的项目法人制是指由依法设立的项目法人组织工程项目的前期准备、建设实施与管理。这些项目法人通常是具有独立法人资格和地位、对建设工程项目负有法定责任的企业或事业单位。

(四) 建设管理实践制约

在考虑工程行业出价的过程中,我们发现,除了法律体制因素之外,还直接面临着建设管理实践方面的制约。表现在:

1. 工程采购规模严重不对等

目前和未来相当长一段时期内,我国正处于全面建设小康社会的关键期,基础设施建设将迎来新一轮的大发展,工程采购量特别巨大,初步估计每年至少将超过5万亿元。在水利行业,尽管多年水利建设取得了辉煌的成就,但目前在农田水利建设、中小河流治理和小型水库除险加固、工程性缺水、防汛抗旱应急能力、农村饮水安全建设等方面还存在五大薄弱环节。按照中央一号文件精神,未来十年水利行业的投资总额将可能达到4万亿元。而大多数现有参加方已经完成了工业化进程,进入了“后工业化时代”,有些基础设施建设已经达到饱和,或者设置种种壁垒致使其他国家不能进入他们的市场,因而他们的工程采购市场容量已经很小。工程采购规模严重不对等,意味着我国不可能全面开放工程采购,而这又将给谈判带来严重的压力和挑战。

2. 受财政资金运转周期短等各种因素影响,工程建设难以有效执行GPA规则

在国家大量投资背景下,目前我国包括水利、交通、铁道在内的多个行业都面临着高强度开展工程建设的现状,工程量大、面广,涉及民生的水利等工程还面临着点多、线长、分散问题,施工周期紧。同时,按照我国目前的法律政策,当年的财政预算资金往往需要在当年完成支付。在这种情况下,工程采购以及工程建设过程中的各种货物、服务采购,往往难以按照GPA中规定的招标投标期限来完成(如投标截止期应不少于40天等)。这在客观上也制约了我国水利等工程行业的GPA出价。

(五)业界压力制约

国内企业基于多方面原因,如中小企业数量庞大、企业竞争力弱,难以到国外开拓市场,且国内原有市场将受外国企业挤占等,通过各种渠道呼吁,政府采购作为公共资金,应更多支持本国企业,并在谈判进程、开放范围等方面有诉求、有担心。加入GPA也是为企业服务的,需取得他们的支持,业界压力也在一定程度上制约了我国加入GPA的谈判。

四、结束语

我国是在多哈回合谈判停滞不前、金融危机席卷全球的背景下开展加入GPA谈判的。由于历时十年的多哈回合谈判几乎被搁置,被称为“第二WTO”的GPA成为目前唯一的全球性贸易谈判,我国则成为加入GPA谈判

中的重中之重。主要是因为我国政府采购规模大、商机多。在这种情况下，美国、欧盟等参加方积极通过各种途径推动我国加入 GPA 的进程。

客观上讲，我国加入 GPA 的谈判尽管面临着各种制约，但改革开放是我国的基本国策，加入 GPA 则是我国既定的战略部署。在这种情况下，更需要深入研究、科学制订谈判应对方案，尽可能减轻加入 GPA 对我国的冲击，并发挥加入 GPA 对我国所可能带来的积极作用。作为工程组牵头单位，水利部不仅需要充分考虑贯彻落实中央一号文件背景下的 GPA 谈判问题，而且需要站在国家角度，充分考虑整个工程行业的出价问题。任重道远。我们将继续根据国家的总体部署，积极开展研究，为加入 GPA 谈判应对提供应有的支撑作用。

湖南省加快水利改革试点的经验与启示*

湖南省是2011年中央一号文件后我部确定的加快水利改革试点省份之一,也是唯一一个将全面探索建立水利投入稳定增长机制、完善水资源管理体制、加快水利工程建设和管理体制改革、健全基层水利服务体系、推进水价改革五项改革任务作为试点的省份。按照水利部办公厅《关于开展加快水利改革试点评估的通知》,近期水利部发展研究中心组建第三方评估专家组,通过听取汇报、查看资料、现场考察、质询答疑、典型案例分析等方式,对湖南省加快水利改革试点进行了第三方评估。总的来看,湖南省较好地完成了试点任务,积累了不少好的经验。

一、试点方案确定的目标和任务基本完成

湖南省精心组织试点各项工作,成立了以省委书记为组长的水利改革发展工作领导小组,办公室设在省水利厅。省水利厅将水利改革作为头等大事,按攻坚年、全面推进年、收关年,分三个年度下达改革目标任务,每年以座谈会、工作推进会、督查汇报会等方式,对改革工作进行跟踪督办;将水利改革任务完成情况与部分水利项目和投资挂钩,为试点工作推进提供了有力保障。

经过三年多的探索和推进,《湖南省加快水利改革试点方案》(以下简称《试点方案》)确定的目标和各项改革任务基本完成。

(一)水资源管理体制改革方面

初步建立了湘江流域管理体制、机制,并发挥了积极作用,出台了《湖南省湘江保护条例》地方性法规,长株潭水务一体化深入推进,河道采砂专项整治达到了采砂船、砂石场、砂石尾堆大量减少的目标。

(二)水利投融资体制改革方面

公共财政进一步加大对水利的投入,水利建设基金和水利规费征收管理

---

* 本文作者为李晶、王晓娟、陈金木。原文首次印发在水利部发展研究中心《参阅报告》第408期(2015年7月16日);公开发表在《水利发展研究》2016年第1期。

制度逐步完善,水利投融资平台稳步发展,拓宽了水利融资渠道;“民办公助”“以奖代补”等多种新机制的建立和推广,为小农水发展注入了新活力。

(三)水利工程建设和管理体制改革方面

试行了总承包制和代建制,全面推行了中小型水利工程集中建设管理,推进了“规划引领、政策引导、村民自建、民主管理、政府验收”的小型农田水利建设管理新机制;水利建设市场信用信息平台和招投标管理得到强化;大中型水利工程管理体制改革得到深化;建立和实施了小型水库管护员制度,水利工程良性运行机制正逐步建立。

(四)基层水利服务体系方面

绝大部分县(市区)已按省级要求完成乡镇水利站建设任务,机构全面建立、职能划分明确、人员定编基本完成、人员经费基本落实;全省组建各类农民用水户协会3010处,在推进农民自主管理方面发挥着越来越大的作用。

(五)水价改革方面

长株潭地区城市水价改革基本完成,铁山、黄材、官庄、桐仁桥等灌区农业综合水价改革取得了成功经验,一些经验已在全国推广。

通过试点,影响湖南省水利改革发展的体制不顺、机制不适、制度不严等问题在一定程度上得到破解,为进一步深化水利改革、推动水利跨越式发展奠定了坚实的基础。

二、取得了不少好的经验

(一)多措并举,推进跨地市流域综合管理

推进流域综合管理是国内外流域管理的基本趋势,也是适应水资源流动性、统筹推进流域综合治理的内在需要。湖南省针对湘江水污染加剧和非法占用水域等问题,把推进湘江流域综合管理作为加快水利改革试点的重要内容,多措并举,切实加强了湘江流域管理,取得了明显效果。在此方面,湖南省的主要做法如下:

1. 创新流域管理体制

省政府成立了湘江保护协调管理委员会,由省长任主任,沿江八个地市和省直26个部门作为成员单位,办公室设在省水利厅。八市政府均参照成立了市级湘江保护协调议事机构。

2. 法规先行

出台了我国第一部江河流域保护的综合性地方性法规《湖南省湘江保护条例》,明确提出了实行流域综合管理模式,对流域水资源管理和保护、水污染防治、水域和岸线保护、生态保护等作出综合规定。

3. 加强规划统筹

制定实施了《湘江流域科学发展总体规划》《〈湖南省湘江保护条例〉实施方案》《湖南省湘江污染防治第一个"三年行动计划"实施方案》等,为流域管理提供规划支撑。

4. 开展专项整治行动

省水利厅开展湘江流域水行政专项执法活动,严厉打击流域内非法占用水域岸线、非法取水等涉水违法案件,有关部门和地方围绕矿区整治、湘江枢纽库区保护、水资源保护等开展了一系列行动。

5. 建立督查考核工作机制

省政府多次组成督查组,对沿江八市的湘江保护与治理工作进行现场督查,各市也开展了督查考核工作。

通过改革,湘江流域管理已初显成效。2014 年,湘江流域水质整体保持为优,42 个省控监测断面部分监测因子下降较明显。

(二) 搭建三个平台和实行红黑名单管理,加强水利建设市场监管

2011 年中央一号文件发布后,各地迎来了民生水利建设的新高潮。湖南省针对本轮民生水利建设具有点多、面广、分散的特点,就如何加强水利建设市场监管,规范水利工程建设管理等突出问题,出台了一批市场运行和监管的制度文件,搭建了三个平台,实行市场主体"红黑名单"管理,在水利建设市场监管方面取得了一定经验。

1. 搭建省水利建设市场信用信息平台

利用信用信息平台征集勘察、设计、施工、监理、质量检测、招标代理等市场主体单位信用档案并进行公示。截至 2014 年年底,湖南省水利建设市场信用信息平台已建立和公示 776 个各类市场主体信用档案,全部可提供社会查询,接受社会监督。

2. 搭建水利工程招标投标公共服务平台

将全省的水利工程建设项目招标投标工作全部按照属地原则和权限管理原则招标、投标,进入公共资源交易市场交易,2013 年 7 月 1 日—2014 年 10 月,进场交易额达 162.98 亿元。

3. 搭建水利工程建设项目远程视频监控系统平台

开发现代监控手段和完善传统检查模式,强化水行政主管部门的监管职责。开展"飞检",对市场主体行为进行飞行检查,对工程质量进行飞行检测,提高检查质量。

4. 建立守信激励和失信惩戒的"红黑名单"制度

将市场主体初始信用等级分为AAA、AA、A、BBB、CCC三等五级,作为水利建设投标资格预审和评标的重要依据之一,使守信者得到激励。先后查处市场主体违法违规行为30余起,在给予行政处罚的同时,对不良行为予以公告,使失信者受到惩戒。

(三)开展用水户协会星级评定并与小农水项目安排挂钩,探索建立"以管定建"的小农水建设新机制

小农水是基层水利建设的重点领域,也是基层水利服务体系建设的重要载体。针对小农水中普遍存在的重建轻管问题,湖南省长沙县大力开展用水户协会建设,并与小农水建设机制创新相结合,在逐步建立协会良性运行机制的同时,也推动建立了"以管定建"的小农水建设新机制,取得了明显的成效。其中,长沙县的主要做法是:

1. 推动用水户协会实体化

对协会管理的水利设施进行产权登记,定权发证,让协会成为"业主",对所辖资产进行管理、经营和收益。

2. 给予用水户协会投入支持

小农水资金、"民办公助"补助、"以奖代投资金"等优先对用水户协会投入。同时,引导农民筹劳筹资自主参与,充分调动农民群众参与建设和管理的积极性,形成协会自主组织、整合多方投入、政府投入引导的小农水建设和管理模式。

3. 开展用水户协会星级评定

由县水务局组织开展用水户协会星级考核,并实行动态管理,"星级"一年一评。实行星级评定结果与项目安排挂钩,协会当年星级的高低决定了下一年财政补助资金和小农水项目数量的多少,"星级"越高奖补越多。

通过改革,长沙县已逐步把用水户协会打造成农民自主科学管理小型农田水利工程、组织农民"一事一议"投工投劳、自主参与小农水建设的有效平台,而且创新了小农水建设新机制,促进小农水工程的高效建设和良性运行。

（四）发挥市场配置砂石资源的决定性作用，推进采砂的工厂化、智能化、园林化管理

河道砂石资源管理是水利管理的重点和难点之一，直接关系防洪安全、供水安全、航运安全、生态安全。试点过程中，湖南省高度重视采砂管理工作，提出“要像保护基本农田一样保护水面，像管理城市街道一样管理河道，像管理车辆一样管理采砂船只”，采取了一系列改革措施，取得了良好成效。其中，湖南省的主要做法是：

1. 理顺采砂管理体制

实行“政府主导、水利主管、部门配合”的采砂管理体制，各级人民政府成立由政府主要领导负责的领导小组，水行政主管部门负责组织编制河道采砂规划、河道采砂防洪影响评价、统一发放河道采砂许可证、组织河道砂石开采权的有偿出让、河道采砂统一监督管理，牵头组织考核考评；国土资源、交通运输和公安等部门在各自职责内负责河道采砂管理的有关工作。

2. 建立河道采砂规划约束机制

公布了四水干流和洞庭湖区禁采区名录，规范并设立了禁采标识牌，省政府批复了《湘资沅澧四水干流及洞庭湖河道采砂规划》，各市、县也按照河道管理权限逐条河流地制定采砂规划。

3. 发挥市场配置砂石资源的决定性作用

开展砂石资源有偿出让，以拍卖方式有偿出让采砂权。

4. 推进规范化砂场建设，实行采砂园林化、工厂化、智能化管理

省水利厅编制完成了《湖南省河道采砂智能监管系统建设方案》，加快推进省级河道采砂实时监控系统建设。

5. 健全法规制度

出台了《河道采砂管理试行办法》《河道采砂许可证发放管理试行办法》《河道砂石开采权有偿出让管理办法》《河道砂石资源有偿使用收入管理办法》等，初步建立了全省河道采砂管理制度体系。

通过改革，河道采砂管理取得显著成效，大幅度减少了非法采砂（淘金）船、砂场和尾堆数量，乱采乱挖、乱丢乱弃、乱堆乱建等“三乱”现象得到了有效遏制，促进了砂石资源的合理开发。

（五）综合运用水权、水价、水费等经济手段，探索建立“先费后水、节奖超罚”的农业水价综合改革模式

农业水价综合改革是深化水利改革的重点领域之一，也是促进农业节水、实现农田灌排工程良性运行和创新农村水利体制、机制的重中之重。在

试点过程中,长沙县桐仁桥灌区综合运用水权、水价、水费等经济手段,建立了"先费后水、节奖超罚"的水价形成新机制。值得推广借鉴。桐仁桥灌区农业水价综合改革的主要做法包括:

1. 定额为基础,确权到协会

按照204.6立方/亩的灌溉定额标准制订配水计划,在平均水利用系数为0.75的基础上,根据灌溉距离的远近,在上、下游支渠制定不同的水损标准,据此计算出每个用水户协会的基本水权。

2. 水费先预缴,管养有奖励

实行"先费后水"、预存水费制度,各用水户协会在每次灌溉之前,须将水费预交到灌区管理所水费专户,统一上缴财政。灌溉结束,灌区向县财政请款,将水费转为灌区维修维护资金划拨至管理所用于水费返还,水费中50%用于对协会基础水费返还,30%统筹用于各协会渠系维修养护,20%作为渠系日常维护到位、用水管理有序、水利用效率高的协会的奖励基金。

3. 超用加价罚,节约加价返

制定"多用加价"的阶梯水价办法,以支渠进水口为计量点,按支渠口配水定额统一折算,基本水权部分按0.04元/方收费,超出部分按每递增50方/亩加收0.01元,每递增100方/亩加收0.02元,依此类推。建立节约用水加价回收制度,节约基本水权部分按每递减50方/亩以上多返0.01元,每递减100方/亩以上多返0.02元,依此类推。

通过改革,桐仁桥灌区实现了水费到位、农民减负、节约用水的多重目的。2011年改革前,实行按亩收费,应收水费25.6万元,实收仅11.06万元。2012年改革后,实行按方收费,收取水费16.34万元,比2011年增收5.28万元,同时与原应收收费相比,为农民减负了8.86万元,农户水费支出减少3元/亩。同时,农业节约出的水,保障了从水库取水的白鹭湖供水公司的原水供应,并增加了水库下游河道补水,优化了水生态环境。

三、存在的薄弱环节和问题

受制于各种客观原因,湖南省水利改革尚存在一些薄弱环节,还不能完全适应水利发展面临的新形势要求,主要体现在:

(一)重建轻管问题仍较为普遍

受水利发展阶段以及思想认识所限,不少地方仍普遍存在着"重建轻管"现象,水利建设积极性高,却因维修无经费、产权不明晰、缺乏激励机制等方面的问题而疏于管理。目前水利工程的考核机制、维护经费补助机制尚未建立，大多数地方财政未设立水利工程维修养护专项资金，造成水利设施管护困难。此外，由于湖南水资源相对丰沛，一些地方干部群众认为没必要限制用水总量，节水意识淡薄，实行最严格水资源管理制度也存在不少困难。

(二) 水利建设中社会资本参与仍然较少

吸引社会资本参与水利建设是破解当前水利建设资金缺口的重要举措，但目前社会资本参与仍然较少。2013 年，湖南省水利项目新增银行贷款虽然有 20 多亿元，但包括银行贷款在内的社会资本所参与的水利工程建设，占水利建设总投资(164.2 亿元)的比重不足 13%。考虑到银行贷款不少是政府行为，单纯由企业和个人投资的水利建设所占比例更低。

(三) 水利建设与管理市场仍比较滞后

一是水利工程建设市场还不规范。在试点过程中，湖南省年年对招标、投标文件进行修改完善，但水利工程招投标中的围标、串标等违法违规现象仍时有发生，同时工程质量问题、套取建设资金问题、个别干部违规贪腐问题等不能从根本上杜绝。二是水利工程管理市场还未发育，水利工程管养分离、物业化管理仅在长沙等较发达地区存在，其他地区尚未有效推行。三是水权、水价、水市场尚未发展。目前水权交易缺乏市场需求，水权价值没有得到有效显现。大部分灌区农业水价综合改革尚未起步，农业水费拖欠和拒交现象仍十分严重。

(四) 基层水利服务体系仍缺乏后劲

虽然乡镇水利站基本实现了改革目标，但是多数地区的水利站在机构、人员、队伍素质方面，与要承担的乡镇水利建设、水利管理指导服务的职能还不相适应，试点方案提出的落实县水利局对乡镇水利站人员控制权、站长任命权、资产约束权大多未落实到位，尚需通过深化改革切实发挥乡镇水利站职能，防止有些地方借机裁撤已建立的水利站机构和人员，造成改革退步。

四、进一步深化改革的建议

(一) 进一步建立吸引社会资本参与水利建设的新机制

按照《关于鼓励和引导社会资本参与重大水利工程建设运营的实施意见》，加快建立吸引社会资本参与水利建设新机制。建立健全政府和社会资本合作(PPP)机制，鼓励社会资本以特许经营、参股控股等多种形式参与重大水利工程建设运营。对公益性较强、没有直接收益的河湖堤防整治等水利工程建设项目,可以通过与经营性较强的项目组合开发、按流域统一规划实施等方式,吸引社会资本参与。加快建立健全政府投资引导、财政补贴、价格机制、政策性金融、水权制度改革等优惠扶持措施,破解"玻璃门""弹簧门"等政策障碍,切实解决社会资本"不愿进"和"进不来"的问题。

(二)进一步培育水利建设与管理市场

进一步按照市场化改革方向,推进水利建设和管理体制改革,加快培育水利建设与管理市场,使市场在资源配置中起决定性作用和更好发挥政府作用。一是创新水利公共服务提供方式,明确划分政府与市场的事权责任。把市场主体自主决定、市场机制有效调节、社会组织自律管理的事项交给市场和社会,水行政主管部门回归政府行政管理本位。二是进一步推进水利工程建设管理的市场化,从规划、前期勘测设计到建设实施,均引入市场竞争机制,并规范市场运作,加强市场监管,促进水利工程建设管理的规范化和公开化。三是进一步推进管养分离,培育维修养护市场,引入竞争机制,推进水利工程维修养护的市场化、集约化、专业化和社会化。对于新建水利工程可以考虑只成立管理主体,维修养护业务则通过政府购买服务等形式,通过公开招标确定维修养护队伍。

(三)进一步推进农业水价综合改革

在桐仁桥灌区等地试点的基础上,进一步按照总体上不增加农民负担,又能促进农业节水、保障水利工程良性运行的目标,综合施策,加快推进农业水价综合改革。一是明晰灌区农户的用水权益,由县级以上地方人民政府或授权水行政主管部门,采取发放用水权属凭证、下达用水指标或按照行业用水定额测算用水量等多种方式进行确权。二是合理确定农业水价。科学核定农业供水成本,推动落实灌排工程运行维护费财政补助政策,从成本扣除财政补助部分确定最终水价,并将农村集体和农民合作组织的管理运行维护费纳入其中,实行终端水价制,使水价能够覆盖各项供水成本,满足工程运行维护需要。探索实行分类水价和超定额累进加价制度。三是建立农业用水精准补贴机制和节水奖励机制。利用超定额累进加价水费收入、地下水提价收入、财政安排的维修养护补助资金等渠道,建立节水奖励基金,采取回购水权、用水主体间转让水权、节水奖励等方式,对采取节水措施、调整生产模式促进农业节水的种粮大户、农民用水合作组织等进行奖补。四是配套供水计量设施和完善灌排工程体系。

（四）进一步提升基层水利管理和服务能力

在试点基础上，进一步健全乡镇水利机构，理顺管理体制，确保人员经费和公益性业务经费足额纳入县级财政预算。逐步加大省级乡镇水利站能力建设补助资金，推动市县相应建立水利站能力的建设专项资金，加大乡镇水利站建设投入。开展乡镇水利站标准化建设，配备必要的办公场所、技术装备、交通工具。结合农村水利项目建设，支持乡镇水利站提升服务能力。同时，依托小农水重点县、大中型灌区续建配套与节水改造等项目，加快建立农民用水户协会，推动农民用水户协会制度化、规范化建设。切实加强对农民用水户的培育和扶持，乡镇水利站对协会进行指导，对已经注册登记的贫困地区协会进行适当资金补助。

加快水利改革试点的经验与建议*

为贯彻落实《中共中央国务院关于加快水利改革发展的决定》和中央水利工作会议的精神，水利部于2011年在湖南省、浙江省、重庆市、甘肃省四个省、直辖市部署开展了加快水利改革试点工作。按照《水利部办公厅关于开展加快水利改革试点评估的通知》，2014年11月至2015年9月间，水利部发展研究中心组建了第三方评估专家组，在试点省市自评估的基础上，通过听取汇报、查看资料、现场考察、质询答疑、典型案例分析等方式，对四个试点省市进行了第三方评估。评估认为，四个试点省市按照水利部和各省（市）人民政府联合批复的试点方案要求，较好地完成了加快水利改革的重点任务，为推进建立水利投入稳定增长机制、完善水资源管理体制、加快水利工程建设和管理体制改革、健全基层水利服务体系以及水价改革，积累了经验、探寻了路径。评估梳理归纳出三类21条改革试点经验，这些经验符合2011年中央1号文件、中央水利工作会议的精神和党中央国务院关于全面深化改革的要求，有些可以在更大的范围推广，有些可以在有条件的地方推广，有些探索需要进一步深化。

一、较为成熟的可广泛复制推广的经验

这类改革在试点地区已经比较成熟，实施成本低，释放改革红利明显，可在更大范围上推广。

（一）建立水利投入稳定增长机制方面

1. 强化前期工作质量及进度管理，为承接大规模水利投入奠定基础

重庆市突出抓好前期工作，编制了全覆盖的水利发展规划；按照“建成一批，开工一批、储备一批、推进一批、论证一批”的总体要求，制定了前期工作目标任务；通过倒排时间节点和工作备忘录形式，明确时间节点和奖惩责任；足额落实前期工作经费，2012—2014年，共落实前期工作经费26.2亿元；

* 本文作者为李晶、王晓娟、陈金木、俞昊良、汪贻飞。原文发表于水利部发展研究中心《参阅报告》第435期、第436期（2016年1月14日）。

强化前期工作质量和进度管理，严格前期工作考核，为建立稳定增长机制和承接大规模水利投入奠定了坚实基础。重庆市2012年以来，全市累计完成2 032个、总投资510亿元的项目前期工作，有力承接了大规模水利投资。

2. 建立水利建设基金多渠道、足额增额计提机制

湖南省2011年出台实施了《湖南省水利建设基金筹集和使用管理办法》，明确水利建设基金的来源，除了从地方收取的政府性基金和行政事业性收费中提取3%以外，还包括从河道采砂权出让价款、政府出让矿产资源探矿权和采矿权取得的矿业权价款中提取3%，以及省级财政从中央对地方成品油价格和税费改革转移支付资金中划转3%等。2013年，湖南省水利建设基金共筹集23.03亿元，较2011年增长121%。重庆市修订了《重庆市水利建设基金筹集和使用管理办法》，水利建设基金征收范围扩大为：从除地方教育附加、教育费附加、煤炭价格调节基金以外的所有行政事业性收费和政府性基金中提取3%；市级从中央成品油价格和税费改革税收返还收入中每年定额提取5 300万元和从统筹城乡专项资金中每年定额提取5 000万元；有重点防洪和水源工程建设任务的区县从征收的城市维护建设税中划出15%。2014年，重庆市水利建设基金共筹集11.3亿元，较2011年增加9.4亿元。

3. 做大做强多层级水利投融资平台

湖南省成立了由省水利厅和财政厅共同出资的湖南水利发展投资有限公司，并打造了省、市、县（区）三级水利投融资平台。通过财政注入资金、金融机构贷款、土地储备、特许经营等方式，2014年，全省共融资91.54亿元。重庆市进一步整合市水投集团和市水务集团，组建了统筹城乡水务一体化的市水务资产经营公司，并通过授予特许经营权、配置优良资产、注入资金等措施，支持市水务资产经营公司上市、发行企业债券、中期票据等。重庆市还鼓励区县政府的融资主体公司直接或间接融资，加大对水利的投入。彭水等区县建立土地储备机制，赋予县水务投资公司土地储备职能，在城市规划区和集镇规划区储备一定数量的土地，用于水利融资。2012年以来，全市新成立区县融资主体公司15个，总数达到35个，全市共融资104.2亿元。水利投融资平台的做大做强，进一步丰富了水利建设资金的来源渠道。

4. 落实以“民办公助、先建后补、以奖代补”为核心的小型农田水利建设新机制

湖南省和重庆市积极探索引入社会资金，通过独资、合资、合作捐赠以及村民“一事一议”、筹资投劳等多种方式，参与农田灌溉、水土保持等小型农

田水利建设,充分发挥了财政资金撬动社会资金的杠杆作用,有效提高了群众参与农田水利建设的热情。重庆市2012—2014年共吸引社会资金投入农田水利建设48亿元。湖南省2010—2014年间"一事一议"财政奖补投入共26.19亿元,吸引社会投资109.47亿元,平均每1元补贴可带动群众4.18元水利投入。

(二)完善水资源管理体制方面——推进以跨地市综合管理为重点的流域管理体制改革

湖南省将过去以区域管理为主的湘江流域纳入流域综合管理,成立了由省长任主任、沿江地市有关部门作为成员单位参与的湘江保护协调管理委员会,出台了江河流域保护的综合性地方性法规《湖南省湘江保护条例》,制定实施了《湘江流域科学发展总体规划》等多个流域规划,并由省水利厅牵头开展湘江流域水行政专项执法活动,省政府及沿江各市将湘江保护和治理纳入政府效能考核。流域综合管理为湘江流域实现水资源"三条红线"管理、水资源统一调度和水生态文明建设奠定了坚实的基础。2014年,湘江流域水质整体保持为优,42个省控监测断面部分监测污染因子下降较明显。

(三)加快水利工程建设和管理体制改革方面

1. 推行中小型水利工程相对集中建设管理制度

浙江省对于中小型水利工程,推行一定范围和规模的相对集中的建设管理模式,通过组建和规范县级集中式项目法人,不仅发挥了融资平台的功能,而且较好地解决了以往水利工程建设管理分散、技术力量薄弱等问题。截至2014年11月底,全省已有65个县(市、区)共确立了68家相对集中式项目法人,覆盖了全省大部分有水利建设任务的区域。甘肃省将组建的水利建设管理站作为各县(市、区)水利工程建设的集中项目法人,主要负责本辖区内由县级及以下(包括乡镇)实施的小型公益性水利工程的建设管理。甘肃省共组建水利建设管理站94个,承接了大规模民生水利建设任务。

2. 建立多级覆盖的水利工程质量监督体系,实行工程质量"飞检"和动态检测制度

针对基层水利建设点多、面广、规模小的特点,浙江省在省、11个区(市)、80个县(市、区)建立质量与安全监督机构,建立了覆盖省、市、县三级的质监网络。工程监管实行了由质监机构对受检工程原材料、中间产品及工程质量进行随机抽检的"飞检"制。温州市建成了水利工程质量安全监管系统,实现在建水利工程质量安全实时信息查询、数据网上传输、现场质量安全

动态跟踪、数据整理存储等管理功能,实现由粗放型监管向精细化监管转变。湖南省制定了《湖南省水利工程建设飞行检查实施方案》,随机开展市场主体行为飞行检查和工程质量飞行检测。

3. 建立水利工程建设市场主体信用公开制度,健全准入、监管和退出机制

浙江省印发了《浙江省水利建设市场信息登记和发布管理办法(暂行)》,建立了水利建设市场信息平台对水利工程施工和监理企业信息、水利建设从业人员信息以及施工合同额在100万元以上、监理服务费合同额在20万元以上的在建项目及其主要管理人员信息的动态管理,并作为政府监管、社会监督的重要依据。湖南省搭建了水利建设市场监管“三个平台”:水利建设市场信用信息平台,对勘察、设计、施工、监理、质量检测、招标代理等市场主体信用档案进行公示;水利工程招标投标公共服务平台,将全省规模以上水利工程建设项目的招标投标全部按属地原则和权限管理进入公共资源交易市场交易;水利工程建设项目远程视频监控平台,应用现代视频监控手段,完善传统检查模式,强化水行政主管部门的监管职责。建立了市场主体信用“红黑名单”制度,并将其作为水利建设投标资格预审和评标的重要依据。甘肃省依托门户网站,设立了水利工程建设领域项目信息和市场主体信用信息公开共享专栏,集中公开水利工程建设项目信息和市场主体信用信息。各级水行政主管部门严格执行水利建设市场主体告知性备案制度,对市场主体进行定期、集中的综合性审查,对市场准入、招标投标、资质监管、评优评奖等水利建设市场进行监管。

(四)健全基层水利服务体系方面——完善水利服务站点、专业化服务队和农民用水户协会“三驾马车”

湖南省全省2230个乡镇已建立乡镇水利站2216个,明确乡镇水利站为公益性事业单位。岳阳市按照“有机构、有编制、有人员、有场地、有设备、有经费、有制度、有活动”的“八有”标准,对市内全部乡镇水利站进行了重新建设。长沙县通过小农水资金、“民办公助”补助、“以奖代补”资金等,对用水户协会给予项目投入支持,调动农民参加水利管理的积极性。

甘肃省全面推进县级水利工程建设管理站、县级水利工程质量监督与安全管理站、基层水利站、县级抗旱防汛服务队等“三站一队”建设,综合提升基层水利建管能力和水平。平凉市等地区还进一步增加了水保工程建设站和农村人饮工程管理站,将“三站一队”扩展为“五站一队”。在河西地区如酒泉、武威等地按照“一村一会”全面覆盖、中部地区按照“一村一组”全面组

建村社管水组织、水利合作社、农民用水者协会等多种形式的农民用水合作组织，夯实了基层水利建设管理和服务体系，较好地破解了水利建设管理和服务的“最后一公里”问题。

（五）推进水价改革方面——以总量控制为基础，建立“水权到户、节奖超罚”的农业水价改革模式

湖南省长沙县桐仁桥灌区以用水总量和灌溉定额为基础，确定灌区每个用水户协会的基本水权。基本水权部分按0.04元/立方米收费，超出部分按每递增50方/亩加收0.01元/立方米，节约基本水权部分按每递减50立方米/亩以上返还0.01元/立方米。2012年改革后，实行按方收费，水管单位收取水费16.34万元，比2011年增收5.28万元；与按定额收费相比，为农民减负了8.86万元，农户水费支出减少3元/亩。甘肃省河西自流灌溉区、中部提水灌溉区各市在确定农业初始水权总量的基础上，将水权逐级分配到流域、市、县、灌区、农民用水户协会甚至农户，配合完善地表水、地下水计量设施，推动定额累进加价和节水奖励，激发了农户主动节水的内生动力，调动了农户配合实施高效节水灌溉项目的积极性。如凉州区在明晰农业水权的基础上，实行有差别的水价：以综合灌溉定额340立方米/亩为基准，按照用水超定额“30%以下、31%至50%、50%以上”三级梯度，超额部分分别按标准水价的“150%、200%、300%”累进加价；并按照降低30%、31%—50%、50%以上的三级梯度，节约部分的水量分别按计量水费150%、200%、300%的标准予以奖励。用价格来体现水资源的稀缺程度，做到多用水多交费、少用水少交费、不用水给奖励。

（六）综合推进各项改革方面——以项目建设为载体融合推进各项改革，初步构建“项目搭台、改革唱戏”的水利改革新格局

甘肃省在水利工程建设管理体制改革过程中，考虑到水利工程建设与投融资的关联性，强力推进省水投公司组建，并以水投公司带动城乡水务工程建设，同时实现了投融资和工程建设管理的创新。在水权水价改革中，同步推进水权改革、水利工程产权改革、水价改革、基层水利服务体系建设，发挥了改革组合拳的综合作用。同时，注重以高效节水灌溉等项目建设为载体，将高效节水工程建设与水权、水价、节水量、土地流转、农业产业布局、农田节水措施、农村合作组织及小型水利工程产权制度改革相结合，为综合推进各项改革提供了重要支撑。

二、需要一定前提条件的可因地制宜复制推广的试点经验

(一) 建立水利投入稳定增长机制方面——以 PPP 等建设运营新模式吸引社会资本投入水利建设

重庆市合川、巴南、黔江等区县引入 BT 模式,由项目业主建设县城防洪护岸综合整治工程,建成后,使用沿河两岸土地出让金、房地产开发盈利和本级税收来进行回购。彭水、合川、荣昌等地探索 PPP 新模式,通过政府与社会投资人共同出资组建项目公司负责项目工程建设,同时政府授予社会投资人对该工程的一定期限的特许经营权,期间工程所有权、经营权和经营合理收益归社会投资人所有。对于投资大、建设周期长、运行收益低的工程,通过增加配置土地资源项目来平衡社会投资成本及合理收益。建设运营新模式的应用,不仅拓宽了融资渠道,降低了融资成本,也提升了财政资金使用效益,并且降低了政府承担的风险。

(二) 完善水资源管理体制方面——推进职能整合与城乡水务市场培育,建立城乡涉水事务一体化管理机制

为切实破解城乡分割、部门分割的传统水管理弊端,湖南省长沙市将原城管局、公共事业管理局承担的城市涉水事务整合划入水务局,积极推行"水利进城""排水下乡""供水向城郊延伸"等举措,统筹城乡供排水体系,并组建长沙水业集团,形成了"一平台、四板块"(即水务投融资平台、引水板块、供水板块、排水板块、水务建设板块)的发展格局。城乡水务一体化管理改变了"多龙治水"的格局,有效统筹考虑水的资源功能、环境功能、生态功能,实现了治水合力。

(三) 加快水利工程建设和管理体制改革方面

1. 发挥省水投公司的带动作用,加快推进全省城乡水务体系建设

甘肃省强力推进省水务投资有限责任公司(以下简称省水投公司)的组建,既创新了水利投融资模式,也为承接大规模水利建设奠定基础。针对市县水务建设项目投融资能力和建设管理能力不足的问题,省水投公司将水务一体化项目合作建设运营作为主要抓手,主动突破,快速推进,加强与市县政府合作,整合、盘活市县水利供水存量资产,推进水务一体化建设运营。2014 年下半年以来,省水投公司已经与兰州新区、天水市等 15 个市县(区)开展了水务一体化合作经营,正在与有合作意向的 20 多个县(区)积极开展水务一体化合作洽谈。在省水投公司的带动下,全省大规模开展城乡供水一体化建设运营的态势逐步形成。

2. 探索实施水利工程物业化管理，推进水利工程运行管理的专业化和市场化

浙江省借鉴房屋建筑物业管理的经验，探索实施水利工程物业化管理，由工程管理单位通过招投标或政府采购、委托等方式选定工程物业管理企业，由工程管理单位与物业管理企业按照管理合同的约定，对投入运行的工程及其附属配套设施、设备进行运行操作、检查观测和维修养护。截至2014年11月底，全省已有30个县(市、区)引入了专业化的水利工程维修养护企业。温州市出台了《温州市水利工程维修养护管理办法(试行)》，制定了水利工程物业化管理的技术标准和要求；成立了温州市水利局水利工程维修养护一级企业资格认定审查委员会，定期对申报的企业进行资格认定，已认定全市水利工程的维修养护一级企业23家；明确水利建设基金的30%用于公益性工程的运行维护管理，不足部分由当地财政预算安排；对准公益性工程，公益性部分管理经费由当地财政承担，经营性部分可按国家有关规定从经营收入中计提。温州市西向排洪工程实行物业管理后，人员和管理经费比按照定额测算分别可降低30%和40%左右。

(四) 健全基层水利服务体系方面——建立首席水利员制度和村级水利员队伍，推动基层水利队伍素质提高

浙江省从全省乡镇水利员中评选154名首席水利员，并通过研修班和培训的形式帮助首席水利员提高业务能力，让其负责开展乡镇一级水利服务活动，发挥好示范带头作用。同时，通过政府购买服务的方式组建村级水利队伍并招聘配备村级水利员，负责农村水利相关工作。“两级水利员”队伍进一步提高了基层水利服务能力，调动了农民自我管理的主体作用。

(五) 推进水价改革方面

1. 推动用水权初始分配和水权精细化管理，建立水资源要素对经济社会发展的倒逼机制

甘肃省将水权制度建设作为推进水价改革的关键环节，在张掖市、武威市、酒泉市等河西走廊地区结合相关流域治理规划的实施，积极探索了水权水市场建设。其中武威市不仅确权到位，而且交易活跃、管理精细，成效显著。以实施石羊河流域重点治理规划为契机，把用水总量作为刚性约束，逐级分配到县(区)、灌区、乡镇、协会、小组。凉州区、民勤县压减农业用水，节约生活用水，增加生态用水，保证工业用水，将水权总量逐级分配用水户，实行计划使用、节约归己、有偿转让。凉州区发放水权证17.95万份，民勤县发放5.89万份。推行水权年初预算、年终审计决算制度，通过凭卡供水、台账登记、轮次控制等，实现了水权精细化管理。建立水权交易中心，鼓励水权交

易,实现了水资源余缺调剂和二次优化配置。从效果上看,水权确权不仅为交易提供了前提,确权本身也建立了一种倒逼机制,对转变发展方式、调整产业结构、促进节约用水、提高水资源利用效率效益具有至关重要的作用。同时,确权也为实行基本水价、超定额累进加价、节水奖补等提供了基本依据。

2. 推行工程改造、水价改革与种植结构调整的"三位一体"

武威市民勤县、凉州区依托《石羊河流域重点治理规划》的实施,对灌区进行节水改造,套衬整修干支渠,配套建设支(斗)口计量设施,推广喷灌、滴灌、管灌等高效节水农业。张掖市高台县依托《黑河流域重点治理规划》的实施,优化渠系工程布局,实施渠系防渗与机电井配套改造。在推进工程改造过程中,各区县大幅度调整农业水价,其中凉州、民勤农业水价10年调整3次,地表水计量水价凉州由每立方米0.08元调整到0.2元,民勤由0.1元调整到0.24元,达到全成本水平。高台县地表水水价由每立方米0.1元调整到0.152元,计划2017年调整到成本水价0.23元;地下水由不征收水费调整到每立方米0.1元,并在全县执行。各区县水费实收率达100%。在水价调整过程中,各区县还大力支持调整种植结构,发展设施农业与特色林果业,大幅度提高了农民收入及其水价的承受能力。凉州区发展设施农牧业27万亩、特色林果业76万亩,占全区耕地面积的71%。民勤县发展设施农牧业13万亩、户均2.36亩,发展特色林果业47万亩、人均2.01亩。

3. 探索实行区域内生活用水同源、同质、同价,推进城乡基层水利公共服务均等化

甘肃省庄浪县统筹规划,先后建成了南部山区、中部山区、北部山区、洛水北调等九大人饮工程和县城供水水源输水工程,有效解决了全县城乡居民的吃水问题,农村自来水通村率达到100%。同时,对全县的农村人饮水价统一核算,核定基本用水量,农户月基本用水量为2.5立方米,水费标准按4元/立方米计收,超过部分按4.5元立方米计收。综合计算,供水水价由原平均3.4元/立方米调到4元/立方米,解决了大多数农村群众付费不公平、心理不平衡的问题,为水费应收尽收、工程良性运行打下了基础。

三、具有显著地区性的值得进一步探索的试点经验

(一) 加快水利工程建设和管理体制改革方面——农村水利工程产权制度改革与金融服务创新相结合,探索盘活农村水利工程资产

浙江省景宁畲族自治县按照"谁投资、谁受益、谁所有"的原则,由县人民政府向工程所在村村民委员会颁发水利工程产权证。同时,全县金融机构也加大对农村产权改革的支持力度,对抵押贷款实行优惠利率,村委会以产

权证作抵押，与县信用联社签订贷款合同，贷款100万元，年利率5%，资金用于村集体的水利工程建设；县财政对贷款按基准利率给予不低于50%的贴息。截至2014年年底，已颁发了12本农村水利工程产权证，其中山塘11本、河道堤防1本，达成了3笔贷款意向。

（二）健全基层水利服务体系方面——探索用水合作组织实体化，进一步充实农民用水合作组织功能

湖南省长沙县对用水者协会管理的水利设施进行产权登记，定权发证，让协会成为“业主”，对所辖资产进行管理、经营和收益。同时开展用水户协会星级评定，由县水务局组织开展用水户协会星级考核，并实行动态管理，“星级”一年一评。实行星级评定结果与项目安排挂钩，以当年星级的高低决定下一年财政补助资金和小农水项目数量的多少，“星级”越高奖补越多。通过改革，长沙县已逐步把用水户协会打造成农民自主管理小型农田水利工程、组织农民“一事一议”投工投劳、自主参与小农水建设的有效平台。甘肃省民勤县借助小型水利工程产权改革，将政府补助建设形成的小型农田水利设施资产交由用水专业合作社持有和管护，并在工商部门注册登记组建实体化的农民用水专业合作社。农民用水专业合作社不仅可以作为各类农田水利项目申报和实施主体，承担工程建设和管理；还可以进一步以清产核资确定的水利固定资产为抵押，通过贷款、租赁等方式进行融资和开展综合经营，利用经营利润反哺村级经济和农田水利工程建设管理。各典型地区水利改革试点经验见表1。

表1　加快水利改革试点经验分类表

试点经验成熟度及可推广范围	改革领域	具体改革事项	典型地区
一、较为成熟的可广泛复制推广的经验	（一）建立水利投入稳定增长机制	1. 强化前期工作质量及进度管理，为承接大规模水利投入奠定基础	重庆市
		2. 建立水利建设基金多渠道、足额增额计提机制	湖南省、重庆市
		3. 做大做强多层级水利投融资平台	湖南省、重庆市
		4. 落实以“民办公助、先建后补、以奖代补”为核心的小型农田水利建设新机制	湖南省、重庆市
	（二）完善水资源管理体制改革	5. 推进以跨地市综合管理为重点的流域管理体制改革	湖南省湘江流域

（续表）

试点经验成熟度及可推广范围	改革领域	具体改革事项	典型地区
	（三）加快水利工程建设和管理体制改革	6. 推行中小型水利工程相对集中建设管理制度	浙江省、甘肃省
		7. 建立多级覆盖的水利工程质量监督体系，实行工程质量“飞检”和动态检测制度	浙江省、湖南省
		8. 建立水利工程建设市场主体信用公开制度，健全准入、监管和退出机制	浙江省、湖南省、甘肃省
	（四）健全基层水利服务体系	9. 完善水利服务站点、专业化服务队和农民用水户协会“三驾马车”	湖南省、甘肃省
	（五）推进水价改革	10. 以总量控制为基础，建立“水权到户、节奖超罚”的农业水价改革模式	湖南省长沙县、甘肃省河西地区
	（六）综合推进各项改革	11. 以项目建设为载体融合推进各项改革，初步构建“项目搭台、改革唱戏”的水利改革新格局	甘肃省
二、需要一定前提条件的可因地制宜复制推广的经验	（一）建立水利投入稳定增长机制	12. 以PPP等建设运营新模式吸引社会资本投入水利建设	重庆市部分区县
	（二）完善水资源管理体制	13. 推进职能整合与城乡水务市场培育，建立城乡涉水事务一体化管理机制	湖南省长沙市
	（三）加快水利工程建设和管理体制改革	14. 发挥省水投公司的带动作用，加快推进全省城乡水务体系建设	甘肃省
		15. 探索实施水利工程物业化管理，推进水利工程运行管理的专业化和市场化	浙江省温州市等
	（四）健全基层水利服务体系	16. 建立首席水利员制度和村级水利员队伍，推动基层水利队伍素质提高	浙江省

（续表）

试点经验成熟度及可推广范围	改革领域	具体改革事项	典型地区
	（五）推进水价改革	17. 推动用水权初始分配和水权精细化管理，建立水资源要素对经济社会发展的倒逼机制	甘肃省武威市、张掖市
		18. 推行工程改造、水价改革与种植结构调整“三位一体”	甘肃省
		19. 探索实行区域内生活用水同源同质同价，推进城乡基层水利公共服务均等化	甘肃省庄浪县
三、具有显著特殊性的值得进一步探索的经验	（一）加快水利工程建设和管理体制改革	20. 农村水利工程产权制度改革与金融服务创新相结合，探索盘活农村水利工程资产	浙江省景宁畲族自治县
	（二）健全基层水利服务体系	21. 探索用水合作组织实体化，进一步充实农民用水合作组织功能	湖南省长沙县、甘肃省民勤县

四、存在的薄弱环节和对进一步深化改革的建议

受制于各种主客观原因，四省市水利改革尚存在一些薄弱环节，需要在试点期结束后进一步完善。

（一）存在的薄弱环节与问题

1. 水利工程重建轻管问题仍较为突出

多数试点地区仍处在大规模水利建设阶段，各级水利部门和相关企业对于水利建设积极性较高，却因重视不够、维修经费不足、产权不明晰及缺乏激励机制等问题，造成了工程运行管理和维修养护的相对滞后。这也限制了改革整体推进的可持续性。

2. 水利建设与管理市场的发育仍不够成熟

受经济社会发展水平和水利发展阶段所限，各试点地区虽然在水利改革中注重引入市场机制，但总体上看，水利建设与管理市场的发育仍不够成熟，市场机制发挥作用的空间和深度仍存在不足。一是水利工程建设市场尚待进一步培育和规范，从规划、勘测、设计到建设实施、运行管理均由水利系统相关单位组织实施的“一条龙”式建设管理模式尚未真正改变。二是水利工

程管理市场还很薄弱,水管单位在改革中仍更多地倾向于纳入财政编制和由财政供养,水利工程管养分离、物业化管理等市场化改革总体不足。

3. 社会资本参与水利建设仍然较少

水利工程具有较强的公益性,除中小水电、城市城镇供水、城市防洪工程等项目具有一定的经济效益外,其余项目因公益性较强、经济收益较差、短期内难以收回投资成本、偿债能力较差、信贷风险较高,难以吸引社会资本参与项目建设。试点评估过程中,重庆市有关负责同志介绍,观景口水库先后两次进行项目法人招标都以失败而告终,主要原因就是该工程承担的公益性部分较多,社会资本投资收益难保障,导致社会投资人积极性不高。

4. 基层水利服务体系仍缺乏后劲

基层水利单位客观上存在工作条件较为艰苦、工资和福利待遇较低、编制较难解决等问题,导致许多县级以下水利工程管理单位和乡镇水利站存在人才引不进、留不住的问题,专业技术人员缺乏、人员年龄老化、人才结构断层、综合素质参差不齐、技术力量薄弱,造成了服务功能难以充分发挥。

(二)对进一步深化改革的建议

1. 加强总结宣传,复制推广试点地区的成功做法和经验

可组织中央媒体对试点地区水利改革进行集中采访、报道,并在水利部网站开辟水利改革典型经验专栏,对试点地区及其他地方涌现的典型案例、首创做法、有益探索和新鲜经验,进一步提炼总结和宣传,促进改革经验的复制推广。

2. 进一步加强顶层设计,深化重点领域和关键环节的改革攻坚

目前对水权水市场建设、农业水价综合改革等的认识还不很统一,改革路径还不很清晰,各地在探索中还存在不少困难和制约,一些做法还面临于法无据的问题,需要进一步加强顶层设计,推动在国务院层面上出台政策文件,为深化水利改革提供依据。相关立法工作也要和水利改革相向而行,通过加快水法规制定和修改进程,确保水利改革在法治化轨道上运行。还要按照市场化改革精神,进一步创新机制,吸引社会资本参与水利建设,加快政府购买水利公共服务探索,加快水利建设与管理市场化、专业化、社会化改革,进一步加强基层水利服务体系建设,为水利可持续发展提供支撑。

3. 坚持先建机制、再建工程,促进建管并重

面对新一轮大规模水利建设,更加迫切需要高度重视建管并重,否则,建得越多、浪费越大、包袱越重。为此,各项水利建设都应当坚持先建机制、再建工程。在工程规划中,除了明确建设内容及其投资来源外,要更加突出机

制建设内容,明确改革和管理的经费来源,落实工程运行维护经费或明确运行维护经费渠道。在工程建成后,要强化运行管理,建立维修养护长效机制,确保工程“建得成、管得好、用得起、长受益”。

4. 开展水利综合改革试点,融合推进相关改革

水权、水价、投融资、基层水利、水利建设和管理等各项改革之间存在着紧密关联,这些改革背后的关键问题都是如何更多地发挥市场作用和更好地发挥政府作用。在推进改革的过程中,需要注重各项改革的统筹性、协调性和联动性。建议按照《水利部关于深化水利改革的指导意见》的要求,尽快开展水利综合改革试点,探索多项改革融合推进的路径和模式。例如,在灌区改革中,要注重水权、水价改革与基层水利服务体系建设等的关联,以明晰水权为基础,开展农业水价综合改革,并以健全的基层水利服务体系为保障。在水利投融资改革中,要注重水权、水价、吸引社会资本与创新水利建设管理等的关联,通过优先获得水权和工程特许经营权、合理制定水价、实行政府采购服务等方式,吸引社会资本参与水利建设。

深化水利改革工作的进展与建议*

党的十八届三中全会以来，水利部加大改革攻坚力度，经过两年多的探索实践，制定出台了一系列政策文件，开展了一批水利改革试点，在一些重点领域和关键环节取得了重要进展。各地也结合自身实际进行了探索创新，涌现了一批可复制、可推广的经验。本文分析了当前深化水利改革工作的进展、成效和存在的问题，有针对性地提出了相关对策建议。

一、当前水利改革的进展及其成效分析

（一）水利改革顶层设计不断完善

为落实中央改革决策部署，加快推进水利改革，水利部健全改革工作机制，开展改革总体部署，出台了一批重要政策文件，水利改革顶层设计不断完善。

1. 健全深化水利改革工作机制

成立了水利部深化水利改革领导小组，负责水利改革的总体设计、统筹协调、整体推进、督促落实。建立了深化水利改革年度任务跟踪台账、改革进展定期通报等机制，督促改革任务的具体落实。通过编发《水利改革动态》简报、在部网站开设“改革动态”栏目、举办多种形式座谈会等方式，搭建水利改革交流平台，宣传推广典型经验和案例。

2. 做好深化水利改革总体部署

依据《水利部关于深化水利改革的指导意见》，每年度结合最新改革形势，进一步制定当年深化水利改革工作要点，分解细化，形成年度改革重点任务。

3. 出台了一批重要政策文件

两年多来，水利部出台了20多项改革政策文件，明确了涉水行政审批、水利投融资、农业水价等重点领域和关键环节改革的推进路径和措施。在投

---

* 本文作者为陈金木、王俊杰。原文首次印发在水利部发展研究中心《参阅报告》第455期（2016年7月8日）；公开发表在《水利发展研究》2016年第9期。

资项目涉水行政审批制度改革方面,针对前置审批事项偏多、办理周期长、缺乏事中、事后监管等问题,出台了《水利部简化整合投资项目涉水行政审批实施办法(试行)》《水利部关于加强投资项目水利审批事中事后监管的通知》等,明确了改革的思路、步骤和相关配套措施。在创新水利投融资机制方面,与国家发展改革委员会、财政部联合出台了《关于鼓励和引导社会资本参与重大水利工程建设运营的实施意见》,明确了政府投资引导、财政补贴、价格机制、金融支持等措施,鼓励和引导社会资本参与重大水利工程的建设运营。在农业水价综合改革方面,推动国务院办公厅出台了《关于推进农业水价综合改革的意见》,对夯实农业水价改革基础、建立健全农业水价形成机制、建立精准补贴和节水奖励机制等进行了系列部署,提出用10年左右的时间基本完成农业水价综合改革,农田水利工程设施完善的地区要通过3—5年努力,率先实现改革目标。

(二)一些重点领域水利改革的成效逐步显现

《水利部关于深化水利改革的指导意见》明确了10个领域的改革任务,经过两年多的推进,阶段改革任务已经完成或基本完成,在涉水行政审批、水资源管理、水利投融资等领域,成效开始显现,为水利跨越式发展提供了重要支撑。

1. 涉水行政审批制度改革不断深入

一是对行政审批及中介服务事项实现大幅精简,将原有48项行政审批精简至22项,减幅达54%;非行政审批事项已全部取消;企业投资项目7项涉水前置审批全部调整为开工前审批,与项目核准实施并联办理,并分类整合为3类;将11项行政审批中介服务事项取消10项。二是审批流程得到改进,成立了水利部行政审批受理中心,统一受理部本级行政审批事项。截至2016年6月15日,已接收审批事项2 221件,办结1 919件;部署建设水利部行政审批在线监管平台,与国家投资项目在线审批监管平台实现“横向联通”。

2. 最严格水资源管理制度进一步健全

一是基本建立了覆盖省、市、县三级行政区的“三条红线”控制指标体系。二是严格用水定额管理,陆续发布实施了味精、白酒、柠檬酸制造等8项用水定额标准。三是建立了最严格水资源管理制度考核机制,先后完成了2013、2014年度考核工作,正在开展2015年度考核工作。四是加强规划和建设项目水资源论证,将城市新区、煤电基地开发、石化基地等规划水资源论证纳入规划审批程序,对超过区域用水总量控制指标的项目探索实行区域限批。

3. 水利投入稳定增长机制建设取得实效

一是公共财政水利投入规模进一步加大。“十二五”期间，全国水利建设总投资达到2万多亿元，是“十一五”的近3倍。2015年，中央水利投资规模达1 685亿元，同比增幅3.6%。二是金融支持水利力度不断加大。“十二五”末，国家开发银行、农业发展银行、农业银行大口径水利贷款余额超过9 000亿元，2015年实际发放水利贷款3 236亿元，同比增长41.4%。三是社会资本投入水利工程建设运营取得突破，国家层面的12个试点进展总体顺利，一些地方也开展了富有成效的探索。

4. 水利工程建设和管理体制更加完善

一是水利工程质量安全与市场监管不断加强。市级行政区已建立质量监督机构的占93%，有水利建设任务的县(区)建立质量监督机构的比例由2013年的36%提高到2015年的57%。大力推动水利建设项目进场交易。2015年，全国水利工程建设项目进场98.9%，进场交易额占95.8%。完善全国水利建设市场信用信息平台。2015年发布了4 800多家从业单位、45万名从业人员的信用信息，发布不良行为记录248条。二是水利工程管理体制改革不断深化。截至2015年年底，全国大中型水管单位两项经费落实率为84.1%，其中公益性人员基本支出落实率为91.8%，公益性工程维修养护经费落实率为76.9%。全国小型水库管理体制改革工作基本完成，其他小型水利工程管理体制改革也取得阶段性成效。

5. 基层水利服务体系逐步健全

一是全面完成了基层水利服务机构的建设任务，全国共建成基层水利服务机构2.93万个，现有人员13万多人，其中机构人员经费纳入县级财政预算的比例占88%。二是农民用水合作组织不断发展壮大，全国已成立农民用水合作组织8.34万个，管理灌溉面积2.84亿亩。三是基层水利队伍建设得到强化，实施了水利“三支一扶”工作，鼓励和引导高校应届毕业生到水利基层单位就业服务，2015年岗位实际招募数量比2014年增加了27%。

(三) 形成了一批可复制可推广的典型经验

当前，水利改革已经进入深水区，在一些重点领域和关键环节，“啃硬骨头”已经常态化。为了积极稳妥推进改革，水利部等部门针对水权、农业水价、吸引社会资本等改革任务，积极开展试点探索，积累了一批可复制、可推广的典型经验。一些地方也从实际出发，先行先试，取得了宝贵经验，有些经验已经在全国范围或条件具备的地区复制推广。

1. 一些地区积极开展水权改革,在确权和交易方面迈出实质步伐

水权确权方面,水利部在宁夏回族自治区、江西省、湖北省、甘肃省开展水权确权试点;河北省出台了《河北省水权确权登记办法》;80 个农业水价综合改革试点全部以水权证或正式文件的形式,将农业水权分配至用水户或农民用水合作组织。如甘肃省武威市在逐级分解细化水量指标的基础上,将农业水权最终分配到农户,实行计划使用、节约归己、有偿转让,其中凉州区发放水权证 17.95 万份,民勤县发放 5.89 万份。通过确权,不仅为水权交易提供了前提,更重要的是建立了一种倒逼机制,对转变发展方式、调整产业结构、促进节约用水、提高水资源利用效率效益具有至关重要的作用。在水权交易方面,水利部在内蒙古自治区、甘肃省、河南省、广东省等地开展水权交易试点,并在试点探索基础上出台了《水权交易管理暂行办法》,江西省、新疆维吾尔自治区等地也积极探索开展水权交易,出现了多种模式的交易探索。其中,河南省、江西省探索开展区域水权交易,河南省新密市与平顶山市签订了 2 200 万立方米的交易协议,江西省芦溪县政府与安源区政府、萍乡经济技术开发区管委会签订了山口岩水库 6 205 万立方米的交易协议,优化了区域水资源配置,提高了水资源利用效率。内蒙古自治区在原有的盟市内水权转让探索的基础上,深入推进巴彦淖尔和鄂尔多斯等盟市间水权转让,计划分三期,转让水量共 3.6 亿立方米,既解决了工业项目用水难题,也建立了吸引社会资本投资节水工程的机制。甘肃省武威市、新疆维吾尔自治区昌吉回族自治州等深入开展灌溉用水户水权交易,其中昌吉回族自治州玛纳斯县 2015 年转让水量 950 万立方米,建立了农户节约用水的内生动力机制,极大激励了用水户主动节水的积极性。在这些工作基础上,2016 年 6 月,中国水权交易所正式挂牌营业,为深入推进水权水市场建设提供了重要的支撑平台。

2. 80 个农业水价综合改革试点在定价机制、精准补贴等方面开展了卓有成效的探索,形成了一批有特色、可推广的改革样板

在定价机制方面,各试点地区普遍将农业水价调整到运行维护成本以上。云南省陆良县等地还进一步探索实行农业用水"协商定价",由农民用水专业合作社及农民进行沟通和协商,区分灌溉方式、作物类型实行差别水价,提高水价定价的自主性和灵活性。在精准补贴方面,江苏省宿豫区、湖南省长沙县分别把农民用水户、供水管理单位作为补贴对象,针对不同对象落实奖补资金,都较好解决了保障农民利益和维护工程良性运行的问题。在试点基础上,国务院办公厅于 2016 年 1 月出台了《关于推进农业水价综合改革的意见》,试点经验得到了推广。

3. 一些地区积极探索水利工程物业化管理，有力促进了水利工程管理的市场化改革

以浙江省温州市最为典型。在温州市，工程管理单位通过招投标或政府采购、委托等方式选定工程物业管理企业，由工程管理单位与物业管理企业按照管理合同的约定，对投入运行的工程及其附属配套设施、设备进行运行操作、检查观测和维修养护。为落实物业管理经费，温州市明确水利建设基金的30%用于公益性工程运行维护管理，不足部分由当地财政预算安排。通过物业化管理，不仅实现了管养分离，而且精简了管理人员，减少了管理费用，提高了管理效率。如温州市西向排洪工程实行物业管理后，人员和管理经费比按照定额测算，分别可降低30%和40%左右。

4. 一些地区因地制宜探索政府和社会资本合作(PPP)机制，创新了水利投融资机制

如陕西省、湖南省等地针对不同水利工程的类型和特点，设计社会资本参与方式，激发了社会资本参与水利建设的动力与活力。其中，陕西省南沟门水库从其以工业和城乡供水为主、综合效益较强的实际出发，以股权出让方式吸引社会资本参与，分别给陕西省延长石油投资公司和华能国际电力开发公司30%的股权，共吸引了82 536万元投资；湖南省莽山水库则从其以防洪和灌溉为主、经营性较弱的实际出发，采取枢纽工程和灌区工程运营管理分离的方式，将经营性较强的枢纽部分以特许经营方式吸引社会资本参与，并在工程投资、供水发电收益保障等方面予以政策优惠，较好解决了社会资本“不愿进”的问题。

5. 不少省份积极探索“河长制”，创新了河湖管护体制机制

如江苏省、浙江省、湖北省、江西省等地推行“河长制”“湖长制”等管理模式，将河流湖泊管护责任层层分解落实，由地方人民政府分管领导牵头担任“河长”“湖长”，组织有关部门抓好管护人员和经费落实，切实加强河湖管理与保护，有效提升了河湖生态环境面貌。浙江省、福建省聘请“百姓河长”主动参与治水，及时有效地向政府部门反馈河流信息，有效化解了信息迟缓和监管失灵，较好解决了治水监管的鞭长莫及的问题。福建省还进一步探索建立了“三条蓝线”制度，通过划定一定区域作为河流生态空间管制蓝线，蓝线内不得擅自建设与防洪、水文、交通、园林景观、取水、排水、排污管网无关的设施；通过划定饮用水水源地保护蓝线，确定水源保护区范围，严格饮用水水源地执法监管及环境状况评估；通过划定地下水警戒保护蓝线，确定各区域地下水允许开采量，明确可采区、限采区和禁采区。

二、当前水利改革面临的困难和问题

(一) 部分重大水利改革的路径仍不够清晰

特别是在水资源资产产权改革和推进流域综合管理方面,改革的路径还不是很明确,对改革的一些关键措施认识上还存在分歧,改革进展总体上还比较滞后。

1. 水资源资产产权改革路径尚不清晰

水资源是自然资源的重要组成,建立健全水资源资产产权制度是健全国家自然资源资产产权制度的重要内容,也是发挥市场配置资源决定性作用和更好发挥政府作用的关键举措。然而,水资源资产产权改革涉及水流产权确权、水资源资产价值评估、水资源资产管理体制改革等内容,需要对现行的以行政手段为主的水资源管理体制机制进行较大调整。受水资源的流动性、年际年内变化性、多功能性、利害双重性等特性,以及多数江河未编制水量分配方案、水资源监控能力不强等因素限制,要开展这些改革非常复杂,难度很大。加上国家有关部门也正在探索自然资源资产产权制度及管理体制改革,目前有关各方对于如何推进这些改革尚存在着不少争议,改革的路径和措施还不很清晰。

2. 流域综合管理的思路还不够明确

流域综合管理是适应水资源流域性、解决复杂水问题、并从流域层面完善现代水治理体系的必然要求。受各流域的区情水情差异很大,长期以来形成的区域水资源分割管理、部门分割管理以及中央地方水利事权划分不清等因素的限制,目前对于流域综合管理的内涵、任务等认识不一,推进流域综合管理还缺乏明确的思路和措施。

(二) 一些重大水利改革政策的落地较难

当前,一些重大水利改革虽然已经出台了顶层设计政策文件,明确了改革的方向和主要措施,但要真落地、有实效,仍面临着不少困难。这在吸引社会资本参与重大水利工程建设运营和农业水价综合改革方面表现得尤为明显。

1. 吸引社会资本参与水利建设运营面临着吸引力不足的难题,政策落地存在困难

《鼓励和引导社会资本参与重大水利工程建设运营的实施意见》提出了一系列优惠和扶持政策以及强化实施监管的相关措施。然而,由于水利公益

性强、投资周期长、回报率低,社会资本参与水利工程建设运营的意愿原本就不强;加上水价等相关配套改革和制度建设不到位,许多地方政府以往还存在信用透支问题,“合同是张纸,签完随时改”,导致社会资本有“三怕”顾虑(怕陷阱、怕违约、怕反复),进一步降低了其参与的积极性。一些地方水利部门对社会资本的稳定性信心不足,设置了各种繁琐的程序,无形中增加了社会资本进入的门槛,有的地方甚至已经出现了国有企业对社会资本的“挤出效应”。

2. 农业水价综合改革面临着改变固有观念、大幅增加财政补贴、弥补农田水利设施短板等难题,改革任务非常艰巨

国务院办公厅《关于推进农业水价综合改革的意见》明确了改革的目标和措施,但要真正落地,还存在不少制约。一是一些地方,特别是南方丰水地区,农业生产对灌溉依赖程度小,群众普遍缺乏水商品意识,形成了用水不交费的固有观念,要改变这种观念难度很大。二是在国家取消农业税、出台强农惠农政策措施的背景下,部分地方领导干部对合理提高农业水价有顾虑,担心提价会增加农民负担。而且大型灌区国有骨干工程水价调整审批权限在省级或市级物价部门,调整水价协调难度较大、调整周期长。三是实行精准补贴需要大幅增加财政投入但缺乏稳定资金渠道。特别是在宏观经济下行压力较大、政府财政增幅有限的背景下,要大量增加财政补贴难度很大。四是农田水利设施薄弱作为国家基础设施明显短板的局面尚未改变,末级渠系和小型灌区计量设施普遍缺乏,难以为农业水价综合改革提供有力支撑。

(三) 一些有关联的水利改革缺乏有效统筹

以水权、水价、吸引社会资本参与、水利工程建设管理体制等改革为例,这四项改革都与转变政府职能、发挥市场机制作用紧密相关,都要求减少政府对微观水利事务的干预,更大程度、更广范围上发挥市场配置资源的作用,丰富水利公共服务提供方式,且相互之间存在着紧密关联。如水权确权可以为实行基本水价、超定额累进加价、节水奖补等提供依据,提高水价可以增加社会资本盈利,进而吸引社会资本参与节水供水重大工程,吸引社会资本参与则将进一步倒逼水利工程建设管理和运行管理的市场化和规范化,理应相互协调、统筹推进。然而,从当前改革现状上看,这些改革进度不一,相互不够衔接,致使水利改革的综合功效尚未有效发挥。

三、相关建议

从总体上看,经过多年的改革探索,当前水利改革呈现出明显的阶段性

特征:一方面,多数领域的改革路径比较清晰,改革任务和措施也比较明确,进一步深化改革的重点在于结合实际、抓好落实;另一方面,少数领域的改革涉及现有利益关系的重大调整,仍处于啃硬骨头的探索阶段,需进一步在试点探索的基础上强化顶层设计。本文从水利改革的阶段性特征出发,结合当前深化水利改革面临的困难和问题,提出以下建议:

(一) 建立完善落地机制,推动各项改革措施落到实处

对于改革路径和改革任务措施较明确的水利工程建设与管理体制改革、农业水价改革、基层水利服务体系建设等领域,建立完善的改革落地机制,确保已经出台的各项改革措施落到实处。

1. 细化改革配套措施

针对改革举措落地过程中遇到的难题,要在加强调查研究的基础上,有针对性的细化改革配套措施,切实破解改革中的"肠梗阻"。如在吸引社会资本参与重大水利工程建设运营方面,要在已有政策措施的基础上,进一步优化项目参与方式,通过实行水利工程与相关增值土地产品的组合开发、由项目投资经营主体与用户协商定价等方式,切实提高项目盈利的可预期性。

2. 完善改革督办督察与责任追究机制

完善督办协调、督察落实、责任追究等工作机制,对改革落实情况进行监督检查和跟踪分析,对工作落实不力的,启动追责机制。

3. 开展水利改革第三方评估

我国各地区情、水情差异很大,水利改革政策出台后如何落实,需要第三方机构的评估、检查、督促和推动。可逐步将第三方评估作为推动水利改革落实的重要举措,由社会化专业力量作为第三方机构,对水利工程建设与管理体制以及农业水价等改革进行客观、公正、独立的调查评估,为进一步推动政策落实提供支撑。同时,为保证第三方评估的实效,也要加强对第三方评估制度体系的建设,规范第三方评估流程,建立政策过程的全流程信息数据库,确保第三方评估的顺利开展。

(二) 强化关键领域改革的顶层设计,做好相关改革的统筹

(1) 针对水资源资产产权改革、流域综合管理等缺乏顶层设计的改革事项,要加大试点探索力度,加快出台相应的改革方案,尽快明确改革推进路径。

(2) 注重水权、水价、吸引社会资本参与、水利工程建设与管理等改革事项的内在联系,加强整体谋划,加大重点问题的统筹,注重牵头单位和参加单

位的沟通协调,形成改革合力。

(3) 针对当前涉水行政审批制度改革、水权改革等需要突破现有法律法规的改革事项,要尽早开展立法、修法等工作。对于条件尚不成熟、需要先行先试的改革事项,要按照法定程序尽快取得授权,确保改革在法治的轨道上运行。

(三) 加强改革经验的宣传推广

通过召开重点改革新闻发布会和媒体通气会、组织专家解读等多种方式,加强水利改革政策文件的宣传,加大水利改革的社会影响力。同时还要注重及时宣传水利改革的典型案例、首创做法、有益探索和新鲜经验,并在条件具备的地区加以复制推广。

第四部分

案 例 评 析

行洪滩地植树该处罚谁?*

一、案情

2005 年 8 月 18 日,天津市蓟县下仓镇南赵各庄赵维光等 7 户村民来到市水利局,送来了一面绣有"心系百姓,为民造福"的锦旗。在村民的感谢声中。执法人员为我们讲述了下面的故事。

(一) 河道滩地冒出 8 500 余株树,村民植树有合同,责任应由村委会承担

2003 年 10 月 26 日,天津市蓟县水务局河道所水行政执法人员巡查时发现,有人在蓟运河左堤河滩地内种树。经调查得知,种树的是赵各庄村赵维光等 7 户村民。他们与村委会签订了《农业土地承包合同书》《退耕还林合同书》。双方约定,将蓟运河左堤南赵各庄村段河道滩地内 195 亩耕地,承包给这 7 户村民用于种植树木。

了解事实后,水行政执法人员告知 7 户村民,在河道滩地内种树是违法行为,必须立即停止种植。但是,赵维光等当事人认为,种树是响应政府退耕还林号召,而且与村委会签订了承包合同,一切责任应由村委会承担。随后,他们继续强行植树。

鉴于水行政执法人员多次制止无效,蓟县水务局依据《天津市河道管理条例》,将该案件以书面形式报告给了天津市水利局。请求立案查处。

(二) 市水利局立案查处

决定书:违法种植,限期清除

天津市水利局接到蓟县水务局立案申请后,要求县水务局进一步对涉嫌违法当事人进行调查取证,并将调查笔录及相关证据材料报送市水利局进行立案审查。2005 年 1 月 17 日,天津市水利局正式批准立案,依法向违法当事人赵维光等 7 户村民下达了《责令限期排除阻碍决定书》,告知其在河道滩地内种植的林木阻碍行洪,其行为违反了《中华人民共和国防洪法》(以下简称

---

* 本文作者为陈金木。原文发表在 2006 年 9 月 1 日《中国水利报》"人 · 水 · 法"栏目。案情提供:王永强、祁娜、张振。

《防洪法》)第 22 条第 3 款,依据第 56 条第 3 项的规定,责令其于 2005 年 1 月31 日前清除违法种植林木,排除阻碍。同时告知当事人有申请行政复议和提起行政诉讼的权利,如果逾期不履行该处理决定,又不申请行政复议,不提起行政诉讼,天津市水利局将申请人民法院强制执行。

(三)"官司"打到水利部,是水利局处罚对象错误、程序违法,还是申请人作为违法行为实施者,行政强制措施不适用《中华人民共和国行政处罚法》(以下简称《行政处罚法》)

赵维光等 7 户村民接到天津市水利局依法作出的《责令限期排除阻碍决定书》后,于 2005 年 3 月 21 日作为申请人向水利部正式申请行政复议,请求撤销市水利局作出的《责令限期排除阻碍决定书》。他们提出的撤销理由:一是行政处罚的对象错误。申请人在河道滩地内种植林木是履行政府发包的合同行为,村委会应是本案权利义务负担的主体。二是行政处罚的程序违法。天津市水利局在作出行政处罚决定前,未听取当事人的陈述和申辩,未告知申请人相应的权利,涉及当事人重大利益未举行听证,未按法定程序作出行政处罚。

水利部政策法规司接到行政复议申请书后依法予以审查并同意受理,于 2005 年 3 月 30 日向天津市水利局送达了《复议申请受理通知书》,要求天津市水利局在规定期限内,提交作出具体行政行为的相关材料及答辩书。

4 月 8 日,天津市水利局提交了《行政复议答辩书》及相关证据材料,指出依照《天津市河道管理条例》第 49 条的规定,蓟运河属于天津市行洪河道,在行洪河道内种植树木的行为违反了《防洪法》第 23 条第 3 款的规定。乡与村订立的退耕还林工程合同书中未规定种植树木的地点,而村委会不是一级政府,申请人不能将违法行为归咎于政府发包的合同;按照农业土地承包合同书的规定,本案涉及违法种植的树木,其所有、使用、收益、处分的权利都在申请人一方,申请人是该违法行为的实施者,作为具体行政行为的相对人是有事实和法定依据的。限期排除阻碍决定属限期改正错误的行政强制措施,而不是对违法当事人予以惩戒的行政处罚决定,故不适用《行政处罚法》中关于作出行政处罚决定的程序规定。

(四)水利部作出复议决定,维持被申请人的具体行政行为

2005 年 5 月 16 日,水利部经过书面审查,依法作出《水利部行政复议决定书》认定:

(1) 赵维光等 7 户村民在行洪河道种植林木的行为违反了《防洪法》第

23条第3款的规定,天津市水利局依据《防洪法》第56条第3项的规定对其作出的限期排除阻碍的具体行政行为,认定事实清楚,证据确凿,适用法律准确,程序合法。

(2)赵维光等7户村民种植林木的地点属于天津市行洪河道,也确系该违法行为的实施者,该具体行政行为相对人认定无误。

(3)责令限期排除阻碍不属于《行政处罚法》第7条列举的行政处罚种类,不适用《行政处罚法》中有关程序的规定。赵维光等7户村民提出的主张,缺乏法律依据,不予支持。依据《中华人民共和国行政复议法》(以下简称《行政复议法》)第28条之规定,决定维持被申请人天津市水利局作出的具体行政行为。

(五)执法人员出面协调,村民获补偿,自行清除所植树木

赵维光等7户村民接到水利部复议决定后,仍存在侥幸心理,在法定期限内未向人民法院起诉,也未履行行政复议决定。2005年6月15日,天津市水利局依法向天津市第一中级人民法院申请强制执行。经过审查,天津市第一中级人民法院依法裁定,准予强制执行。

在该案转入强制执行程序后,天津市水利局水行政执法人员先后4次与执法法官赶赴蓟县,分别对下仓镇政府、南赵各庄村委会和违法当事人进行了多方面、多渠道、多层次的说服教育。最后在法院主持下,各方协商同意由镇政府出资10.5万元,对赵维光等7户村民予以经济补偿。8月上旬,违法当事人自行将河滩地所植的8 500余棵树木全部清除。

二、案评

本案的争议焦点在于,责令限期排除阻碍是否属于行政处罚,是否应当遵守行政处罚的法定程序?赵维光等村民是否属于行政相对人?对此问题的主要观点如下:

1. 责令限期排除阻碍属于行政强制措施,不必遵守行政处罚的法定程序

行政强制措施是指行政机关为了预防、制止可能发生或者正在发生的违法行为、危险状态以及不利后果,或者为了保全证据、确保案件查处工作的顺利进行,对公民、法人或者其他组织的人身、财产或者行为等采取的各种强制性措施,如查封、扣押、冻结、强制隔离等。行政处罚,是国家行政机关对构成行政违法行为的公民、法人或者其他组织实施的行政法上的制裁,如警告、罚

款、没收违法所得、责令停产停业等。

两者存在以下区别:一是行为性质不同。行政强制措施以相对人不履行法定义务为前提。行政处罚则是对违反行政管理秩序的相对人进行的行政制裁。二是针对的对象不同。行政强制措施不仅可以针对违法者,也可针对违法嫌疑人,而行政处罚的对象只能是违法者。三是目的不同。行政强制措施的目的是促使相对人履行法定义务或实现与履行义务相同的状态,它以实现某一行政目标为目的;而行政处罚的直接目的是对违反行政管理秩序的相对人进行制裁。四是程序不同。行政处罚须严格按照《行政处罚法》规定的程序进行,而行政强制措施的程序一般比较简便,目的是及时有效,目前我国并未对行政强制措施进行严格的程序规定。

根据《防洪法》第56条第3项的规定,可以责令行政相对人停止违法行为,排除阻碍或者采取其他补救措施,并可以处5万元以下的罚款。其前半段规定的立法目的在于:采取强制手段制止阻碍河道行洪的有关种植行为,使河道保持正常的行洪要求。这一立法目的与行政强制措施的特征是相吻合的,属于有关行政强制措施的规定。而后半段的罚款规定则属于对违法行为人的惩罚,属于有关行政处罚的规定。本案中,天津市水利局仅责令赵维光等村民限期排除阻碍,并未对其进行罚款,在实质上仍仅属于行政强制措施,而非行政处罚。因此天津市水利局也不必遵守行政处罚的法定程序。

2. 赵维光等村民属于行政强制措施的相对人

所谓行政相对人是指基于一定的法律事件或行为与行政主体形成利害关系,依照行政法律规范取得参与行政法律关系资格的公民、法人和其他组织。赵维光等村民在河道滩地上种植树木,违反了《防洪法》第23条第3款的强制规定,应当承担《防洪法》第56条第3项所规定的行政责任,当然属于行政强制措施的相对人。尽管赵维光等村民违法种植树木是基于与村委会的承包合同引起的,但承包合同的存在并不能排除其作为行政相对人的地位。因为赵维光等村民是以自己的名义种植树木的,其种植树木的收益也由自己享有,因此其在自己违法行为所导致的行政责任中是行政行为相对人。

3. 赵维光等村民因承包合同无效的损失应依法确定

根据《防洪法》第21条第3款的规定,河道滩地属于河道管理的范围,不属于集体土地,村委会无权将其发包给村民。因此本案中的承包合同因违反法律的强制性规定而无效(《合同法》第52条)。根据《合同法》第58条的规定,合同无效后,因该合同取得的财产,应当予以返还;有过错的一方应当赔偿对方因此所受到的损失,双方都有过错的,应当各自承担相应的责任。本案中,《农业土地承包合同书》《退耕还林合同书》之所以无效,原因在于南赵各庄村委会将不属于集体土地的河道滩地予以发包,应当对赵维光等村民的损失承担主要责任。赵维光等村民在被告知植树行为违法后还强行植树,从而使损失扩大,也应当对损失承担一定的责任。

三、法律链接

《防洪法》

第二十二条第三款　禁止在行洪河道内种植阻碍行洪的林木和高秆作物。

第五十六条　违反本法第二十二条第二款、第三款规定,有下列行为之一的,责令停止违法行为,排除阻碍或者采取其他补救措施,可以处五万元以下的罚款:

……

(三)在行洪河道内种植阻碍行洪的林木和高秆作物的。

《合同法》

第五十二条　有下列情形之一的,合同无效:

(一)一方以欺诈、胁迫的手段订立合同,损害国家利益;

(二)恶意串通,损害国家、集体或者第三人利益;

(三)以合法形式掩盖非法目的;

(四)损害社会公共利益;

(五)违反法律、行政法规的强制性规定。

堤防维护费缴纳与单位性质无关*

一、案情

对于在防洪保护区范围内征收河道(堤防)工程维护管理费,《防洪法》《河道管理条例》中均有规定,但其中并未明确规定征收对象。而地方性法规中“等单位”“其他单位”的概括性表述,又可能导致征收对象对法律条文理解上的偏差。安徽省蚌埠市水利局就遇到了一桩因此而起的行政复议案。

(一)防洪受益单位拒付堤防维护费

蚌埠是全国首批25个重点防洪城市之一。按照国家、省、市有关规定,作为全市水行政主管部门的蚌埠市水利局,早在1996年就拥有开征堤防保护范围内受益单位堤防维护费的权力。他们一直依法委托管理城市堤防的市城市淮河河道管理局(以下简称河道管理局)负责征收事宜,征收的费用用于蚌埠市防洪工程建设。

蚌埠市公路管理局位于市淮河圈堤内的沿淮路,是具有法人资格的事业单位,也是蚌埠市淮河堤防保护范围内的直接受益单位。河道管理局从市国资局了解到,蚌埠市公路管理局2004年度固定资产原值为1 019万元,依法按标准向公路管理局征收2005年度堤防维护费,但公路管理局一直迟迟不交。为此,河道管理局于2005年9月23日,向蚌埠市公路管理局送达了《蚌埠市城市河道(堤防)工程维护管理费交费通知书》,公路管理局接收交费通知书后,并没有在规定时间内交费。2005年10月17日,河道管理局又向公路管理局依法送达《蚌埠市城市河道(堤防)工程维护管理费交费催交通知书》,此次公路管理局则拒绝接收催交通知书,水行政执法人员在送达证上签字说明。公路管理局在催交通知书规定的期限内仍没有履行交费义务。

2005年10月25日,河道管理局又向公路管理局送达了《蚌埠市水利局限期交纳城市河道(堤防)工程维护管理费决定书》,并向市公路管理局说

---

* 本文作者为陈金木。原文发表在《中国水利报》,“人 · 水 · 法”栏目,2006年11月3日。案情提供:安徽省蚌埠市水利局方建军。

明,如对本决定不服,可在规定期限内申请复议或向法院提起诉讼。公路管理局接收了决定书,并在决定书上签字,但一直没有履行交费义务。

收费依据什么?事实上,向防洪保护区范围内的受益单位征收堤防维护费,在相关法律法规中都有明确规定,例如:

《防洪法》第51条第2款规定:"受洪水威胁的省、自治区、直辖市为加强本行政区域内防洪工程设施建设,提高防御洪水能力,按照国务院的有关规定,可以规定在防洪保护区范围内征收河道工程修建维护管理费。"

《河道管理条例》第39条规定:"受益范围明确的堤防、护岸、水闸、圩垸、海塘和排涝工程设施,河道主管机关可以向受益的工商企业等单位和农户收取河道工程修建维护管理费,其标准应当根据工程修建和维护管理费用确定。收费的具体标准和计收办法由省、自治区、直辖市人民政府制定。"

安徽省人民政府修订的《安徽省水利工程水费收交、使用和管理办法》第13条第4款规定:"其他受益户每年按固定资产原值的2‰计收。"安徽省水利厅、财政厅《关于印发〈安徽省水利工程水费收交、使用和管理实施办法〉的通知》第11条规定:水费和河费的收取和结算方式,可以因地制宜,灵活多样。工矿企业、商业企业、机关、团体、部队、学校、医院等单位的河费由归属水利(水电)局或水管单位按季收取。蚌埠市人民政府办公室《关于印发〈蚌埠市城市堤防工程维护管理费征收使用管理办法〉的通知》第2条规定:"凡在我市城市堤防保护范围内的所有党政机关、企事业单位(包括驻蚌单位)及个体工商户均须按本办法交纳蚌埠市城市堤防工程维护管理费。"第3条第4款规定:其他受益户每年按固定资产原值的2‰收取,所有征费由市财政专户专存、专款专用,直接用于市城市防洪工程管理和建设。

(二)行政复议维持原决定

既然法律法规都有明确规定,为什么公路管理局一直拒绝交纳这笔堤防维护费呢?有关人士认为,这可能是因为其对相关法规条文的理解存在偏差所致。

2005年12月25日,公路管理局以其不属于征收对象,向蚌埠市人民政府提出行政复议。蚌埠市人民政府于2006年2月28日举行本案行政复议公开听证会,这也是蚌埠市政府首次举行的行政复议公开听证会。通过审查,市政府认为,蚌埠市水利局作出的具体行政行为适用依据正确,认定事实清楚,程序合法。市政府根据《行政复议法》第28条规定,于2006年3月9日作出行政复议决定:维持《蚌埠市水利局限期交纳城市河道(堤防)工程维护管理费决定书》,蚌埠市公路管理局应交纳2005年河道(堤防)工程维护管理费20 380元。2006年5月25日,在经过整整8个月后,安徽省蚌埠市公路局终于将2万多元堤防维护费足额交付该市城市淮河河道管理局。

二、案评

河道(堤防)工程维护管理费(以下简称堤防维护费)是河道管理机关对河道(堤防)保护范围内的受益单位依法征收的一种河道管理经费。征收堤防维护费能够增加防汛抗洪投入,有利于加快防洪工程建设,保障防洪安全。本案双方争执的焦点是:蚌埠市公路局到底是不是河道(堤防)工程维护管理费的征收对象?

堤防维护费的征收对象应当严格依据相关法律、法规和规章进行确定。《防洪法》第51条规定了堤防维护费,但未具体确定征收对象,而是委任受洪水威胁的省、自治区、直辖市按照国务院的有关规定进一步确定。《河道管理条例》第39条规定的堤防维护费的征收对象为"受益的工商企业等单位和农户",但"等单位"的表述,并未明确像蚌埠市公路管理局这样的事业单位是否属于堤防维护费的征收对象。《安徽省水利工程水费收交、使用和管理办法》第13条中"其他受益户"的规定仍存在此问题。而值得注意的是,该办法的制定根据之一——《水利工程水费核订、计收和管理办法》(已废止)对此的规定是"受益的工商企业、农场、农户和其他单位",同样没有明确事业单位是否属于堤防维护费的征收对象。正因如此,蚌埠市公路管理局才会认为其不属于堤防维护费的征收对象,并因此提起行政复议。然而,按照法律解释的一般方法,蚌埠市公路管理局应当属于堤防维护费的征收对象。其理由在于:

(1) 从字面上看,"等单位",是指除了工商企业之外的其他单位,包括机关、事业单位等;"其他受益户"也是指除了工商企业之外的其他属于堤防保护范围内的受益单位,包括机关、事业单位等。

(2) 从立法目的上看,堤防维护费的规定旨在在财政支出不足而河道管理任务艰巨的情况下,对河道(堤防)保护范围内的受益单位征收河道管理经费,以加强防洪工程设施建设,提高防御洪水的能力。因此,只要是确定属于堤防保护范围内的直接受益单位,就应当交纳堤防维护费。

(3) 从被征收对象的角度来看,受益单位直接从河道(堤防)管理中受益,在财政支出不足以维护河道(堤防)工程的情况下,由其交纳堤防维护费也是合理正当的。显然,受益单位的性质是企业还是事业单位,抑或是机关等其他单位,并不影响其成为堤防维护费的征收对象。

可见,蚌埠市公路管理局作为堤防保护范围内的直接受益单位,尽管其属于事业单位,但仍属于堤防维护费的征收对象。

三、法律链接

《行政复议法》

第二十八条　行政复议机关负责法制工作的机构应当对被申请人作出的具体行政行为进行审查,提出意见,经行政复议机关的负责人同意或者集体讨论通过后,按照下列规定作出行政复议决定:

(一)具体行政行为认定事实清楚,证据确凿,适用依据正确,程序合法,内容适当的,决定维持;

……

河道执法的尴尬与出路[*]

一、案情

湖南省丰盛集团岳阳纺织有限公司在2006年11月修建厂房时，未经岳阳县水行政主管部门批准，擅自将清基的基建土方，倒在洞庭湖一级支流新墙河破塘口铁路跨线桥下游的河道管理范围内，根据现场勘查，共倾倒渣土约400立方米。就是这样一起简单的河道内倾倒渣土案，却历时6个多月，在县委县政府领导的协调下，才最终得以办结。

（一）发现河障、依法查处

2006年12月13日，岳阳县水政监察大队在河道巡查时，发现河道内倾倒了大量渣土，执法人员立即向大队领导汇报，并对河道进行了现场勘查。随后又前往湖南丰盛集团岳阳纺织有限公司调查取证。与该公司负责人正面接触后，执法人员向公司下达了《责令停止水事违法行为通知书》。2016年12月16日，县水务局予以立案，并于12月18日对该公司下达了《行政处罚听证告知书》，因该公司副总张某拒绝签字而留置送达。12月20日，又以信件方式邮寄送达了《行政处罚告知书》。该公司在法定期限内未申请听证，按法律程序，县水务局于2007年1月5日依法对该公司下达了《行政处罚决定书》，并以直接和邮寄两种方式送达该公司。

（二）进入汛期，执法遇阻

2007年4月23日，洞庭湖区已进入汛期，在《岳阳县水务局行政处罚决定书》产生法定效力后，因当事人在法定期限内既未申请行政复议，又未向县人民法院起诉，且拒不履行处罚决定，县水务局按法律程序向县人民法院送达了《行政处罚强制执行申请书》，申请县人民法院强制执行3条处罚结果：一是将所倒渣土全部清除出河道管理范围；二是罚款人民币4万元；三是到期未缴纳罚款，每月按罚款数额的3%加处罚款（滞纳金），共计人民币11万元。

---

* 本文作者为陈金木。原文发表在2007年8月3日《中国水利报》“人·水·法”栏目。

（三）多方协调、清障保安

县人民法院接到县水务局的《行政处罚强制执行申请书》后，向纺织公司下达了传票。在执行过程中，由于该公司是县里招商引资中的挂牌保护企业，从优化经济投资环境角度出发，个别领导出面协调，要求将该案予以特殊处理。考虑到洞庭湖一级支流新墙河正是防汛关键时期，400 立方米渣土势必会影响河道行洪，县主要领导在听取了县水务局及水政大队负责人的汇报后，决定由一名县委常委亲自挂帅，主管企业的副县长出面在水务局两次召开协调会，相关部门参与进行了协调。最终确定，湖南丰盛集团岳阳纺织有限公司负责承担已倾倒渣土的所有河道清障费用，由岳阳县水政监察大队负责清除；同时县人民法院的案件执行费 3 000 元由纺织公司承担。为保证该河段行洪堤防安全，趁洞庭湖区水位较低，岳阳县水政监察大队组织相关人员对已倾倒的渣土予以清除。

二、案评

在河道管理范围内倾倒渣土，是《防洪法》明确规定的禁止行为。湖南丰盛集团岳阳纺织有限公司擅自在河道管理范围内倾倒 400 立方米渣土，已经明显违反《防洪法》的禁止性规定。县水行政主管部门经调查取证，并根据行政处罚法的有关规定对其作出行政处罚，事实认定清楚，证据确凿、充分，法律适用正确。在当事人未申请行政复议，也未提起行政诉讼的情况下，县水行政主管部门应当依法申请人民法院强制执行。这不仅有利于保障河道行洪，也有利于维护法律的权威。

然而，这样一起法律事实和法律适用都比较简单的案件，在处理过程中却是如此复杂。虽然在县主要领导及相关部门的协调下，案件最终得到了解决，但这种解决方式与现有法律规定背道而驰。一方面，县水行政主管部门依法作出的行政处罚已经毫无效力可言，因为由协调会作出的决定已经取而代之；另一方面，对行政相对人而言，此种处理方式将使《防洪法》等法律失去权威，并使人误认为行政权力远大于法律。法律一旦被蔑视，则违法行为在所难免。这就是向河道倾倒渣土等违法行为屡禁不止的症结所在。这一案件反映出基层水政监察工作中仍面临诸多执法难题，需要有关方面给予高度重视。对此，笔者提出一些解决思路，希冀能够为水政监察工作提供参考。

(1) 有必要充分利用“五五普法”和“世界水日”“中国水周”等机会,进一步加强水法律法规的宣传,增强广大群众的水法律法规知识,提高对水政监察工作的认识,从而理解、重视、支持水政监察工作。尤其要注意做好面向行政部门及其领导的水法律法规宣传,使水行政执法工作得到重视和支持。

(2) 有必要加强外部协调,尤其是加强与公安、司法、法制、法院等相关部门的联系,妥善处理地方关系。从而既维护大局,又为水政监察工作的顺利开展打下良好基础。

(3) 有必要落实“以事实为根据、以法律为准绳”原则,严格依法进行水政监察,维护水法律法规的权威。

(4) 有必要加强执法信息公开,将水事违法行为及其查处情况向社会公示,既接受广大人民群众的监督,同时也增加行政干预的成本。

(5) 执法过程中遇到行政干预时,有必要充分运用执法智慧,通过讲清利害关系,说服有关领导,请示上一级水政监察机构,妥善运用行政处罚的自由裁量权并予以减免,甚至在紧急时刻采用强行执法等方式,从而既避免正面冲突,又有效地进行水政监察。

(6) 有关方面还应当积极采取措施,为水政监察工作的顺利开展提供良好的外部环境。

首先,有必要进一步修改现行法律法规,健全水行政的执法手段和方式。例如,《水法》第65条规定了强行拆除权,即对于“在河道管理范围内建设妨碍行洪的建筑物、构筑物,或者从事影响河势稳定、危害河岸堤防安全和其他妨碍河道行洪的活动”,县级以上人民政府水行政主管部门或者流域管理机构具有强行拆除权。然而,此规定却不够全面,因为能够“强行拆除”的只能是建筑物和构筑物,而对于本案中的倾倒渣土行为,虽然也属于“妨碍河道行洪的活动”,但却不存在“强行拆除”的适用余地。可见,为了确保防洪安全,有必要对本条规定进行修改,赋予水政监察部门必要的“强行执法权”。其次,有必要按照权力与责任相对应的原则,进一步在政治和法律层面健全河道安全和防洪安全的问责制度,从而真正建设法治政府、责任政府、透明政府,为水政监察摆脱行政干预提供良好的制度支撑。

法律是一套规则体系,其本身并没有什么独特的力量,关键在于有一整套确保法律得到有效实施的制度和机制。更重要的是,一旦法律实施的某个环节出现了问题,应当具有相应的补救性办法。就此而言,水政监察工作还有很多事需要做。

三、法律链接

《防洪法》

第二十二条　河道、湖泊管理范围内的土地和岸线的利用，应当符合行洪、输水的要求。

禁止在河道、湖泊管理范围内建设妨碍行洪的建筑物、构筑物，倾倒垃圾、渣土，从事影响河势稳定、危害河岸堤防安全和其他妨碍河道行洪的活动。

禁止在行洪河道内种植阻碍行洪的林木和高秆作物。

在船舶航行可能危及堤岸安全的河段，应当限定航速。限定航速的标志，由交通主管部门与水行政主管部门商定后设置。

第五十六条　违反本法第二十二条第二款、第三款规定，有下列行为之一的，责令停止违法行为，排除阻碍或者采取其他补救措施，可以处五万元以下的罚款：

（一）在河道、湖泊管理范围内建设妨碍行洪的建筑物、构筑物的；

（二）在河道、湖泊管理范围内倾倒垃圾、渣土，从事影响河势稳定、危害河岸堤防安全和其他妨碍河道行洪的活动的；

（三）在行洪河道内种植阻碍行洪的林木和高秆作物的。

依法整治公路涉河违法[*]

一、案情

日前,重庆市秀山土家族苗族自治县梅江至兰桥公路建设单位在县水政监察大队的监督下,严格按照县水利局下达的整改通知要求,对公路扩建中占用的河道(已征地3亩)进行原宽度恢复,并浆砌河堤,确保河势稳定,河道行洪畅通。建设单位负责人表示,一定吸取教训,依法建设。这是秀山县25处涉河公路建设中河道执法中的一例。

2007年以来,秀山县在水行政执法巡查中发现,全县有25处涉河公路建设违法:有的施工方案未经县水行政主管部门审查同意;有的没有编制洪水影响评价报告;有的在建设中,施工方将土石、弃渣任意在河道管理范围内乱倾乱倒,乱堆乱放;还有的甚至在未办理相关水行政审批手续的情况下,擅自施工。这些违法行为,严重影响了河势稳定,危及堤防安全,妨碍河道行洪。

"执法过程中存在很大阻力。"县水利局的一位负责人坦陈,全县涉河公路建设违法违规数量较多,涉及面广。由于这些违法项目多是县域经济发展的重点工程,且业主法律意识不强,县水行政主管部门虽多次制止,但终无结果。于是,水行政主管部门主动向县政府汇报,引起了县政府主要领导的高度重视。对此,县政府及时组织水利、交通、安监等部门,由县领导带队,部署开展了一次"清河行动",集中整治,依法查处。一方面,执法人员逐个向业主宣传讲解《水法》《防洪法》《重庆市河道管理条例》等有关条款,进行说法教育;另一方面,县水行政主管部门同时依法下达了限期整改通知书。大多数涉河公路建设单位积极行动,自觉整改,22处涉河公路建设按时完成了编报洪水影响评价报告,补办了相关手续,清除了河道管理范围内的土石、弃渣。

虽然如此,但一高速公路3个标段却对县水行政主管部门的限期整改通知书置若罔闻,既不完善手续,也不按时清除土石和弃渣。2007年8月,为维

---

* 本文作者为陈金木。原文发表在2008年4月11日《中国水利报》"人·水·法"栏目。案情提供:《中国水利报》通讯员金廷举。

护依法管理河道的严肃性，县水政监察大队将3个标段上报重庆市水政监察总队，由市总队直接处理。经现场调查取证，并详细了解违法行为和事实后，重庆市水利局依法对该高速公路的3个标段下达了《涉河公路建设行政处罚决定书》，并处7.5万元的罚款，此事最终得以解决。

事后，重庆市水利局在秀山县召开高速公路业主座谈会，13个项目经理到会，并纷纷表示会吸取教训，坚持依法建设，在保护中建设，在建设中保护，维护河流的健康生命。

二、案评

河道是行洪的通道。为了避免在河道管理范围的建设项目危害堤防安全，影响河势稳定，妨碍行洪畅通，《水法》《防洪法》《河道管理条例》《重庆市河道管理条例》等法律法规明确规定了“河道管理范围内建设项目工程建设方案审查”和“非防洪建设项目洪水影响评价报告审批”这两个水行政许可项目，同时明令禁止在河道管理范围内弃置、堆放渣土。本案中，秀山县涉河公路建设施工方案未经水行政主管部门审查同意，没有编制洪水影响评价报告，更未办理相关水行政审批手续，任意在河道管理范围内乱倾乱倒、乱堆乱放土石、弃渣，已经构成多种违法，应当依法承担相应的法律责任。

（一）河道管理范围内建设项目工程建设方案审查属于法定的水行政许可项目

根据《水法》第38条，《防洪法》第27条第1款，《河道管理条例》第11条以及《重庆市河道管理条例》第10条、第11条的规定，在河道管理范围内建设跨河、穿河、穿堤、临河的桥梁、码头、道路、渡口、管道、缆线、取水、排水等工程设施，应当符合防洪标准、岸线规划、航运要求和其他技术要求，不得危害堤防安全，影响河势稳定、妨碍行洪畅通；其可行性研究报告按照国家规定的基本建设程序报请批准前，其中的工程建设方案应当经有关水行政主管部门根据前述防洪要求审查同意。违反此规定的，水行政主管部门可以责令停止违法行为，补办审查同意或者审查批准手续；工程设施建设严重影响防洪的，责令限期拆除，逾期不拆除的，强行拆除，所需费用由建设单位承担；影响行洪但尚可采取补救措施的，责令限期采取补救措施，并可处1万元以上10万元以下的罚款。

（二）非防洪建设项目洪水影响评价报告审批也属于法定的水行政许可项目

根据《防洪法》以及《重庆市河道管理条例》相关规定，在洪泛区、蓄滞洪区内建设非防洪建设项目,应当就洪水对建设项目可能产生的影响和建设项目对防洪可能产生的影响作出评价,编制洪水影响评价报告,提出防御措施。建设项目可行性研究报告按照国家规定的基本建设程序报请批准时,应当附具有关水行政主管部门审查批准的洪水影响评价报告。违反此规定,未编制洪水影响评价报告的,由水行政主管部门责令限期改正;逾期不改正的,处5万元以下的罚款。

(三) 在河道管理范围内倾倒土石、弃渣属于严重的违法行为

《水法》《防洪法》《河道管理条例》以及《重庆市河道管理条例》均明确规定,禁止在河道管理范围内倾倒土石、弃渣。违反此规定的,由水行政主管部门责令停止违法行为,排除阻碍或者采取其他补救措施。

排水工程维修管理费计收缘何付诸法律?*

一、案情

位于咸阳市茂陵的陕西第二针织厂(以下简称陕针二厂),长期以来利用宝鸡峡南干胭脂河渠段排放工业废水。2004—2005 年,该厂以资金困难为由,拒不履行排水工程维护管理费缴纳义务。仍照常向渠道排放废水。宝鸡峡东南坊管理站多次派人催缴,均无果而归。

由于大量的排水工程维护管理费未按时如数计收到位,致使排水工程年度维修工作难以进行。每遇汛期暴雨,渠道多处淤堵,险情不断,严重危及两岸人民群众的生命和财产安全。

2005 年汛期将至,东南坊管理站在无奈之下,将该案件以书面形式报告给陕西省宝鸡峡引渭灌溉管理局(以下简称宝鸡峡管理局),请求立案处理。

(一) 宝鸡峡管理局作出立案处理决定书,限期催缴

接到东南坊管理站立案申请后,宝鸡峡管理局及时派出水政监察人员赴现场调查取证,向陕针二厂负责人讲明相关法规,并正式立案审查。2005 年 8 月 5 日,宝鸡峡管理局依法向当事人陕针二厂下达了《限期缴纳排水工程维修费的决定书》,告知依据《陕西省水利工程水费计收管理办法》《陕西省水工程管理条例》等法规、规章和陕西省物价局颁发的收费许可证,责令该厂于 2005 年 10 月 30 日前一次性缴清 2004—2005 年排水工程维修费 2. 3 万元,基层管理费 11 500 元可给予减免。如一次性不能缴清排水工程维修费,基层管理费则不予减免。同时告知当事人有申请行政复议和提起行政诉讼的权利,如果逾期既不履行该行政处理决定,又不申请行政复议,不提起行政诉讼,宝鸡峡管理局将申请人民法院强制执行。

---

* 本文作者为陈金木。原文发表在 2007 年 4 月 13 日《中国水利报》“人 · 水 · 法”栏目。案情提供:《中国水利报》通讯员张建胜。

(二) 人民法院强制执行 排水费全额缴纳

陕针二厂接到宝鸡峡管理局作出的《限期缴纳排水工程维修费的决定书》后,仍不履行缴纳义务。在水政监察人员多次说服教育无效的情况下,宝鸡峡管理局于2005年10月6日向秦都区人民法院提交了申请执行书。

秦都区人民法院经过立案审查,于2005年12月23日召开双方当事人参加的执行审查听证会,宝鸡峡管理局当庭出示了作出该决定书的法律、法规依据及事实根据,被申请人均予认可并无异议。2005年12月28日,秦都区人民法院依法作出行政裁定书,认定申请人宝鸡峡管理局作出的《限期缴纳排水工程维修费的决定书》,适用法律法规正确、事实清楚、程序合法,依法应予以执行。被申请人以资金困难为由而未履行缴纳义务,理由不能成立。

2006年1月20日,在人民法院的监督下,陕针二厂向宝鸡峡管理局一次性缴清拖欠的排水工程维护管理费34 020元,支付执行费870元,并现场签订了排水工程维护管理费按季缴纳的协议。这场官司尘埃落定之后,工程维护步入了正轨。

二、案评:资金困难不能成为逃避义务的理由

这起法律关系比较简单的案件,因为当事人以资金困难为由拒绝履行,从而使行政主体需要在立案、调查的基础上作出具体行政行为,进而使司法机关需要在立案、审查的基础上作出行政裁定并强制执行。这不仅增加了行政成本和司法成本,而且使当事人增加了支出,使工程维护难以进行,严重危及渠道两岸人民群众的生命和财产安全。

(一) 排水工程维修费应当依法缴纳

排水工程维修费(以下简称排水费)是河道管理机关对使用排水工程排水的受益单位依法计收的一种工程管理经费,是《防洪法》第51条第2款和《河道管理条例》第39条中规定的河道工程修建维护管理费的一种具体类型。根据《河道管理条例》第39条的规定,《陕西省水利工程水费计收管理办法》第7条第5款具体规定了排水费的计收办法。陕针二厂长期以来利用宝鸡峡南干胭脂河渠段排放工业废水,应当依法缴纳排水费。

(二) 资金困难不能成为逃避法定义务的理由

实践中,当事人对于应当履行的法定义务,经常以资金困难为理由,选避排水费等各种行政事业性收费的缴纳义务。但资金困难并非合法理由,并不

能免除当事人的缴纳义务，而且当事人还需要因此承担相应的法律责任。根据《陕西省水工程管理条例》第10条的规定，宝鸡峡管理局属于法规授权的具有管理公共事务职能的组织，可以在其负责的工程管理范围和工程保护范围内从事水行政执法工作，查处、纠正一切违法行为。由此，宝鸡峡管理局依法作出《限期缴纳排水工程维修费的决定书》，属于合法的具体行政行为。对该具体行政行为，陕针二厂在法定期限内既不提起诉讼又不履行行政处理决定，宝鸡峡管理局可以申请人民法院强制执行。

本案给我们的启示是：当事人确实因为资金困难无法缴纳排水费的，可以根据实际情况采取一些变通办法，如申请适当减免或者约定按季度缴纳等，但绝不能拒不履行法定义务。

三、法律链接

《行政诉讼法》

第六十六条　公民、法人或者其他组织对具体行政行为在法定期限内不提起诉讼又不履行的，行政机关可以申请人民法院强制执行，或者依法强制执行。

《陕西省水利工程水费计收管理办法》

第七条　工业水费

……

（五）厂矿企业利用渠道、水库排放废水、污水的，以排入处为计量点，每立方米收取工程维修养护费2～4分人民币。

所排水体有害物质含量必须符合国家规定标准，不符合标准的不许排放。

《陕西省水工程管理条例》

第十条　省属国有水工程管理单位负责其工程管理范围和保护范围内的水行政执法工作，查处、纠正违法行为，调解水事纠纷，维护水事秩序。

水利工程土地使用权受到侵害后应优先选择行政救济*

一、案情

2006 年 7 月 17 日,当陕西省宝鸡峡沺河水库库区管理范围内 15 亩被侵种土地,在人民法院的强制执行下失而复得,被移交回沺河管理站时,站长赵和生长长地舒了一口气。他向笔者讲述了事情的来龙去脉。

2004 年 10 月 2 日,宝鸡峡沺河管理站职工在例行巡查时发现,有人在"陕西省青年园林"用地范围内耕种小麦。经调查得知,侵种土地的是附近东徐村的刘某某等三户村民。该站随即进行制止,并告知 3 户村民,在水利工程管理范围内种植农作物属于违法行为,必须立即停止。10 月 7 日晚,3 户村民乘管理站放假之机耕种了小麦。其后,沺河管理站派人多次找村委会协调解决,当事人均置之不理。

2005 年 3 月,刘某某等 3 户村民又在"陕西省青年园林"用地上栽种果树,同年 6 月又种植了玉米。在多次劝阻无效的情况下,宝鸡峡管理局以民事诉讼的方式,将这 3 户村民告上了法庭,请求依法责令三被告停止对库区管理范围内土地的侵害,排除妨碍,恢复土地原状,并承担此案的诉讼费用。

2005 年 10 月 22 日,陕西省礼泉县人民法院对此案进行了缺席审理。宝鸡峡管理局当庭出示了土地使用权证书和侵种土地平面示意图,礼泉县人民法院经过审查,认定三被告耕种的沺河库区南岸"陕西省青年园林"用地,已经礼泉县人民政府土地管理部门确认其使用权人为陕西省宝鸡峡引渭灌溉管理局,三被告无证据证明其种植该土地的合法性,其行为构成了对宝鸡峡管理局土地使用权的侵害。

2005 年 10 月 31 日,礼泉县人民法院依法作出民事判决,依据民法通则第 117 条和第 134 条第 1 款 1、2、5 项规定,作出"被告停止侵占,并清除该土地范围内种植的一切作物,恢复土地原状"的判决。

---

* 本文作者为陈金木。原文发表在 2007 年 3 月 30 日《中国水利报》"人 · 水 · 法"栏目。

在人民法院规定的法定期限内，三被告未提起上诉，仍继续非法侵占。2006 年 5 月，宝鸡峡管理局向礼泉县人民法院申请了强制执行。县人民法院执行庭在调解无效的情况下，于 2006 年 7 月 17 日实施了强制执行，调用 4 辆推土机依法清除了该土地上的侵种作物，恢复了土地原状。

二、案评

水利工程管理单位的土地使用权被侵害后，如何选择救济方式？

依据《河道管理条例》第 2 条的规定，河道包括湖泊、人工水道、行洪区、蓄洪区、滞洪区。水利工程管理单位直接使用河道管理范围内土地的，经有关土地管理部门确认，水管单位便依法享有相关的土地使用权。根据《防洪法》第 22 条的规定，河道管理范围内土地的利用应当符合行洪、输水的要求。《水法》《防洪法》和《河道管理条例》具体规定了河道土地利用的各种禁止性规定，如禁止种植阻碍行洪的林木及高秆作物等。由此，公民、法人或者其他组织在水管单位享有土地使用权的河道管理范围内种植林木及高秆作物的，便具有双重违法性：一是行政违法，即违反了《水法》《防洪法》和《河道管理条例》，水管单位可以向水行政主管部门报案，由水行政主管部门根据相关规定，采取行政强制措施（责令纠正违法行为、采取补救措施）或者行政处罚（警告、罚款、没收非法所得）；二是民事违法，即侵害了水管单位的土地使用权，水管单位可以依据《民法通则》和《民事诉讼法》的有关规定提起民事诉讼，要求停止侵害、排除妨碍、消除危险、恢复原状、赔偿损失等。

水管单位可采取两种方式进行救济，即行政救济和民事救济。尽管水管单位可以根据需要，选择其中一种或同时采取两种救济方式，但对水管单位而言，因所选择的救济方式不同而具有不同意义。选择行政救济，水管单位只需配合水行政主管部门依法行政即可，几乎不存在举证责任，而且水行政主管部门的处理结果还可以作为水管单位进一步提起民事诉讼的证据；而选择民事救济，水管单位对违法行为制止无效后，只能向法院起诉，同时需要受民事诉讼程序约束，需要承担相应的举证责任。选择行政救济，还可以使违法行为人认识到其行为的行政违法性，有利于水法律法规的宣传；而选择民事救济，只能让行为人认识到其行为的民事违法性，对水法律法规的宣传不具有直接意义。

当前，水管单位土地使用权被侵害的现象（如河道种菜、种植农作物等）之所以非常普遍，一方面的原因固然是我国的土地资源非常紧缺，但更重要的原因还在于违法者的法律意识淡薄，对水法律、法规的认识严重不足。由此可见,当前对加强水法律、法规的普法宣传仍至关重要。考虑到对违法行为进行惩处是进行普法宣传的有效方式之一,因此行政救济方式不失为水管单位的最优选择。

三、法律链接

《民法通则》

第一百一十七条　侵占国家的、集体的财产或者他人财产的,应当返还财产,不能返还财产的应当折价赔偿。损坏国家的、集体的财产或者他人财产的,应当恢复原状或者折价赔偿。

受害人因此遭受其他重大损失的,侵害人并应当赔偿损失。

第一百三十四条　承担民事责任的方式有:

(一)停止侵害;

(二)排除妨碍;

(三)消除危险;

(四)返还财产;

(五)恢复原状;

……

创新河道执法机制 提高河道执法效能*

一、案情

近年来,我省严重违法占用河道、随意弃置渣土等违法违规行为日益突出,影响了河势稳定,妨碍了河道的行洪安全,破坏了水生态环境。为进一步加强河道管理执法力度,维护河流健康,构建良好的水事秩序,云南省水利厅2008年10月对比较突出的地区组织开展了专项整治行动,有效遏制了违法违规的势头。

2009年3月,云南省水政监察总队组织了对专项整治行动的检查,检查中发现,大理漾洱水电有限公司和漾濞公路管理段漾濞公路养护专用石料厂涉嫌违法向河道内倾倒渣石。云南省水政监察总队向大理市水政监察支队下发了《关于对漾洱电站等涉嫌违法单位调查处理的通知》。接通知后,大理市水政监察支队和漾濞彝族自治县水利局高度重视,召开了专题会议进行研究,并及时向分管县领导作了专题汇报。漾濞县水政监察大队3月22日到大理漾洱水电有限公司电站2号支洞和漾濞公路管理段漾濞公路养护专用石料厂(3206+200米)进行了核查;3月25日对上述两家违法单位分别下发了责令停止违法行为的通知书,对上述两家违法单位的责任人进行了水法律法规的宣传和教育,并要求制定具体的整改措施;责令两家违法单位在2009年4月30日(汛期)前进行整改,清除倾倒在河道内的渣石,恢复河道原貌,整改结束须经漾濞县水政监察大队组织相关技术人员进行检查验收。

根据《水法》第65条和第66条的规定,分别对大理漾洱水电有限公司和漾濞公路管理段漾濞公路养护专用石料厂作出了5万元和2万元的罚款处理。

现两家违法单位已清除了倾倒在河道内的部分渣石,并缴纳了罚款,专项整治行动收到明显成效。

---

* 本文作者为陈金木。原文发表在2009年5月《中国水利报》“人·水·法”栏目。

二、案评:创新河道执法机制,提高河道执法效能

在河道管理范围内倾倒渣石,是《水法》《防洪法》《河道管理条例》等水法律、法规明确规定的禁止行为。大理漾洱水电有限公司和漾濞公路管理段漾濞公路养护专用石料厂违法向河道内倾倒渣石,漾濞县水政监察大队依据《水法》的有关规定对其作出行政处理,事实清楚,证据充分,法律适用正确,有效保障了河道行洪安全,维护了法律的权威。这起普通的水事违法案件告诉我们,河道执法还须常抓不懈。

近年来,严重违法占用河道、随意弃置渣石渣土等河道违法违规行为之所以日益突出,其原因不外乎以下方面:第一,经济利益驱动,即通过河道违法可以减轻生产成本,从而直接或间接获得经济利益;第二,违法成本较低,即由于外部监督不健全,违法行为难以被发现,或者由于河道执法薄弱,违法被查处者较少;第三,法律意识淡薄,无知或者漠视水法律、法规等。

占用河道、弃置渣石、渣土等河道违法行为,不仅影响水生态环境,而且影响河势稳定,妨碍河道行洪安全,具有很强的外部负效应,对人民群众生命财产安全带来潜在威胁。对这种违法行为,单纯依靠事后的行政强制措施和行政处罚,只能起到惩罚、警示教育作用,不能从根本上杜绝河道违法案件。为此,有必要创新河道执法机制,提高执法效能。

(1) 建立并落实河道片区责任制,即将管辖范围内的河道、尤其是违法现象突出的河道,划分为若干执法片区,明确片区河道执法责任人,把执法责任落到具体的水政监察人员身上。

(2) 制订河道违法案件处理预案,对一般、较大、重大突发事件的报告程序、处理方法进行详细规定,并落实后勤、宣传等保障措施,使河道违法案件处理程序化、常规化。

(3) 构建河道违法案件预防体系,防患于未然。除了加强水法规宣传教育之外,还应当加强河道巡查,发现违法行为立即制止。在此过程中,应当充分依靠群众,及时防范、阻止河道违法行为。事实上,广大群众往往是河道违法行为外部负效应的直接承担者,具有内在动力协助河道执法。然而,群众也可能因为对河道执法的无知,或者认为河道执法与自己无关而未予配合。为此,需要创新机制,在加强水法律法规普法宣传的同时,可以考虑采取奖励机制,鼓励老百姓及时举报河道违法行为,甚至可以考虑采取聘请河道执法协管员的方式,建立起全方位、全天候的监督网络。

（4）加大执法力度，创新执法方式，除了开展专项整治行动之外，可以采取联合执法、综合执法等方式，提高执法效能，增加河道违法成本。

三、法律链接

《水法》

第六十六条　有下列行为之一，且防洪法未作规定的，由县级以上人民政府水行政主管部门或者流域管理机构依据职权，责令停止违法行为，限期清除障碍或者采取其他补救措施，处一万元以上五万元以下的罚款：

（一）在江河、湖泊、水库、运河、渠道内弃置、堆放阻碍行洪的物体和种植阻碍行洪的林木及高秆作物的；

（二）围湖造地或者未经批准围垦河道的。

《防洪法》

第二十二条　……

禁止在河道、湖泊管理范围内建设妨碍行洪的建筑物、构筑物，倾倒垃圾、渣土，从事影响河势稳定、危害河岸堤防安全和其他妨碍河道行洪的活动。

第五十六条　违反本法第二十二条第二款、第三款规定，有下列行为之一的，责令停止违法行为，排除阻碍或者采取其他补救措施，可以处五万元以下的罚款：

（一）在河道、湖泊管理范围内建设妨碍行洪的建筑物、构筑物的；

（二）在河道、湖泊管理范围内倾倒垃圾、渣土，从事影响河势稳定、危害河岸堤防安全和其他妨碍河道行洪的活动的；

（三）在行洪河道内种植阻碍行洪的林木和高秆作物的。

《河道管理条例》

第二十四条　在河道管理范围内，禁止修建围堤、阻水渠道、阻水道路；种植高秆农作物、芦苇、杞柳、荻柴和树木（堤防防护林除外）；设置拦河渔具；弃置矿渣、石渣、煤灰、泥土、垃圾等。

……

地热水经营应纳入水资源统一管理体系*

一、案情

2000年年底，广西路花温泉有限责任公司为开展服务经营，向贺州市八步区水利电力局申请开发利用八步区黄田镇路花村的地下热水（温泉），并接受八步区水利电力局的监督管理，由八步区水利电力局核发了取水许可证。2004年年初，该公司因外方入股资金重组，更名为广西壮族自治区贺州温泉旅游有限责任公司（以下简称温泉公司），法定代表人也发生变更，便向八步区水利电力局提出了变更申请。

温泉公司在申领了新的取水许可证后，对八步区水利电力局下发的年审通知、限期安装取水计量设施通知以及缴纳水资源费通知等一概不予理会，水行政执法人员多次上门，对其进行耐心的水法规宣传教育，公司方均以开发利用地热水属采矿行为，已经接受国土部门管理为由，拒绝接受水行政主管部门的监督管理。

为维护水法尊严，八步区水利电力局决定对温泉公司这种违法取用国家地下水资源的行为立案查处。经水行政执法人员调查取证和依法告知，八步区水利电力局根据《行政处罚法》第23条、第46条第3款、第51条第1项和《取水许可和水资源费征收管理条例》第52条第1款、第2款，第53条第1款之规定，对温泉公司拒不安装取水计量设施和拒不提供取水相关材料的行为分别下达了《行政处罚决定书》，责令温泉公司限期安装取水计量设施，限期提供温泉地热水和公司生活年取水量及取水水泵的品牌、型号、功率等相关数据材料，并对其两项违法行为各处1.5万元罚款。

接到处罚决定后，温泉公司向贺州市水利电力局申请行政复议，贺州市水利电力局于2006年12月21日作出行政复议决定书，维持八步区水利电力局的行政处罚决定。温泉公司遂向八步区人民法院提起诉讼。经审理，一审法院维持了八步区水利电力局的行政处罚决定。温泉公司认为一审判决

---

* 本文作者为陈金木。原文发表在2007年9月14日《中国水利报》“人·水·法”栏目。

违背事实与证据，于2007年4月20日上诉至贺州市中级人民法院。

2007年6月28日，广西壮族自治区贺州市中级人民法院依法驳回上诉人温泉公司的上诉请求，维持了八步区人民法院的一审原判，责令温泉公司安装取水计量设施，提供温泉地热水和公司生活年取水量及取水水泵的品牌、型号、功率等相关数据材料，并缴纳罚款合计3万元。温泉公司表示接受法院的判决。至此，这场历时一年多的关于地热水争议的官司画上了一个句号。

二、案评

本案的争议焦点是：地热水属于矿产资源还是水资源？开发利用地热水的行为，属于采矿行为还是取水行为？需要适用矿产资源法律、法规还是水法律、法规？是由地质矿产行政主管部门监管还是由水行政主管部门监管？本文观点如下：

（一）地热水属于水资源，开发利用地热水属于取水行为，需要适用水法律、法规，接受水行政主管部门监管

《水法》第2条第2款规定："本法所称水资源，包括地表水和地下水。"《取水许可和水资源费征收管理条例》第2条第2款规定："取用水资源的单位和个人，除本条例第四条规定的情形外，都应当申请领取取水许可证，并缴纳水资源费。"地热水首先表现为地下水，属于水资源的一种，开发利用地热水首先表现为取用水资源。因此，应当按照《水法》和《取水许可和水资源费征收管理条例》的规定，申请领取取水许可证和缴纳水资源费，取得取水权，并接受水行政主管部门的监管。

（二）广西壮族自治区已经明确规定地热水适用《水法》，本案的处理合法合理

2004年7月1日起施行的地方性法规《广西壮族自治区实施〈中华人民共和国水法〉办法》第2条第2款明确规定："本办法所称水资源，包括地表水和地下水（含矿泉水、地热水）。"可见，在《水法》与《矿产资源法》之间不够协调的情况下，广西壮族自治区人大常委会根据水资源统一管理的精神，明确规定地热水适用《水法》，这属于在法律还来不及修改的情况下，根据法律精神作出的妥当规定。由此，在广西壮族自治区，开发利用地热水的取水行为，应当按照《水法》《取水许可和水资源费征收管理条例》和《广西壮族自治区实施〈中华人民共和国水法〉办法》的规定，办理取水许可证和缴纳水资源

费,并应当接受水行政主管部门监管。可见,本案中,水行政主管部门依据水法律、法规对贺州温泉旅游有限责任公司取用地热水的行为进行监管,在后者不履行法律、法规规定的义务时,依法作出行政处罚是合法合理的,八步区人民法院和贺州市中级人民法院的裁判也是合法合理的。

环境污染赔偿由加害人承担举证责任*

一、案情

供饮用的井水竟有汽油味。陕西省西安市长安区鸣犊镇1 139名村民8年来不能饮用本村井水,只能从别处拉水喝。无奈的村民们最终将长安区石油公司起诉到法院,要求赔偿村民进行水污染治理和精神损害抚慰等经济损失203.97万元。2006年9月15日,经西安市中级人民法院30余次的耐心协调,成功调解并当庭执行了这起因环境污染影响群众饮水安全的赔偿案件。

(一) 检测

1998年5月,西安市长安区石油公司将其位于鸣犊镇的一座油库租赁给珠海某公司使用,珠海某公司遂对油库的油罐进行了清理和冲洗。1998年6月,处于该油库下游的鸣犊镇张雷村4个组及桥头村两个组村民家中水井出现异味。1998年12月,陕西省卫生防疫站对两个村的井水、泉水进行了检测,结果显示抽检的井水、泉水"有明显汽油味"。此后村民只能长期从别处拉水以供生活之需。2004年2月,陕西工程勘察研究院主动对村民的井水、泉水又进行了取样化验,确认村组井水、泉水石油类物质及硝酸盐类物质超标,不符合饮用水标准。

(二) 索赔

污染事件发生后,虽经多个部门协调处理,但经过8年时间,问题却一直无法得到彻底解决,村民情绪较为激动。2006年1月29日,张雷村、桥头村1 046名村民以长安区石油公司排污造成其水源污染,致使村民无法正常生产、生活为由,将其起诉到西安市中级人民法院,请求判令石油公司赔偿其进行水污染治理和精神损害抚慰等经济损失203.97万元。

---

* 本文作者为陈金木。原文发表在2007年9月28日《中国水利报》"人·水·法"栏目。案情提供:秦延安。

(三)调解

在西安市中级人民法院的主持下,经法官30余次耐心细致的调解工作,2006年8月,原告方与被告方达成了一次性解决纠纷协议,原告方主动放弃了200多万元的诉讼请求。被告方主管上级中国天然气石油股份有限公司西安销售公司,主动申请参加诉讼并承担责任。合议庭经过几个月对原告身份进行逐人逐项核对,追加了损害范围内未提起诉讼的93名村民为本案原告,防止重复或再次诉讼,并促使原告方两个村之间达成了案件款内部分配协议,防止再次发生新的纠纷。

2006年9月15日,原被告双方领取了长达109页的民事调解书。同月,石油公司及其上级单位将用于解决原告方净化水及饮用水设施的案款48万元支付原告方。至此,双方8年多的矛盾得以化解,困扰村民生产、生活的用水问题得到解决。

二、案评

《水污染防治法》第29条规定:“禁止向水体排放油类、酸液、碱液或者剧毒废液。”而“油类”是指任何类型的油及其炼制品。珠海某公司(以下简称珠海公司)在清理和冲洗油罐时,未对油罐残留的汽油进行处理,从而使含有汽油的污水渗入地下,并造成下游数百口水井被污染,明显违反了《水污染防治法》的有关规定。《民法通则》第124条规定:“违反国家保护环境防止污染的规定,污染环境造成他人损害的,应当依法承担民事责任。”《水污染防治法》第85条第1款规定:“因水污染危害直接受到损失的单位和个人,有权要求致害者排除危害和赔偿损失。”该法第55条第1款进一步规定:“造成水污染危害的单位,有责任排除危害,并对直接受到损失的单位或者个人赔偿损失。”因此,珠海公司有责任排除水污染造成的危害,并赔偿张雷村、桥头村村民因地下水被污染而受到的直接损失。

需要注意的是,西安市长安区石油公司(以下简称长安公司)虽然未直接向水体排放含有汽油的污水,但其将油库及未经清理的油罐出租给珠海公司时,尚未使租赁物达到应有用途,而珠海公司之所以对油罐进行清理和冲洗,也是为了使租赁物符合应有用途,而且该行为显然得到了长安公司的认可。为此,长安公司出租残留有汽油的油罐并允许珠海公司对油罐进行清理和冲洗,与后来的水污染危害之间也存在着明显的因果关系。最高人民法院《关于民事诉讼证据的若干规定》第4条第1款第3项规定:“因环境污染引起的损害赔偿诉讼,由加害人就法律规定的免责事由及其行为与损害结果之间不存在因果关系承担举证责任。”这就是环境污染案件中的举证责任倒置规定。根据此规定,在长安公司不能证明自己与水污染危害无关,也无法证明其行为与损害结果之间不存在因果关系的情况下,应当承担水污染的侵权责任。

非法取水需要承担多种法律责任*

一、案情

（一）管水员巡查灌区遇案情，警方旋即出动赶赴现场

2007年6月10日上午11点40分，陕西省东雷二期抽黄灌溉管理局刘集总站管水员在巡查中发现，富平县刘集镇吕当村西川组村民在刘集分干渠上利用虹吸管非法取水，使干渠下游水量骤减，下游已预交水费的群众用水无法保证，严重影响总站配水计划的执行。针对这一情况，刘集总站保卫干部立即向灌区执法部门——辖区内渭南市公安局东雷分局东杨派出所报案。接到偷水报案后，东杨派出所民警立即驱车赶赴现场。

（二）非法取水户聚众闹事阻挠执法，多方负责人现场说法解困突围

当派出所民警赶到刘集分干渠时，发现从一号倒虹至二号倒虹之间，有些群众用地龙管采用虹吸的方式非法取水。派出所民警在刘集总站的配合下，决定对分干渠上的地龙管采取“能收缴的收缴、能取缔的取缔”的原则，教育群众停止偷水行为，自行撤离。于是民警们立即采取行动，收缴了七八条地龙管，其余的地龙管由村民自行从分干渠上撤走。这时，刚被收缴地龙管的村民张某鹏索要被收缴的地龙管并大嚷：“不交回管子就不让民警走。”煽动群众围攻民警。同时，张某鹏躺在警车前，挡住警车，民警下车将其拉开。张某鹏随即又躺倒在路边称病，其母靠在警车上拉住车门阻挡车行，围观群众跟着起哄，叫嚷着“归还地龙管”“偷水有什么大不了”等。民警们一再对群众耐心讲解政策。渭南市公安局东雷分局局长从渭南市赶到现场，东雷抽黄指挥部负责人、刘集镇负责人和西川组支部书记不约而同也赶到现场，向群众宣讲，偷水是违法的，应依法受到处罚，群众反映的用水紧张问题，他们将逐步向有关部门反映，希望群众理解。直到20点40分左右，民警们才从围困的群众中解脱出来。

---

* 本文作者为陈金木。原文发表在2007年12月14日《中国水利报》“人·水·法”栏目。

（三）依法处罚违法者，灌区恢复水秩序

为了切实保证旱季灌区灌溉正常运行，打击盗水和暴力抗法行为，维护良好的灌溉秩序，确保灌区生产正常进行，2007 年 6 月 11 日上午，渭南市公安局东雷分局经过专题研究，通过分析西川的村情和群众心理，制订了详细的实施方案。12 日凌晨，在东雷分局王局长带领下，分局民警和派出所民警分头赶赴富平县，再次开展集中打击偷水的违法行为。

在执法过程中，当场抓获盗水者张某兴，通过蹲守抓获了涉嫌盗水并阻碍执法的张某鹏。经过讯问查实，张某鹏对自己的违法行为供认不讳。渭南市公安局东雷分局依据《治安管理处罚法》第 49 条、第 50 条之规定，对张某兴的违法行为给予 500 元罚款，由其叔父担保，暂缓行政拘留；对张某鹏的违法行为给予 1 000 元罚款，并处以 15 天行政拘留。

这次执法行动有力震慑了当地的非法取水者，以生活中发生的案例教育了灌渠沿线的群众，恢复了灌区内正常的用水秩序，确保了今后灌区内的灌溉顺利进行。

二、案评

对于本案中发生的非法取水事件，所在地区干旱少雨导致刘集分干渠水资源的匮乏固然是原因之一，但是根本的还在于当地群众对非法取水的性质及其法律后果认识不足。一些偷水者抱着“偷水有什么大不了”的心理，违法擅自取水。当地公安机关依据《治安管理处罚法》的有关规定对非法取水者给予罚款以及行政拘留的处罚，打击了非法取水行为，教育了灌渠沿线群众，恢复了灌区用水秩序。此案警醒人们：非法取水行为不仅违反了《治安管理处罚法》，还违反了其他法律法规，并且需要承担多种法律责任。

所谓非法取水，是指未经合法许可或者未经他人同意，擅自取用他人之水且未依法付费的行为。非法取水行为有多种方式，既有直接从江河、湖泊或者地下非法取水的，也有从各种取水工程或设施中非法取水的，甚至还有从自家的自来水管道取水的非法行为。

直接从江河、湖泊或者地下非法取水，取走的是资源水，侵犯的是国家对水资源的所有权(其中最主要的是国家对水资源的管理和监督权)。除了《取水许可和水资源费征收管理条例》第 4 条规定的不需要申请领取取水许可证的 5 种情形(家庭生活和零星散养、圈养畜禽饮用等少量取水等)之外，都属于擅自取水行为，依据《水法》第 69 条和《取水许可和水资源费征收管

理条例》第48条的规定，非法取水行为应承担相应的行政责任（即由县级以上人民政府水行政主管部门或者流域管理机构依据职权，责令终止违法行为，限期采取补救措施，处2万元以上10万元以下的罚款；情节严重的，吊销其取水许可证），给他人造成妨碍或者损失的，还应当承担相应的民事责任（即排除妨碍、赔偿损失）。

从自家的自来水管道非法取水，偷的是商品水（自来水），侵犯的是自来水公司对自来水的所有权，属于典型的盗窃公私财物的行为。依据《民法通则》第117条及其他规定承担民事责任（主要是赔偿自来水公司的损失），而且应当依据《治安管理处罚法》第49条的规定承担行政责任（即由公安机关处5日以上10日以下拘留，可以并处500元以下罚款；情节较重的，处10日以上15日以下拘留，可以并处1000元以下罚款）。依据治安管理处罚法第50条，阻碍人民警察依法执行职务的，从重处罚。非法取水的数额较大时，甚至将构成盗窃罪，需要承担相应的刑事责任。

值得注意的是，按照目前的法律规定，利用各种取水工程或者设施直接从江河、湖泊或者地下取用水资源的，在办理取水许可并缴纳水资源费后，将取得相应的取水权。《物权法》已明确规定取水权属于用益物权的一种，受到《物权法》和其他法律法规的保护。由此可见，从各种取水工程或设施中非法取水，取的是工程水，侵犯的是取水权人的取水权，也属于典型的盗窃公私财物的行为。此时，偷水者同样应当依据《民法通则》第117条及其他规定承担相应的民事责任，而且应当依据《治安管理处罚法》第49条的规定承担行政责任。非法取水的数额较大时，则构成盗窃罪并需要承担相应的刑事责任。

总之，偷水绝非“没有什么大不了”的事，酿成的后果是严重违法，将受到法律的制裁。

拒不缴纳“河费”,四公司被强制执行*

一、案情

2008 年 1 月 7 日上午,在收到安徽省合肥市包河区人民法院行政裁定书后,安徽省巢湖某电缆有限公司主动向安徽省长江河道管理局河费无为征收点一次性缴纳河道工程修建维护管理费 15 万元(以下简称河费),该企业一负责人对自己法律意识淡薄表示后悔。至此,安徽省首批申请的 4 起省管堤防“河费案”,均已得到合肥市包河区人民法院强制执行。

2006 年,无为大堤长江河道管理局上划安徽省水利厅直管。随着管理体制的改革,按照责、权、利统一,省水利厅作出河费收费主体的变更:由省水利厅委托省长江河道管理局负责征收。此后,省长江河道管理局在沿江自上而下设立了 7 个河费征收点,无为征收点就是其中之一。

河费无为征收点成立后,他们积极向无为大堤保护范围内的广大受益户宣传国家法律、法规,并按照法定程序开展收费工作,大多数受益户均表示理解和支持,并自觉履行了缴费义务。但少部分受益户却对省水利厅作出的限期缴纳水利规费决定书置若罔闻,拒不缴纳河费。2007 年 6 月 17 日,为维护依法征收河费的严肃性,无为征收点受省水利厅委托,选择其中四户作为首批强制执行对象,向合肥市包河区人民法院提出了强制执行申请。合肥市包河区人民法院详细了解了这 4 家受益户的违法行为后认为:省管无为大堤保护范围内的 4 家受益单位,在省水利厅向其作出的《限期交纳水利规费决定书》规定的期限内,既不申请行政复议,又不提起行政诉讼,也未履行决定书内容。法院审查后认定,安徽省水利厅作出的“限期缴纳水利规费决定书”主要事实清楚,适用法律正确,申请强制执行符合法律规定。依据《行政诉讼法》等有关规定作出准予强制执行的行政裁定。

安徽省首批省管堤防河费征收强制执行案裁定后,在无为大堤保护范围内广大受益户中引起了强烈的反响,改变了部分受益户的观望态度,增强了

---

* 本文作者为陈金木。原文发表在 2008 年 3 月 7 日《中国水利报》“人 · 水 · 法”栏目。

其自觉缴费意识,为依法征收河费营造了良好的社会环境。

二、案评

河费是河道主管机关为了加强防洪工程设施建设,提高防御洪水能力,根据工程修建和维护管理需要对防洪保护区范围内的受益单位和个人依法征收的一种行政事业性收费。

《防洪法》第51条第2款规定了对河费的征收,《河道管理条例》第39条进一步规定:"受益范围明确的堤防、护岸、水闸、圩垸、海塘和排涝工程设施,河道主管机关可以向受益的工商企业等单位和农户收取河道工程修建维护管理费,其标准应当根据工程修建和维护管理费用确定。收费的具体标准和计收办法由省、自治区、直辖市人民政府制定。"据此,安徽省出台了《安徽省水利工程水费收缴、使用和管理办法》,对堤防工程维护管理费的收费标准、收取方式等进行了具体规定。可见,受安徽省水利厅委托,河费无为征收点对无为大堤保护范围内的受益户收取河费,既合法又合理。

在实际收取河费的过程中,河道主管机关经常会遇到行政相对人无合法事由拒不缴纳河费的现象。此时,河道主管机关可以根据行政相对人不缴纳河费的具体原因进行区别处理。属于行政相对人法律意识淡薄的,可以对其进行普法,通过加强说服教育使其认识到违法行为的严重性,进而使其自觉缴纳河费。属于行政相对人明知故犯、恶意不缴纳的,可以依法作出决定,责令其限期交纳。如果行政相对人对该决定既不提起行政诉讼又不履行时,河道主管机关还可以进一步依据《行政诉讼法》第66条的规定,向河道主管机关所在地的基层人民法院申请强制执行。本案中,河费无为征收点即充分运用了行政诉讼法,依法申请了强制执行,并最终使巢湖这家电缆有限公司认识到违法行为的严重性,从而主动地一次性缴纳了河费。

本案给我们的启示是,在依法收取河费以及其他行政事业性费用过程中,增强行政相对人的法律意识至关重要。而要增强其法律意识,除了日常的普法宣传之外,还可以借助司法裁判的权威,通过申请强制执行等方式普法。实践证明,通过申请强制执行等方式,对于增强行政相对人的法律意识具有重要作用。

后　　记

政策研究讲求实践指向,分析的现状和问题要符合实际,提出的对策建议要具有针对性和可操作性。政策研究更讲求创新,没有创新就没有灵魂。但这种创新又不能任意发挥,要在"上下左右"的既定框架内思考和创新。"上"指的是要以上位法和更高层次的制度为依据,如在法规研究时,不能和效力更高的法律相抵触;在具体制度研究时,不能突破更高层次的中央政策等。"下"指的是要和实践的基本脉络相契合,不能随心所欲、信口开河。"左右"指的是要和相关的法规制度相衔接。因此,政策研究需要多学科的知识背景,这对于水利政策研究也不例外。要做好水利政策研究,不仅要懂水利实际,而且需要懂解释学、社会学、经济学、管理学、法学,甚至包括政治学、文化学、哲学等。

在当今学科分类极为精细、一个人的学科背景难免有诸多局限的情况下,要弥补不足、做好水利政策研究,固然需要作者敏而好学,但更重要的还是要善于利用外脑。一方面,要广泛开展调研,向实践学习,向实务工作者取经;另一方面,还要广泛开展咨询和讨论,向专家学习,博采众长,为我所用。就此而言,本书每一篇文章都是集体智慧的结晶。在此,谨向文章写作过程中给予帮助和智识贡献的专家和水利工作者表示诚挚的谢意!

也要感谢水利部发展研究中心提供的平台!通过这个平台,我们得以亲身参与国家水权改革和一些重要的水利法治建设,可谓"上接天线";同时还得以广泛开展调研,全面了解各地区情水情,可谓"下接地气"。如果没有这样的研究平台和研究环境,估计本书各篇文章大概都将变成另外的样子,甚至很可能就不会存在。

还要感谢北京大学出版社的蒋浩、陆建华、王丽环老师和他们的同仁为本书出版付出的辛勤劳动,谨致诚挚谢意!

由于水平有限,加上撰写各篇文章的时间不一,叙说的重点不一,难免存在很多不足甚至错误,恳请读者批评指正。

本书编委会

2017 年 6 月 6 日